陶瓷企业废气处理技术及典型案例

曾令可　李 萍　刘艳春　王 慧　侯来广　编著

中国建材工业出版社

图书在版编目(CIP)数据

陶瓷企业废气处理技术及典型案例/曾令可等编著
. --北京：中国建材工业出版社，2017.9
（陶瓷工业节能减排技术丛书）
ISBN 978-7-5160-2018-0

Ⅰ.①陶… Ⅱ.①曾… Ⅲ.①陶瓷工业—有害气体—废气治理 Ⅳ.①X701

中国版本图书馆 CIP 数据核字（2017）第 219086 号

内 容 简 介

本书是著者近十多年来，在完成及参与完成的科研项目中陶瓷企业废气处理技术的基础性研究工作及陶瓷行业代表性企业在废气处理中实践技术的总结。本书在分析国内陶瓷行业窑炉烧成陶瓷产生的有害废气成分污染环境、危害人体健康和动植物生长发育、给社会健康发展和人类进步造成极大影响的基础上，介绍了多家典型陶瓷企业和环保企业合作共同解决了陶瓷企业废气有害污染的治理案例，大大丰富而且促进了陶瓷窑炉热工理论的研究，为陶瓷窑炉结构的优化、操作条件的优化、陶瓷窑炉研究技术的提高以及节能减排提供了必要的理论和应用基础。这些成果已在生产实践中得到应用，并在陶瓷窑炉工程中发挥了很大作用，大大地促进了陶瓷工业的可持续发展。

本书可供无机非金属材料工程、硅酸盐工程以及特种陶瓷工程领域中，从事窑炉烧成技术研究、有害废气除污工程研究、设计、生产的工程技术人员、操作工人及高等院校教师和学生阅读或参考借鉴。

陶瓷企业废气处理技术及典型案例
曾令可 李 萍 刘艳春 王 慧 侯来广 编著

出版发行：中国建材工业出版社
地 址：北京市海淀区三里河路1号
邮 编：100044
经 销：全国各地新华书店
印 刷：北京雁林吉兆印刷有限公司
开 本：787mm×1092mm 1/16
印 张：15.25
字 数：370千字
版 次：2017年9月第1版
印 次：2017年9月第1次
定 价：86.80元

本社网址：www.jccbs.com 微信公众号：zgjcgycbs

前　言

《羊城晚报》2000年7月18日B2版以醒目的大标题报道“陶瓷厂烟尘令黄皮树（岭南佳果之一）秃顶”——三水华盛果园年收成3.5万千克的优质无核黄皮水果因陶瓷厂的污染而“颗粒无收”。这到底是天灾还是人祸?！2001年4月16日该报在珠三角新闻中报道“千亩农田欲哭无泪”——三水白坭镇由于受陶瓷厂的污染，秧苗一天天枯萎，蔬菜无法生长。其实广东的深圳、东莞、南海、潮州、清远、河源等地及全国其他瓷区已多次出现因陶瓷厂烟囱废气污染而造成附近农民果树及农作物枯死失收等纠纷。另该报2000年6月5日A2版有一条更惊人的报道“广州是酸雨之城”，出现酸雨的频率已上升到62.6%，即不到两场雨便有一场是酸雨的比例，使广州成为全国第二大酸雨发生区。专家们普遍认为，广州地区的酸雨与珠江三角洲地区，特别是佛山、南海、顺德、东莞、增城、清远和河源（即广州的周边）的近千座陶瓷窑炉排放有害气体所造成的污染不无关系。

我国陶瓷窑炉使用的燃料主要为煤转气、重渣油、轻柴油及少量天然气、液化石油气等，燃料在陶瓷窑炉中燃烧产生的废气中含有大量的CO_2、RO_x（粉尘）、SO_2、NO_x及CO等。据统计，我国大气中90%的SO_2、85%的CO_2、80%的RO_x和50%的NO_x来自煤的燃烧，其中煤炭燃烧后排放出来的温室气体CO_2占我国全部燃料燃烧排放CO_2总量的85%。我国CO_2的排放量已占世界第二位（13.6%），每年因燃料燃烧可产生数百亿吨的温室气体，使地球产生温室效应，对人类的生态环境已造成重大的威胁和严重的后果。窑炉燃烧产生的SO_2占我国大气中SO_2的90%以上，它是有害气体，与空气中的水蒸气结合生成亚硫酸和硫酸，对森林植被、农作物、建筑物、文物古迹、牲畜及人类本身等均有很大的危害。而在废气中，危害最大且又最难处理的是氮的氧化物NO_x，NO_x是形成酸雨及生成光化学雾的重要因素之一。NO_x的含量为15ppm时对人的眼睛有刺激作用，达到25ppm时，人只要接触数小时，就会发生肝水肿。由于它对人体健康和动植物生长发育有着直接的危害，故NO_x的排放问题越来越引起人们的重视，各国对NO_x的排放控制越来越严格。

我国是陶瓷生产大国，建筑卫生陶瓷、日用陶瓷、工艺美术陶瓷产量均居世界第一，拥有大小窑炉上万座，年耗标准煤上亿吨。在燃烧的陶瓷窑炉中，1t煤含有5~30kg的硫燃烧后生成SO_2，而SO_2在空气中遇水所产生的酸雾的毒性比SO_2高10倍。陶瓷的烧成温度一般比较高，绝大多数在1000℃以上，部分达到1500~1600℃。NO_x主要是在高温燃烧过程中产生，其中的氮少量来自原料，大部分来自空气中，在高温中同氧原子化合生成氮氧化物。陶瓷烧成的温度越高，产生的NO_x量越多；空气过剩系数越大，氧氮的浓度越大，则NO_x越容易生成；陶瓷窑炉内高温区越长，气体在高温区停留时间越长，

则 NO_x 产生得越多。故陶瓷窑炉废气中 NO_x 的含量比较高，有的高达几百甚至上千 ppm。可见 NO_x 在大气污染中已占了非常重要的位置，已达到了非整治不可的地步。

《陶瓷企业废气处理技术及典型案例》一书全面介绍了国内外在废气处理技术方面的研究现状和最新工作进展，特别是对目前产生量最大、影响最明显的几种废气有害成分的处理及清除问题进行了分析。本书可为陶瓷工作者们提供陶瓷企业废气处理最新的信息和有益的帮助，使人们对解决陶瓷企业废气污染的问题有所启迪，主要内容包括窑炉烟气中粉尘的处理、SO_2 污染物的处理、氟的处理、CO_2 的分离回收处理及重金属的处理等。

为了探讨 NO_x 在陶瓷窑炉中的生成机理，找到陶瓷烧成中影响 NO_x 生成的主要因素，在国家自然科学基金及广东省自然科学基金项目资助下，借助计算流体力学（CFD）软件，建立相应数学模型，对生产中的陶瓷窑炉进行模拟研究，结合实测窑炉中 NO_x 的动态产生量，研究多功能 TiO_2 光催化涂膜及光催化红外复合涂膜的制备方法及涂膜抑制、催化、净化 NO_x 的作用，为减少及治理陶瓷窑炉中 NO_x 的排放进行了基础性研究工作。

由于陶瓷种类繁多，陶瓷企业废气的综合处理技术涉及面很广，属于多学科交叉的领域，而且处理技术进步很快，书中疏漏和错误之处在所难免，希望本书的出版能对陶瓷企业废气处理技术和可持续发展起到积极作用。

本书在第 9 章列举了几家陶瓷企业和相关的环保公司合作，并成功解决了陶瓷企业生产中有害气体处理问题的典型案例，是陶瓷工作者和环保工作者们多年来艰辛而执着研究的结果。本书不仅在相关理论上能给读者以启示，在工艺实践上更有重要的参考价值。

参与本书撰写工作的还有刘平安、程小苏、方海鑫、史琳琳、张永伟、张顺、朱文成、曾嘉浩、周梅、吕海涛、高富强、张集发、任雪谭、漆小玲、汪小憨等。为使本书更系统完整，书中还引用了同行的许多文献资料、实验数据及研究成果，在此向所有被引用文献的作者和同行深表谢意。

感谢国家自然科学基金项目“高温陶瓷窑炉内 NO_x 的生成机理及综合防治的基础研究（50276017）”及广东省自然科学基金项目的资助。

感谢广东东鹏控股股份有限公司钟保民、曾德朝、林赤峰及黎小春，江苏科行环保科技有限公司陈学功、李想，佛山赛因迪环保科技有限公司黄建起，广州绿华环保科技有限公司李明玉，佛山市合璟节能环保科技有限公司，佛山华清智业环保科技有限公司万杏波及珠海旭日、珠海市白兔陶瓷有限公司宁红军、黄安民，佛山欧神诺陶瓷股份有限公司封珍、柯善军，清远市冠星王陶瓷有限公司霍沃，广东科达洁能股份有限公司陈水福、周鹏，蒙娜丽莎集团股份有限公司麦荣坚、刘一军，广东萨米特陶瓷有限公司张永伟、简润桐等总经理或工程师，给本书的完成提供翔实资料。

由于作者知识水平有限，错误在所难免，加之陶瓷企业废气处理技术领域的发展速度很快，国家对环保指标要求越来越严格，许多新的工艺技术和研究成果在书中反映得不够全面或不够及时，请读者原谅并给予批评指正。

作　者

2017 年 8 月

目　录

第1章 窑炉烟气中粉尘的处理

粉尘是指能悬浮在空气中的固体颗粒。在工业生产中产生的粉尘叫做工业粉尘，如果对于工业粉尘不加以控制，会造成对作业环境的破坏和大气环境的污染。在陶瓷生产过程中，从原材料的加工、成型、施釉、烧成到抛光磨边都会产生大量的工业粉尘。随着国家对环境保护的重视，尤其是近几年来媒体及公众对雾霾的热议，使得政府对陶瓷行业清洁生产的相关要求不断加大，促使陶瓷企业对工业粉尘的控制达到一个新的水平。

陶瓷在生产过程中产生粉尘的点较多，分布比较散，其中陶瓷窑炉烟气中的粉尘较难处理。由于烟气温度高并且其中还含有多种化学气相，因此对烟气处理的工序较为复杂。本章主要介绍烟气中粉尘的来源以及处理方法。

烟气中粉尘的来源分为两大部分，一部分来源于燃料的不完全燃烧。目前大部分陶瓷企业的能源为煤炭，通过煤炭转气的形式给窑炉提供热量，而煤被加热到350～600℃时，大量释放出以碳氢化合物为主的挥发分，进入炉膛空间。但是在低温缺氧条件下挥发分不可能正常燃烧，发生裂化、脱氢、叠合、环化而生成含碳量多的苯环物质——碳黑；不完全燃烧生成环烃物质——烟炱；还可能因还原反应而分解出游离的碳粒。另一部分是喷雾干燥塔及窑炉中存在的陶瓷粉尘由高温烟气带出而产生的。

目前新建企业大气污染物排放浓度限值中使用水煤浆作为燃料的排放颗粒物浓度限值为50mg/m^3，使用油、气作为燃料的排放颗粒物浓度限值为30mg/m^3。随着环保政策的不断收紧，未来企业大气污染物的排放浓度限值将不断降低，企业应当为更严格的环保要求预留空间和技术准备。烟气的除尘工艺很多，按照除尘设备的类型不同，可以分为重力除尘器、旋风除尘器、静电除尘器以及布袋除尘器等。

1.1 重力除尘器

1.1.1 工作原理

重力除尘器除尘的工作原理是突然降低气流流速和改变流向，较大颗粒的灰尘在重力和惯性力作用下，与气流分离，沉降到除尘器锥底部分。重力除尘器是借助于粉尘的重力沉降，将粉尘从气体中分离出来的设备。粉尘靠重力沉降的过程是烟气从水平方向进入重力沉降设备，在重力的作用下，粉尘粒子逐渐沉降下来，而气体沿水平方向继续前进，从而达到除尘的目的。其结构如图1-1所示。

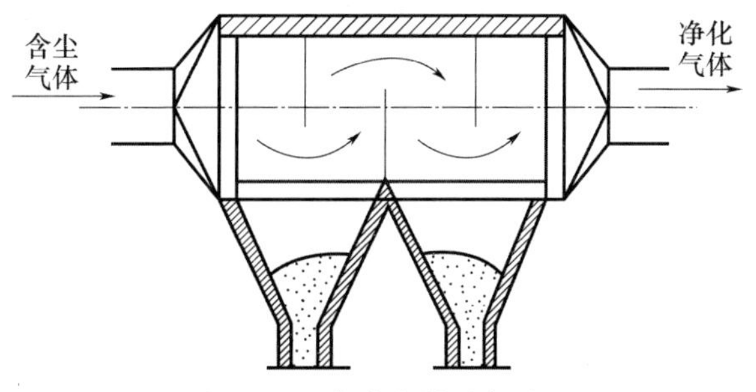

图1-1 重力除尘器示意图

1.1.2 技术特点

在重力除尘设备中，气体流动的速度越低，越有利于沉降细小的粉尘，从而提高除尘效率。因此，一般控制气体的流动速度为1 ~2m/s，除尘效率为 40% ~60% 。在气体流速基本固定的情况下，重力除尘器设计得越长，挡板数量越多，则越有利于提高除尘效率，但与此同时，设备相对就越庞大，占地面积增大，投资费用增高，因此重力沉降设备长度一般不超过 10m。

重力除尘设备的总体特点是设备结构简单、施工方便、造价低廉，但是占地面积大、效率低，只适合用于初级除尘。

1.2 旋风除尘器

1.2.1 基本结构

旋风除尘器的基本结构一般由进气口、筒体、锥体、排气管及集尘箱等组成，其结构如图 1-2 所示。除尘机理是使含粉尘的气流做旋转运动，借助于离心力使粉尘粒从气流中分离并捕集于器壁，再借助重力作用使尘粒落入灰斗。根据含尘气流流入方式的不同，又可分为切流反转式及轴流式两种。切流反转式旋风除尘器中含尘气流的运动轨迹是流体从进气管进入旋风筒后，由直线运动变为旋转运动，并在流体压力及筒体内壁形状影响下螺旋下行，朝锥体运动，含尘气体在旋转过程中产生离心力，使密度大于气体的粉尘颗粒克服气流阻力移向边壁，颗粒一旦与器壁接触，便失去惯性力而在重力及旋转流体的带动下贴壁面向下滑落，最后从锥底排灰管排出旋风筒。旋转下降的气流到达锥体端部附近某一位置后，以同样的旋转方向在除尘器中由下折返向上，在下行气流内侧螺旋上行，最终连同一些未被分离的细小颗粒一同排出排气管。流体在旋风筒内的流线类似双螺旋线，通常将外侧螺旋下行的气流称为外旋流，将内侧螺旋上行的气流称为内旋流。轴流式是靠导流叶片促使气流旋转的，因此也叫导流叶片旋转式。

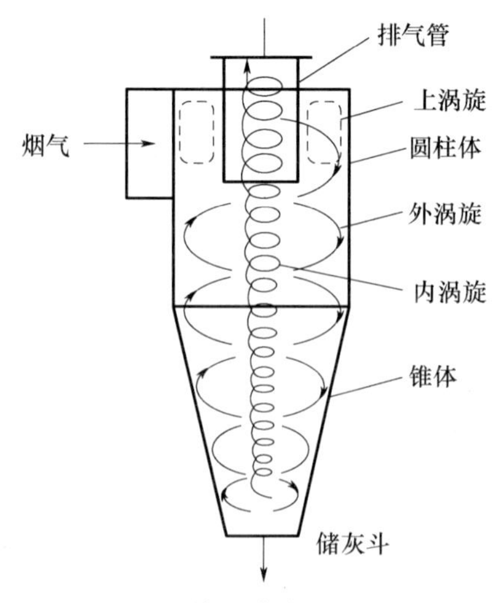

图 1-2 旋风除尘器示意图

1.2.2　技术特点

旋风除尘器适用于净化大于1～3μm的非黏性、非纤维的干燥粉尘。它是一种结构简单、操作方便、耐高温和阻力较高（80～160mm水柱）的净化设备，其除尘率可以达到80%～95%。

旋风除尘器的总体技术特点是设备结构简单、施工方便、占地面积小、维护方便、造价低廉，对于粗颗粒具有较好的除尘效率，但对于微尘的除尘效率低下，因此旋风除尘器也只适用于初级除尘。

1.3　传统布袋除尘器

1.3.1　工作原理

布袋除尘器的工作原理是含尘烟气通过多孔过滤材料，尘粒被过滤下来，过滤材料捕集粗粒粉尘主要靠惯性碰撞作用，捕集细粒粉尘主要靠扩散和筛分作用，滤料的粉尘层也有一定的过滤作用，如图1-3所示。布袋除尘器除尘效果的优劣与多种因素有关，但主要取决于滤料。布袋除尘器的滤料就是合成纤维、天然纤维或玻璃纤维织成的布或毡。根据需要再把布或毡缝成圆筒或扁平形滤袋。根据烟气性质，选择出适合于应用条件的滤料。通常，在烟气温度低于120℃，要求滤料具有耐酸性和耐久性的情况下，常选用涤纶绒布和涤纶针刺毡；在处理高温烟气（<250℃）时，主要选用石墨化玻璃丝布；在某些特殊情况下，选用碳素纤维滤料等。

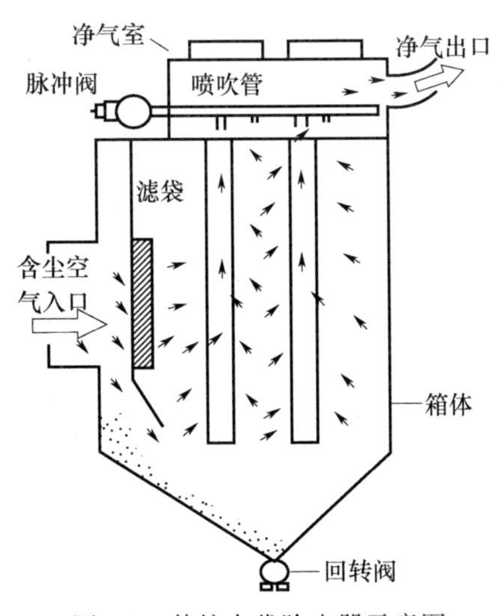

图1-3　传统布袋除尘器示意图

1.3.2　技术特点

布袋除尘器在除尘过程中对烟气通过滤料的速度有较为严格的要求。一般取过滤速度为0.5～2m/min，对于大于0.1μm的微粒效率可达99%以上，如果烟气通过的速度过大，会增大布料的阻力损失，降低除尘率，同时也会降低布料的使用寿命。

1.4 低压脉冲布袋除尘器

低压脉冲布袋除尘器是在传统布袋除尘器的基础上改进而成的，其结构如图1-4所示。它不同于传统布袋除尘器的地方主要是清灰处理阶段。传统布袋除尘器的清灰压力要求较高，在200～700kPa范围内，造成布袋的使用寿命降低。为了提高布袋的使用寿命，降低机械成本和减少在清灰过程中的能耗，在传统布袋除尘器的基础上开发出了低压脉冲布袋除尘器技术。它的清灰过程是先切断净气出口风道，使布袋处于无气流通过的状态（分室停风清灰）。然后开启脉冲阀用压缩空气进行脉冲喷吹清灰，清灰空气压力低于100kPa，切断阀关闭时间足以保证在喷吹后从滤袋上剥离的粉尘沉降至灰斗，避免了粉尘在脱离滤袋表面后又随气流富集到相邻滤袋表面的现象，使滤袋清灰彻底，并由可编程序控制仪对排气阀、脉冲阀及卸灰阀等进行全自动控制。

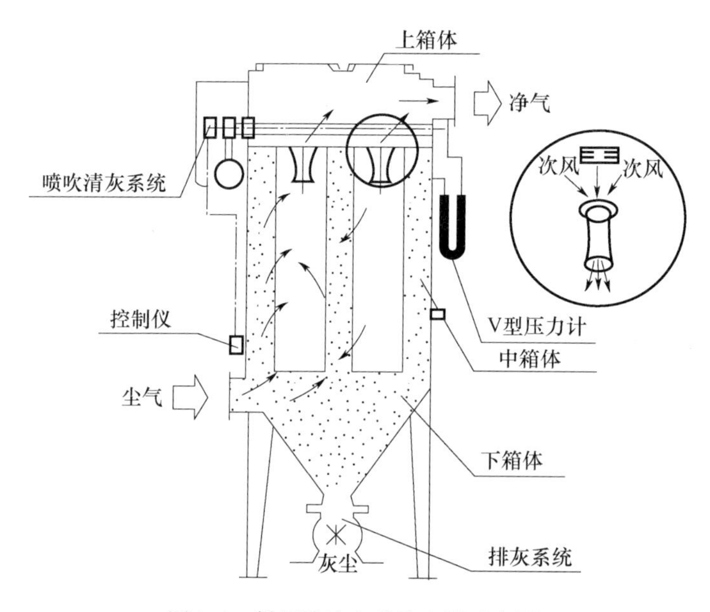

图1-4 低压脉冲布袋除尘器示意图

1.5 喷淋塔除尘器

1.5.1 工作原理

喷淋塔除尘器的工作原理是在除尘器内由水通过喷嘴喷成雾状，当含尘烟气通过雾状空间时，因尘粒与液滴之间的碰撞、拦截和凝聚作用，尘粒随液滴降落下来而除尘，如图1-5所示。在循环喷淋系统中装置高压喷嘴和高效填充材料，使喷液能达到雾化状态，当喷淋水和含尘气体接触时，气体中的可吸收粉尘溶解于液体中，会形成气体、固体混合液体。但由于塔内设置了固液分离器，大部分大颗粒的固体颗粒被收集，喷淋水又重新循环。随着时间的延长及溶液中的吸收质浓度不断增大，吸收速度会不断减慢。因此，在此时要更换喷淋液体，使含尘废气与新鲜的喷淋液结合，更有利于含尘废气的吸收，达到最佳的处理效果。

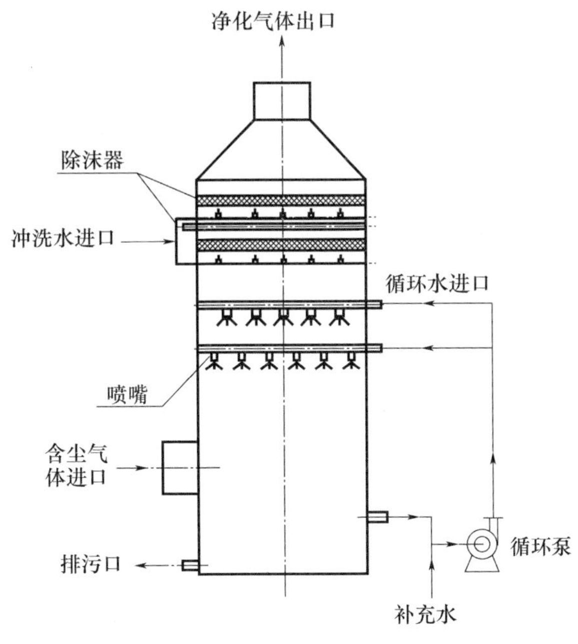

图1-5　喷淋塔除尘器示意图

1.5.2　技术特点

这种除尘器的最大特点是构造简单、阻力较小、操作方便。其突出的优点是除尘器内设有很小的缝隙和孔口，可以处理含尘浓度较高的烟气而不会导致堵塞。又因为它喷淋的液滴较粗，所以不需要雾状喷嘴，这样运行更可靠。喷淋式除尘器可以使用循环水，直至洗液中颗粒物质达到相当高的程度为止，从而大大简化了水处理设施。它的缺点是设备体积比较庞大，处理细粉尘的能力比较低，需用水量比较多，所以常用来去除粉尘粒径大、含尘浓度高的烟气。

1.6　静电除尘器

1.6.1　工作原理

静电除尘器的工作原理是烟气中灰尘尘粒通过高压静电场时，与电极间的正负离子和电子发生碰撞而荷电（或在离子扩散运动中荷电），带上电子和离子的尘粒在电场力的作用下向异性电极运动并积附在异性电极上，通过振打等方式使电极上的灰尘落入收集灰斗中，使通过电除尘器的烟气得到净化，达到保护大气、保护环境的目的。其结构如图1-6所示。

1.6.2　技术特点

1.6.2.1　静电除尘器的优点

（1）净化效率高，能够捕集0.01μm以上的细粒粉尘。

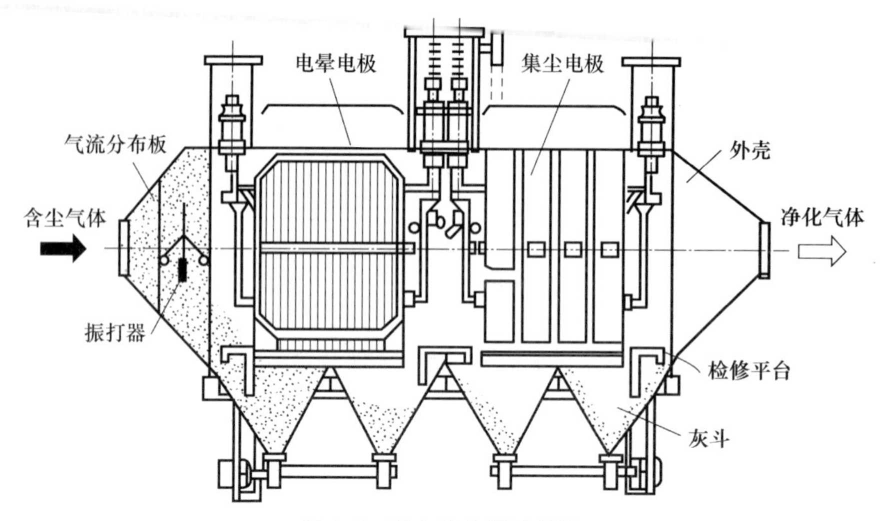

图 1-6　静电除尘器示意图

（2）阻力损失小，阻力一般在 20mm 水柱以下，和旋风除尘器比较，即使考虑供电机组和振打机构耗电，其总耗电量仍比较小。

（3）允许操作温度高，如 SHWB 型电除尘器最高允许操作温度为 250℃，其他类型还有达到 350～400℃或者更高的。

（4）静电除尘器处理气体量大。

（5）静电除尘器可以完全实现操作自动控制。

1.6.2.2　静电除尘器的缺点

（1）静电除尘器设备比较复杂，要求设备调运和安装以及维护管理水平高。

（2）静电除尘器对粉尘电阻有一定要求，所以对粉尘有一定的选择性，不能使所有粉尘都获得很高的净化效率。

（3）静电除尘器受气体湿度、温度等操作条件的影响较大，同一种粉尘如在不同温度、湿度下操作，所得的效果不同。有的粉尘在某一个温度、湿度下使用效果很好，而在另一个温度、湿度下由于粉尘电阻的变化几乎不能使用电除尘器去除。

（4）静电除尘器一次投资较大，卧式的静电除尘器占地面积较大。

第 2 章　烟气中化学有害气相 SO_2 污染物的处理

陶瓷生产过程中烟气主要来源于喷雾干燥塔及烧成窑炉，其中喷雾干燥塔的主要污染物是粉尘，烧成窑炉则产生 SO_2 和 NO_x，这两种化学成分是形成酸雨的主要原因，大量酸雨的形成会给地球、人类和环境造成极大的危害。随着环保政策的不断推动，陶瓷企业对生产过程中有害气体的处理技术也在不断地更新升级，目前对于以上两种有害气体的处理已经有了较为成熟的处理办法及设备。

2.1　SO_2 的来源以及脱硫的意义

陶瓷窑炉烟气中的 SO_2 一部分来自于自身含硫燃料，另一部分来自于需要烧制的陶瓷原料。陶瓷原料中的硫化物一部分来自于其本身的矿物岩石，还有一部分来自于坯体粉料在喷雾干燥塔中吸收热风炉燃烧时形成的硫氧化合物。这些含硫化合物在烧成窑炉内经过高温燃烧生成 SO_2 气体。

二氧化硫是大气中的主要污染物之一，是衡量大气是否遭到污染的重要标志。世界上有很多城市发生过二氧化硫危害的严重事件，使很多人中毒或死亡。在我国的一些城镇，大气中二氧化硫的危害较为普遍且严重。二氧化硫进入呼吸道后，因其易溶于水，故大部分被阻滞在上呼吸道，在湿润的黏膜上生成具有腐蚀性的亚硫酸、硫酸和硫酸盐，使刺激作用增强。上呼吸道的平滑肌因有末梢神经感受器，遇刺激就会产生窄缩反应，使气管和支气管的管腔缩小，气道阻力增加。上呼吸道对二氧化硫的这种阻留作用，在一定程度上可减轻二氧化硫对肺部的刺激，但进入血液的二氧化硫仍可通过血液循环抵达肺部产生刺激作用。同时，二氧化硫还是酸雨的重要来源，酸雨给地球生态环境和人类社会经济都带来严重的影响和破坏。研究表明，酸雨对土壤、水体、森林、建筑、名胜古迹等均带来严重危害，不仅造成重大经济损失，更危及人类生存和发展。我国是世界产煤和燃煤大国，由燃煤排放的二氧化硫造成的酸雨已影响到全国 40% 近 400 万平方千米的面积，且还在扩大。1998 年国务院批文正式确定了控制二氧化硫污染的政策和措施，对二氧化硫排放进行总量控制。如到 2010 年二氧化硫排放量控制在 2000 年排放水平之内，"两控区"内所有城市环境空气二氧化硫浓度全部达到国家标准，酸雨控制区降水 $pH < 4.5$ 地区的面积要明显减少。新建、改建燃煤含硫量大于 1% 的电厂必须建立脱硫设施。燃煤含硫量大于 1% 的电厂在 2010 年前分批建成脱硫设施或采取其他具有相应效果的减排二氧化硫的措施。

2.2　脱硫处理方案

2.2.1　前端脱硫处理

所谓的前端脱硫处理指的是通过减少原料中硫成分的含量以及燃料中硫的含量来降低在陶瓷烧成过程中 SO_2 的生成。对于陶瓷原料来说，自身含硫主要来源于黄铁矿，而陶瓷原料一般都要进行除铁煅烧处理，因此自身的含硫量是十分微少的，继续降低原料中的硫含量会大大增加生产成本。因此在前端脱硫处理中主要是靠使用清洁能源来降低 SO_2 的产生。有相关的实验表明，单纯地将水煤气改为天然气，能够有效地降低 SO_2 的排放量。但是我国是天然气贫乏而煤储量丰富的国家，现有的主要燃料是煤，让原本高投入、高能耗、高污染的陶瓷企业全部都使用成本高昂的天然气是不明智的。有相关报道显示，使用（富氧）科达煤气与传统燃料（水煤浆/水煤气）相比，燃料成本只增加5% ~20%，而清洁程度可与天然气相媲美。

使用清洁燃料可以在一定程度上降低 SO_2 的排放，但并不能一定达到环保排放的标准。治理烟气中的二氧化硫有许多方法：有燃烧前的燃料脱硫、掺脱硫剂的燃烧过程中脱硫以及燃烧后的烟气脱硫。从目前世界各国的使用情况看，对燃煤锅炉来说，最经济、有效的方法是烟气脱硫，即末端脱硫处理。

2.2.2 末端脱硫处理

所谓的末端脱硫处理指的是将脱硫能力移到系统末端，在产生的烟气排放到大气之前增加过滤设备对烟气进行净化处理，达到环保指标后再排入环境中去。

2.3 末端脱硫的方法

目前，烟气脱硫技术根据不同的划分方法可以分为多种方法，其中最常用的是根据操作过程的物相不同，分为湿法、半干法和干法。

2.3.1 湿法脱硫

采用与二氧化硫容易进行反应的化合物，溶解于水或形成悬浊液作为吸附剂来洗涤所排除的烟气，把烟气中的二氧化硫和三氧化硫转化为液体或固体化合物，从而把它们从排出的烟气中分离出来。其优点是湿法烟气脱硫技术为气液反应，反应速度快，脱硫效率高（一般均高于90%），技术成熟，适用面广。湿法脱硫技术比较成熟，生产运行安全可靠，在众多的脱硫技术中，始终占据主导地位，占脱硫总装机容量的80%以上。其缺点是生成物是液体或淤渣，较难处理，设备腐蚀性严重，洗涤后烟气温度降低，影响烟气上升高度，需再热，能耗高，占地面积大，投资和运行费用高，且系统复杂，设备庞大，耗水量大，一次性投资高，一般适用于大型陶瓷窑炉。

常用的湿法脱硫技术有石灰石-石膏法、间接的石灰石-石膏法、柠檬吸收法、氧化镁-回收七水硫酸镁法和钙钠双碱法。

2.3.1.1 石灰石-石膏法

采用石灰石或石灰作为脱硫吸收剂，石灰石经破碎磨细成粉状与水混合搅拌成吸收浆液；当采用石灰为吸收剂时，石灰粉经消化处理后加水制成吸收剂浆液。在吸收塔内，吸收浆液与烟气接触混合，烟气中的二氧化硫与浆液中的碳酸钙以及鼓入的氧化空气进行化学反应从而被脱除，最终反应产物为石膏。其反应过程如下：

（1）脱硫过程

$$CaCO_3 + SO_2 + 1/2H_2O \longrightarrow CaSO_3 \cdot 1/2H_2O + CO_2 \quad (2\text{-}1)$$

$$Ca(OH)_2 + SO_2 \longrightarrow CaSO_3 \cdot 1/2H_2O + 1/2H_2O \quad (2\text{-}2)$$

$$CaSO_3 \cdot 1/2H_2O + SO_2 + 1/2H_2O \longrightarrow Ca(HSO_3)_2 \tag{2-3}$$

（2）氧化过程

$$2CaSO_3 \cdot 1/2H_2O + O_2 + 3H_2O \longrightarrow 2CaSO_4 \cdot 2H_2O \tag{2-4}$$

$$Ca(HSO_3)_2 + O_2 + 2H_2O \longrightarrow CaSO_4 \cdot 2H_2O + H_2SO_4 \tag{2-5}$$

石灰石-石膏法的主要优点是适用的煤种范围广，脱硫效率高（有的装置 Ca/S = 1 时，脱硫效率大于90%），吸收剂利用率高（可大于90%），设备运转率高（可达90%以上），工作的可靠性高（目前最成熟的烟气脱硫工艺），脱硫剂石灰石来源丰富且廉价。但是这种方法的缺点也是比较明显的，初期投资费用太高，运行费用高，占地面积大，系统管理操作复杂，磨损腐蚀现象较为严重，副产物石膏很难处理（由于销路问题只能堆放），废水较难处理。

如图2-1所示为石灰石-石膏法脱硫工艺示意图。石灰/石灰石-石膏法工艺流程主要有原料运输系统、石灰石浆液制备系统、烟气脱硫系统、石膏制备系统和污水处理系统。锅炉烟气经电除尘器除尘后，通过加压风机进入吸收塔，在吸收塔内烟气向上流动且被向下流动的循环浆液以逆流方式洗涤。循环浆液则通过喷浆层内设置的喷嘴喷射到吸收塔中，以便脱

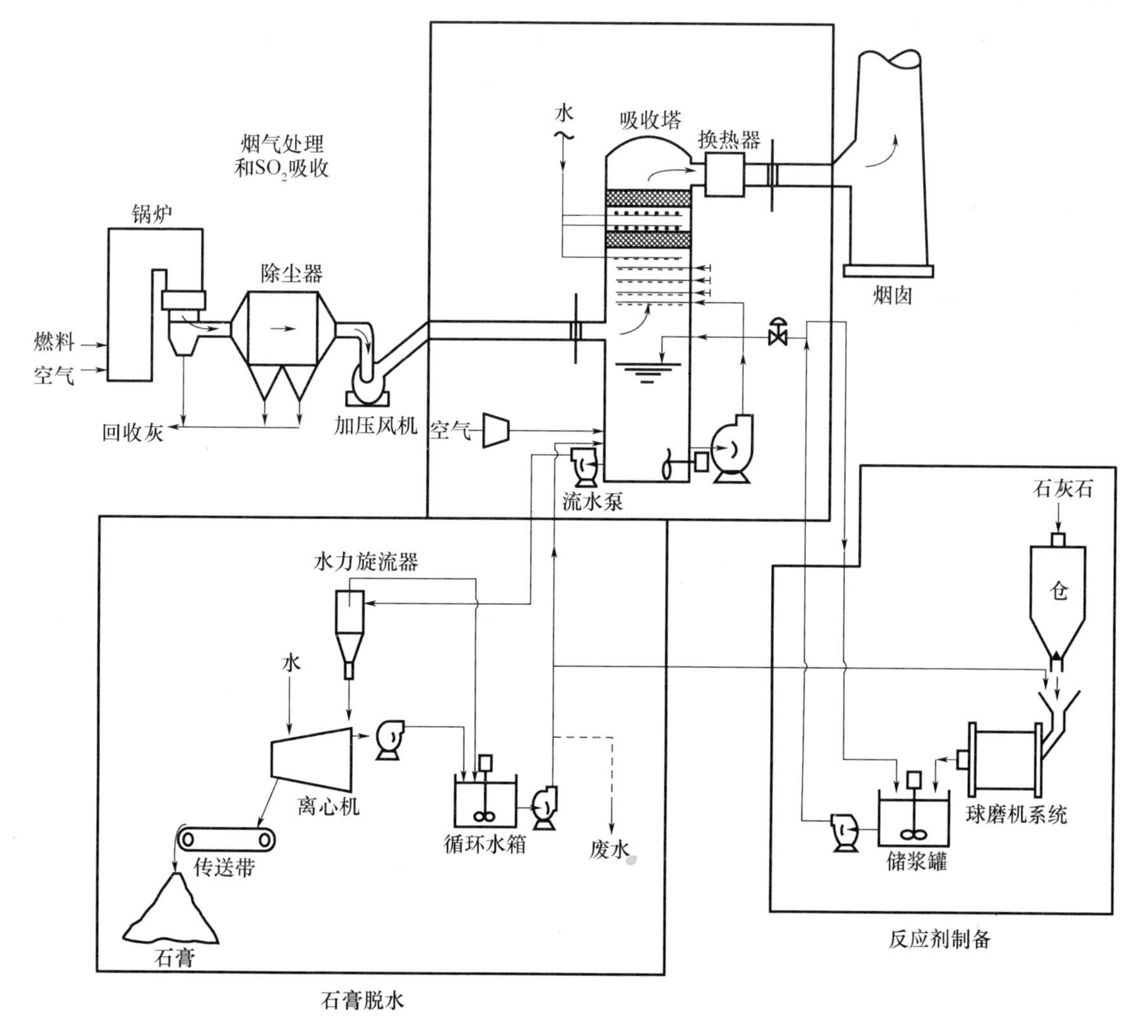

图2-1　石灰石-石膏法脱硫工艺示意图

除SO_2、SO_3、HCl和HF，与此同时在“强制氧化工艺”的处理下反应的副产物被导入的空气氧化为石膏（$CaSO_4 \cdot 2H_2O$），并消耗作为吸收剂的石灰石。循环浆液通过浆液循环泵向上输送到喷淋层中，通过喷嘴进行雾化，可使气体和液体得以充分接触。每个泵通常与其各自的喷淋层相连接，即通常采用单元制。在吸收塔中，石灰石与二氧化硫反应生成石膏，这部分石膏浆液通过石膏浆液泵排出，进入石膏脱水系统。脱水系统主要包括石膏水力旋流器（作为一级脱水设备）、浆液分配器和真空皮带脱水机。经过净化处理的烟气流经两级除雾器除雾，在此处将清洁烟气中所携带的浆液雾滴去除。同时按特定程序不时地用工艺水对除雾器进行冲洗。进行除雾器冲洗有两个目的，一是防止除雾器堵塞，二是冲洗水同时作为补充水，稳定吸收塔液位。在吸收塔出口，烟气一般被冷却到46～55℃左右，且为水蒸气所饱和。通过换热器将烟气加热到80℃以上，以提高烟气的抬升高度和扩散能力。最后，洁净的烟气通过烟道进入烟囱排向大气。

2.3.1.2 氧化镁-回收七水硫酸镁法

氧化镁-回收七水硫酸镁法脱硫的机理是氧化镁与水反应生成氢氧化镁，再与二氧化硫溶于水生成的亚硫酸溶液进行酸碱中和反应，生成亚硫酸镁，亚硫酸镁被强制氧化转化成硫酸镁，再制成七水硫酸镁。采用氧化镁-回收七水硫酸镁法的优点是在化学反应活性方面氧化镁要远远大于钙基脱硫剂，氧化镁的脱硫效率达到98%以上，同时七水硫酸镁在食品、化工、医药、农业等方面都有很广泛的应用，市场需求量也比较大，氧化镁湿法脱硫技术充分利用了现有资源，推动了循环经济的发展。但由于我国镁矿资源分布不均匀，同时氧化镁回收和再生工艺复杂及吸收浆液制备过程复杂，造成此法在我国企业的普及率没有采用石膏吸收的方法广泛。脱硫过程中发生的主要化学反应有：

$$MgO + H_2O \longrightarrow Mg(OH)_2 \tag{2-6}$$

$$Mg(OH)_2 + SO_2 \longrightarrow MgSO_3 + H_2O \tag{2-7}$$

$$MgSO_3 + H_2O + SO_2 \longrightarrow Mg(HSO_3)_2 \tag{2-8}$$

$$MgSO_3 + 1/2O_2 \longrightarrow MgSO_4 \tag{2-9}$$

$$MgSO_4 + 7H_2O \longrightarrow MgSO_4 \cdot 7H_2O \tag{2-10}$$

如图2-2所示为氧化镁-回收七水硫酸镁法脱硫技术示意图。该工艺包括氧化镁浆液制备系统、烟气系统、二氧化硫吸收系统、硫酸镁制备系统、电气系统、热工系统及工艺水系统。氧化镁粉作为脱硫吸收剂，加水配制成氢氧化镁浆液，烟气经增压风机进入吸收塔，在吸收塔内，烟气与氢氧化镁浆液逆向接触混合，烟气中的SO_2通过与浆液中的氢氧化镁发生一系列化学反应而被除去，亚硫酸镁通过与烟气中的氧接触而被氧化成硫酸镁，含硫酸镁、亚硫酸镁的浆液排入氧化池进一步被罗茨风机强制氧化，得到含硫酸镁18%左右的硫酸镁溶液，经过澄清除杂、两级过滤器后进入硫酸镁制备系统，生成的七水硫酸镁纯度达98%，完全满足工业硫酸镁产品质量要求。

2.3.1.3 钙钠双碱法

钙钠双碱法是采用NaOH溶液为第一碱吸收烟气中的SO_2，然后再用石灰石或石灰作为第二碱处理吸收液，产物为石膏（$CaSO_4 \cdot 2H_2O$），再生后的吸收液送回吸收塔循环使用。

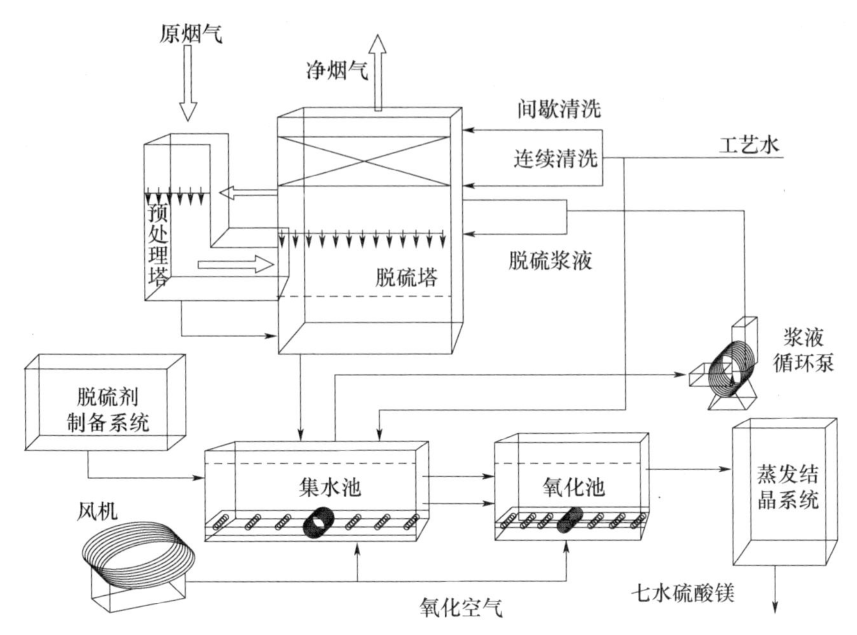

图 2-2　氧化镁-回收七水硫酸镁法示意图

由于整个反应过程是在液气相之间进行，避免了系统结垢问题，而且吸收速率快，液气比低，吸收剂利用率高，投资费用省，运行成本低。影响钙钠双碱法吸收 SO_2 效率的影响主要有四个：①pH 值　pH 值高，SO_2 吸收速率大，脱硫效率高，同时 pH 值高，结垢几率小，避免吸收剂表面纯化；②温度　温度低有利于气液传质，溶解 SO_2，但温度低影响反应速度，所以脱硫剂的温度不是一个独立的不变因素，取决于进气的烟气温度；③石灰粒度及纯度　石灰的粒度越细，纯度越高，则吸收效率越好，一般工业上要求石灰纯度≥95%，粒度控制 200 ~ 300 目内；④浆料浓度　浆料的浓度太小会降低对二氧化硫的吸收，浓度太高，会使得浆料的黏度过大，影响气流的通过，工业上一般浓度控制在 10% ~ 15%。钙钠双碱法脱硫反应原理如下：

SO_2 吸收反应：
$$Na_2CO_3 + SO_2 \longrightarrow Na_2SO_3 + CO_2\uparrow \tag{2-11}$$

吸收剂再生反应：
$$CaO + H_2O \longrightarrow Ca(OH)_2 \tag{2-12}$$

$$Ca(OH)_2 + Na_2SO_3 + H_2O \longrightarrow 2NaOH + CaSO_3 + H_2O \tag{2-13}$$

钙钠双碱法脱硫处理的工艺流程如图 2-3 所示。陶瓷窑炉的烟气经换热降温至≤200℃，经烟道从塔底进入脱硫塔。在脱硫塔内布置若干层数十支喷嘴，喷出细微液滴雾化均布于脱硫塔的容积内，烟气与喷淋的氢氧化钠溶液进行充分气液混合接触，使烟气中的 SO_2 和灰尘被脱硫液充分吸收、反应，达到脱尘除 SO_2 的目的。经脱硫洗涤后的净烟气经塔顶除雾器脱水，经脱硫塔上部进入烟囱排入大气。脱硫循环液经塔内气液接触除 SO_2 后，经塔底管道流入沉淀池在此将灰尘沉淀下来，清液经上部溢流进入反应再生池，在池内与石灰乳液制备槽引来的石灰乳进行再生反应，再生液流入泵前循环槽补入 Na_2CO_3，由泵打入脱硫塔顶脱除 SO_2 循环使用。其中再生产出的 $CaSO_3$ 及烟气中过剩氧生成的 $CaSO_4$ 于沉淀池中沉淀分离。

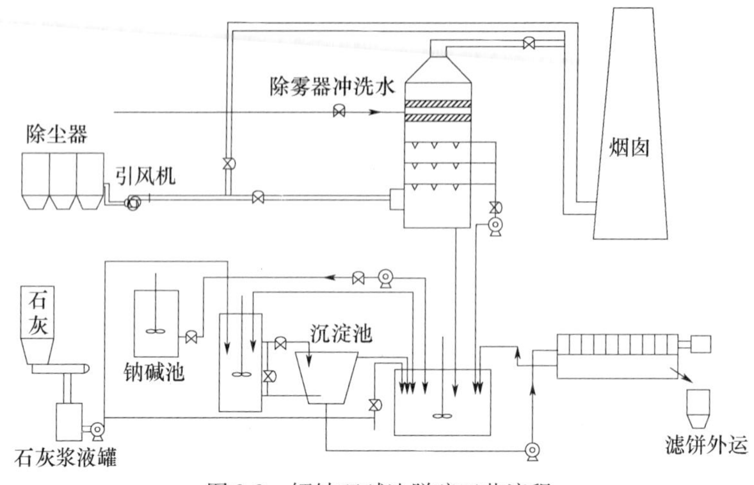

图 2-3　钙钠双碱法脱硫工艺流程

2.3.2　半干法脱硫

2.3.2.1　电子束喷氨法

电子束喷氨法烟气脱硫技术（简称 EA-FGD 技术）是利用电子束（电子能量为 800keV ~ 1MeV）辐照，将烟气中的 SO_2 合成硫酸铵的一种脱硫新工艺。其具体原理是利用电子束对经过降温增湿的烟气进行辐射，使烟气中的 O_2、N_2、H_2O 等成分生成多种氧化性强的自由基 OH、N、O 和 H 等，使得烟气中的硫成分形成高价化合物，再与氨进行中和反应形成硫酸铵粉状颗粒。

电子束喷氨法技术采用烟气调质、加氨、电子束辐射和副产物收集的工艺流程，装置主要由烟气调质塔、电子加速器、副产物收集器、氨站、控制系统和辅助装置构成。烟气通过烟气调质塔调节烟气的温度和湿度，然后流经反应器，在反应器中，烟气中的 SO_2 在电子加速器产生的电子束作用下，同 NH_3 反应得到去除。副产物收集器收集生成的硫酸铵微粒，净化后烟气经由原烟囱排放，脱硫剂氨由氨站提供，整个装置在控制系统的管理下工作，其过程如图 2-4 所示。

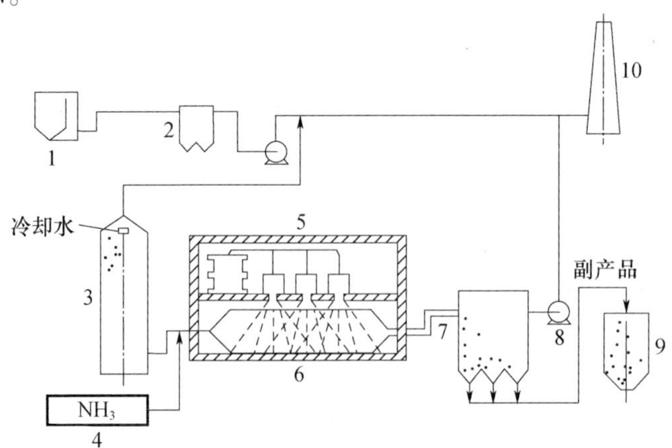

1—锅炉；2，7—静电除尘器；3—冷却塔；4—氨储罐；5—电子加速器；
6—反应器；8—引风机；9—副产品储罐；10—烟囱

图 2-4　电子束喷氨法技术工艺示意图

其中所涉及的反应如下：

$$SO_2 + OH + (H_2O + O_2) \longrightarrow H_2SO_4 \tag{2-14}$$

$$SO_2 + O \longrightarrow SO_3 + H_2O \longrightarrow H_2SO_4 \tag{2-15}$$

$$SO_2 + H_2O \longrightarrow HSO_4 \longrightarrow H_2SO_4 \tag{2-16}$$

$$H_2SO_4 + NH_3OH \longrightarrow (NH_4)_2SO_4 \tag{2-17}$$

电子束喷氨法脱硫技术是一种高效率脱硫技术，能同时脱除烟气中 95% 以上的二氧化硫，在处理过程中不产生废水、废渣等二次污染物，避免了其他脱硫技术处理废水和固体废弃物的建设投资和运行费用；其副产物是硫酸铵，可用作优质化肥，实现了氮硫资源的综合利用和自然生态循环。

2.3.2.2　催化氧化法

催化氧化法脱硫技术是指当 SO_2 溶于水形成亚硫酸，在含有硫氧官能团的有机催化剂的作用下形成稳定的络合物，通过氧化空气将亚硫酸氧化成硫酸，再与碱液发生中和反应形成硫酸盐，其过程如图 2-5 所示。使用催化剂能够有效地控制亚硫酸盐的挥发，同时解决其难氧化的问题，提高了烟气脱硫的效果。催化氧化脱硫技术特别适合于高硫煤地区的烟气脱硫处理，能够使烟气中 SO_2 的浓度小于 $50mg/Nm^3$，脱硫的副产物能够实现资源优化利用，脱硫过程中没有污水的产生和二次污染。

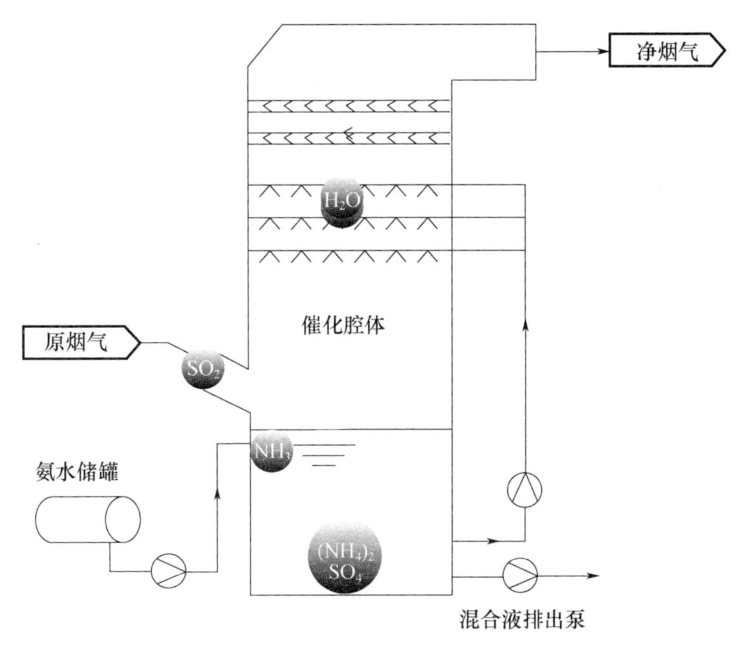

图 2-5　催化氧化法脱硫示意图

2.3.2.3　活性焦吸附-再生脱硫法

活性焦是以褐煤为主要原料研制出的一种具有吸附剂和催化剂双重性能的粒状物质。活性焦具有活性炭的特点，但同时它又克服了活性炭价格高、机械强度低、易粉碎的缺点。

活性焦吸附再生脱硫法是利用活性炭吸附 SO_2 并将吸附的 SO_2 催化氧化为 SO_3，再与水结合生成硫酸。其原理为活性焦在一定温度下吸附 SO_2，SO_2 在 C 的催化作用下与 O_2 和 H_2O 反应生成硫酸，附于焦炭微孔的内表面。在加热再生时硫酸与活性焦的 C 反应生成 SO_2

及碳的氧化物被除去。其反应式如下：

$$2SO_2 + 2H_2O + O_2 \longrightarrow 2H_2SO_4/AC \tag{2-18}$$

硫酸存在于活性焦的微孔中，吸附二氧化硫的活性焦被加热到400～500℃，蓄积在活性焦中的硫酸或硫酸盐分解脱附，产生的主要分解物是SO_2、CO_2、H_2O。其反应式如下：

$$2H_2SO_4 + C \longrightarrow 2SO_2 + CO_2 + 2H_2O \tag{2-19}$$

分解产物是富SO_2的气体，在合适的工艺条件下，SO_2体积分数可达到20%以上。活性焦在不断地脱硫与再生循环中，受到物理和化学的再生作用，恢复活性后重复使用。

活性焦脱硫工艺过程：燃煤窑炉产生的100～180℃烟气，经过电除尘后进入活性吸附床吸附，达到脱硫除尘效果；吸附过的活性焦，进入解吸塔，通过加热再生，被吸附的SO_2解吸为高浓度的SO_2气体；再生后的活性焦通过筛选，活性焦粉末及吸附的灰尘被分离去除；再生所产生的高浓度的SO_2气体经脱硫风机送入硫酸装置生产硫酸。再生、筛选后的活性焦进入新的循环净化流程，工艺流程如图2-6所示。

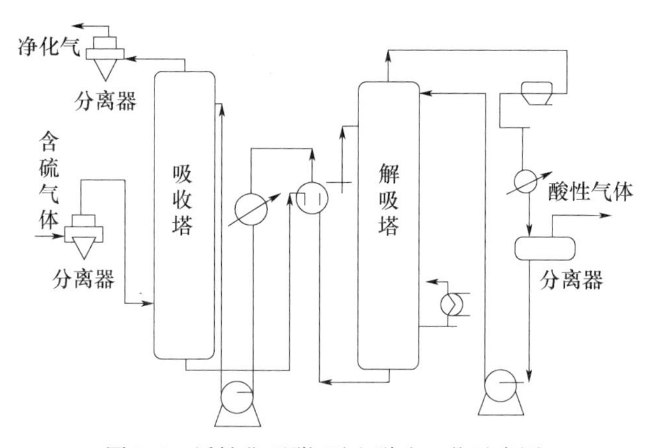

图2-6　活性焦吸附-再生脱硫工艺示意图

2.3.3　干法脱硫

干法烟气脱硫是指应用粉状或粒状吸收剂、吸附剂或催化剂来脱除烟气中的SO_2，其特点是工艺过程简单，无污水、污酸处理问题，能耗低，特别是净化后烟气温度较高，有利于烟囱排气扩散，不会产生“白烟”现象，净化后的烟气不需要二次加热，腐蚀性小；但脱硫效率较低，设备庞大，投资大，占地面积大，操作技术要求高。

2.3.3.1　循环流化床烟气脱硫技术

循环流化床烟气脱硫技术的主要化学反应原理是：在自然界垂直的气固两相流体系中，在循环流化床状态（气速4～6m/s）下可获得相当于单颗粒滑落速度数十至上百倍的气固滑落速度。从化学反应工程的角度看，SO_2与氢氧化钙的颗粒在循环流化床中的反应过程是一个外扩散控制的反应过程；SO_2与氢氧化钙反应的速度主要取决于SO_2在氢氧化钙颗粒表面的扩散阻力，或说是氢氧化钙表面气膜厚度。当滑落速度或颗粒的雷诺数增加时，氢氧化钙颗粒表面的气膜厚度减小，SO_2进入氢氧化钙的传质阻力减小，传质速率加快，从而加快SO_2与氢氧化钙颗粒的反应。物料的传质往往比传热更重要，而且能更快达到更好的效果，单纯的传热速度较慢，而且热力场有热力梯度，很难使各点的温度在短时间内很均匀。循环流化床良好的传质特性能够使得物料各部分的温度均匀，提高吸附脱硫的效率。

烟气循环流化床脱硫工艺由吸收剂制备、吸收塔、脱硫灰再循环、除尘器及控制系统等部分组成。该工艺一般采用干态的消石灰粉作为吸收剂，也可采用其他对二氧化硫有吸收反应能力的干粉作为吸收剂。由窑炉排出的未经处理的烟气从吸收塔（即流化床）底部进入。吸收塔底部为一个文丘里装置，烟气流经文丘里管后速度加快，并在此与很细的吸收剂粉末互相混合，颗粒之间、气体与颗粒之间剧烈摩擦，形成流化床，在喷入均匀水雾降低烟温的条件下，吸收剂与烟气中的二氧化硫反应生成 $CaSO_3$ 和 $CaSO_4$。脱硫后携带大量固体颗粒的烟气从吸收塔顶部排出，进入再循环除尘器，被分离出来的颗粒经中间灰仓返回吸收塔。

2.3.3.2　喷雾干燥法烟气脱硫技术

喷雾干燥法烟气脱硫技术的基本原理是由空气加热器出来的烟道气进入喷雾式干燥器中，与高速旋转喷嘴喷出的充分雾化的石灰、副产品泥浆液相接触，并与其中的 SO_x 反应，生成粉状钙化合物的混合物，再经过除尘器和吸风机，然后再将干净的烟气通过烟囱排出，其过程如图 2-7 所示。其反应方程式为：

$$SO_2 + Ca(OH)_2 \longrightarrow CaSO_3 + H_2O \tag{2-20}$$

$$SO_3 + Ca(OH)_2 \longrightarrow CaSO_4 + H_2O \tag{2-21}$$

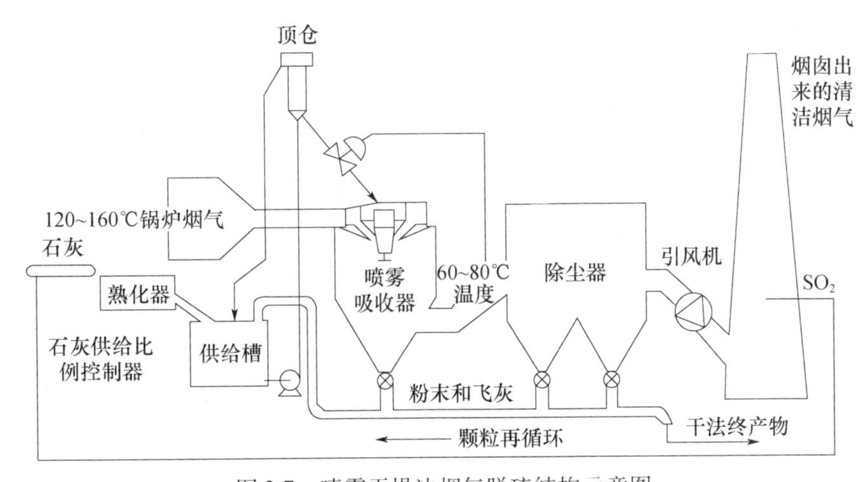

图 2-7　喷雾干燥法烟气脱硫结构示意图

该技术一般可分为吸收剂雾化、混合流动、反应吸收、水汽蒸发、固性物的分离五个阶段，与其他干燥技术相比其独特之处就在于吸收剂与高温烟气接触前首先被雾化成了细小的雾滴，这样便极大增加了吸收剂的比表面积，使得反应吸收及传热得以快速进行。该技术安装费用相对较低，一般是同等规模的石膏法烟气脱硫系统的 70% 左右。但存在着石灰石用量大、吸收剂利用率低及脱硫后的副产品不能再利用的难题。

第3章　陶瓷窑炉内NO_x生成机理及治理技术

3.1　氮氧化物的环境危害

氮氧化物（NO_x）的种类很多，有N_2O、NO、NO_2、N_2O_3、N_2O_5等几种主要污染物。它主要来源于高空中出现闪电时氮气和氧气的化合，以及燃烧过程中在高温下助燃空气和燃料中氮的氧化。它对环境造成的危害主要包括：

（1）NO在大气中氧化成NO_2，再经紫外线照射和排入大气中的碳氢化合物接触，便生成了一种浅蓝色的有毒烟雾——化学烟雾。这种烟雾对人的眼、鼻、心、肺、肝、造血组织等均有强烈的刺激和损害作用。当NO_2含量达25ppm时，若干小时就会导致人发生肺水肿。

（2）NO_x与血色素的结合比CO的毒性大几百倍，人在NO_x浓度为40ppm的大气中五分钟即可死亡。

（3）NO_x对汽车轮胎等橡胶制品有龟裂作用，对植物也会造成损害。

（4）N_2O同CO_2一样，会引起温室效应，且当N_2O到达同温层的臭氧层后会导致臭氧层的破坏。

（5）NO_x和SO_x排放后形成的硝酸与硫酸是造成酸雨的主要原因。据《城市导报》报道，我国每年因酸雨造成的直接经济损失高达140多亿元。

3.2　燃烧过程中NO_x的生成机理

国际上开展燃烧过程中NO_x生成机理及其控制的研究已有一二十年了。大多数研究者认为由三部分组成，即热力型NO_x、快速型NO_x和燃料型NO_x。

3.2.1　热力型NO_x

热力型NO_x的生成机理是高温下助燃空气中的N_2氧化形成NO_x。至今认为研究得比较充分的是Zeldovich等人的生成理论，其主要反应如下：

$$N_2 + O \rightleftharpoons NO + N \tag{3-1}$$

$$N + O_2 \rightleftharpoons NO + O \tag{3-2}$$

$$N + OH \rightleftharpoons NO + H \tag{3-3}$$

而生成速度与燃烧温度有如下关系：

$$d[NO]/d\tau = 3 \times 10^{14}[N_2][O_2]^{1/2}\exp(-542000/RT) \tag{3-4}$$

式中　[NO]、$[N_2]$、$[O_2]$——三种气体的浓度（mol/cm^3）；

T——绝对温度；

R——气体常数，R = 8.315J/（mol·K）。

由式（3-1）～式（3-3）可知，热力型 NO_x 来自于空气中的 N_2，主要受到 O_2 浓度及温度的影响。当燃烧温度低于 1400℃时热力型 NO_x 生成速度较慢，当温度高于 1400℃时反应明显加快，NO_x 生成速率呈指数增加。这说明在实际炉内温度分布不均匀的情况下，局部高温的地方会生成较多 NO_x，并会对整个炉内的 NO_x 生成量起决定性影响。

3.2.2　快速型 NO_x

快速型 NO_x 是 1971 年 Fenimore 根据碳氢燃料预混火焰的轴向 NO 分布实验结果提出的，其形成发生在碳氢化合物燃烧过程中的火焰初始区，并伴有大量的 HCN 形成，且反应可以在瞬间完成，主要反应如下：

$$\begin{array}{ccccccccccc} N_2 & \xrightarrow{+CH} & HCN & \xrightarrow{+O} & NCO & \xrightarrow{+H} & NH & \xrightarrow{+H} & N & \xrightarrow{+HO} & N_2 \\ & & \uparrow{\scriptstyle +H} & & & & & & & & \downarrow{\scriptstyle +OH,\,+O} \\ & & CH & & & & \xleftarrow{+C} & & & & NO \end{array} \tag{3-5}$$

在温度低于 2000K（1727℃）时，NO_x 生成主要通过 $CH\text{-}N_2$ 反应，在不含 N 的碳氢燃料低温燃烧时，需重点考虑快速型 NO_x 的生成。

3.2.3　燃料型 NO_x

燃料型 NO_x 是燃料中的杂环氮化物（如吡啶 C_5H_5N、哌啶 $C_5H_{11}N$ 等）受热分解，并与氧结合生成的 NO_x，其生成量与燃料中 N 的含量有很大关系，当燃料中 N 的含量超过 0.1% 时，结合在燃料的 N 转化为 NO_x 的量占主要地位，如煤的 N 含量一般为 0.5%～2.5%，燃料型 NO_x 的形成可占生成总量的 60% 以上。

其主要反应途径如下：① 氮化物大量转化为 HCN 和 NH_3；② HCN 和 NH_3 被氧化。反应方程如下：

$$\begin{array}{ccccccccc} HCN & \xrightarrow{+O} & NCO & \xrightarrow{+H} & NH & \xrightarrow{+H} & N & \xrightarrow{+NO} & N_2 \\ & & & & & & \downarrow{\scriptstyle +O_2} & & \downarrow{\scriptstyle +N} \\ & & & & & & & \xrightarrow{+OH} & NO \end{array} \tag{3-6}$$

$$\begin{array}{ccccccc} & & HNO & & \xrightarrow{M,\ +OH,\ +NH_2} & & NO \\ & & \uparrow{\scriptstyle +O} & & & & \uparrow{\scriptstyle +O_2,\,OH} \\ NH_3 & \xrightarrow{+OH,\,+H,\,+O} & NH_2 & \xrightarrow{+H,\,+OH} & HN & \xrightarrow{+H,\,+OH} & N \\ & & \downarrow{\scriptstyle +NO} & & & & \downarrow{\scriptstyle +NO} \\ & & NNH & & \xrightarrow{+NO} & & N_2 \end{array} \tag{3-7}$$

目前，关于燃烧过程中 NO_x 生成的研究主要是以实验为主，还没有形成完善的理论。如在煤粉燃烧领域内，主要是通过对具体过程进行实验研究与分析，希望找到一些规律，为解决实际问题提供依据。此外，从文献中也可以看出所有的研究都是公式少，实验曲线多，定量分析少而定性解释多的情况，这反映出 NO_x 生成机理和控制是一个比较复杂、困难的领域，也是一个需要进行大量研究工作和大有可为的领域。

3.3 燃烧过程中影响 NO_x 生成的因素

3.3.1 燃料的性质

由于在液体或固体燃料中通常含有各种各样的含氮有机物，这是燃料型 NO_x 的主要来源。有关试验数据表明，燃料中的含氮量与 NO 转换率具有如图 3-1 所示的关系。

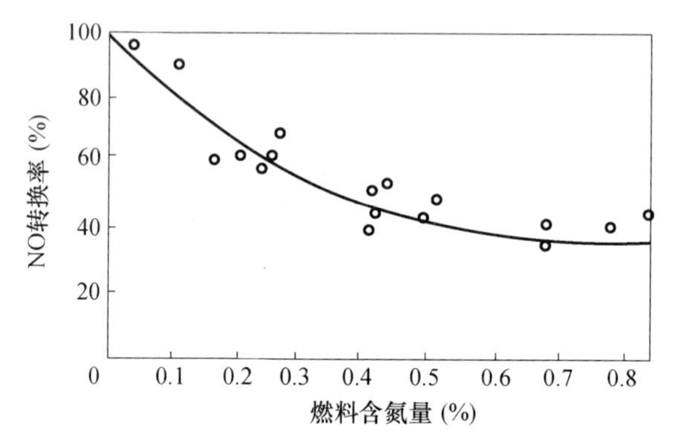

图 3-1　NO 转换率与燃料含氮量的关系

图 3-1 表明，当燃料含氮量超过 0.5 时，NO 转换率变化不大，为 30% 左右，即出现了饱和现象。同时，实验结果还表明，NO 主要来源于半焦氮，而 N_2O 主要来源于挥发分氮；燃料氮生成 NO 及 N_2O 的转化率随煤种等级的升高而增加，但 NO 的生成量与煤种等级关系相对较小；燃料氮转换生成 N_2O 的量随温度的升高而下降，但转化生成 NO 的量随温度的升高而增加。

当燃料为煤时，其挥发分中的各种元素比也会影响到 NO_x 的排放量，显然，O/N 比越大，N 越易被氧化，故 NO_x 排放量越高，且对外部氧浓度越不敏感。由于褐煤中 O/N 比一般较大，因此，NO_x 排放量较高。H/C 比越高，则 NO 越难以被还原，故 NO_x 排放量也越高。另外，S/N 比会影响到各自的排放水平，因为 S 和 N 氧化时会相互竞争，故 SO_2 排放量越高，NO_x 排放量越低。对于气体燃料，由于其含氮的化合物含量较低，故其生成的 NO_x 主要为热力型 NO_x 和快速型 NO_x。因此，采用优质燃料以减少其氮的含量，以气体燃料代替固体、液体燃料，对于降低 NO 的排放具有显著的意义。

3.3.2 过剩空气系数

由于 NO_x 生成取决于 N 和 O 的结合，二者缺一不可，故含氧量（与过剩空气系数的大小有关）将影响到 NO_x 量。试验揭示了燃料型 NO_x 和热力型 NO_x 分别与过剩空气系数和温度的关系，如图 3-2 所示。

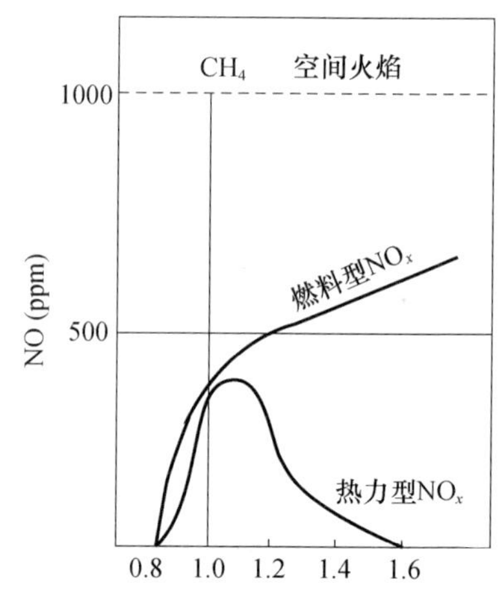

图 3-2　燃料型 NO_x 和热力型 NO_x 与过剩空气系数的关系

由图 3-2 可知，NO 随过剩空气系数的降低而一直下降，尤其当过量空气系数 $\alpha<1$ 时，NO 的生成量急剧降低，这种趋向两者是一致的。这是因为在缺氧状态下，燃料中挥发出来的 N 和 C、H 和空气中 N 竞争不足的 O_2，由于 N 缺乏竞争能力，而减少了 NO_x 的形成；当 $\alpha>1.1$

时，热力型 NO_x 的含量亦趋于下降，其原因是此时的温度已低于热力型 NO_x 生成温度的最高点，但燃料型 NO_x 的总含量仍在上升。因此，燃料型 NO_x 的生成取决于氮的浓度、氧的浓度和时间，而热力型 NO_x 在 $\alpha=1.1$ 左右出现峰值，这是由于当空气量小于理论空气量（$\alpha=1.0$）时，空气量增加导致燃烧温度增加，而热力型 NO_x 量增加。当空气量超过理论空气量时，由于空气量增加引起燃烧温度急剧下降，致使热力型 NO_x 生成量大幅度下降。当出现15%的过剩空气时，NO_x 生成量达到最大。当过剩空气量超过15%时，燃烧温度下降，反而会导致 NO_x 生成量减少。

由以上分析可知，如果风不分级时，降低过剩空气系数可以减少 NO_x 的排放，但同时由于氧量不足，CO浓度增加，燃烧效率下降；如果采用分级送风，适当地降低一次风率、增大二次风率可大大降低 NO_x 的排放量。研究表明，当将约1/3左右的燃烧空气作为二次风送入距窑炉上方的一定距离处，NO_x 排放量有望达到最低水平。二次风投入对 NO_x 的影响如图3-3所示。当然，不同的窑炉结构有可能会使最佳的一、二次风配比在此范围内有所变化。

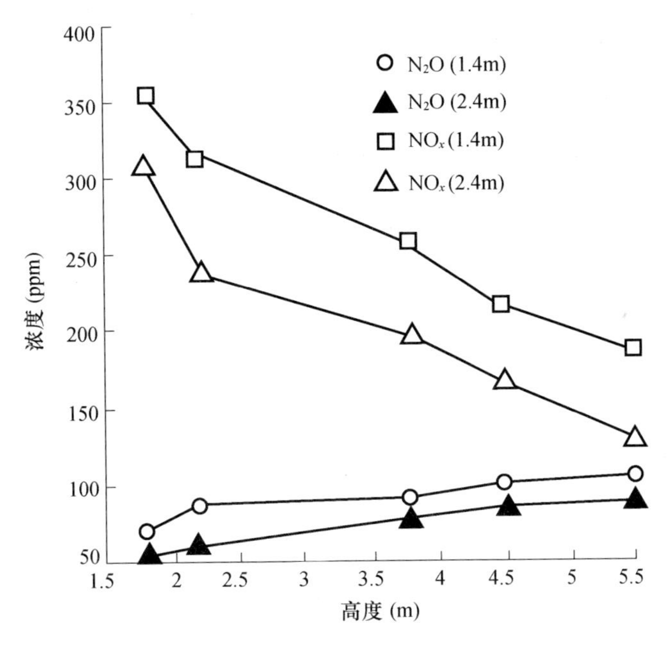

图3-3　二次风投入对 NO_x 的影响

由图3-3可知，由于二次风投入点升高后，在投入点以下氧量较少，CO浓度越高，通过焦炭氧化生成的NO浓度减少而同时CO和焦炭对NO的还原作用有所增加，因而NO浓度大大降低。对于 N_2O，二次风口以下氧量变少，生成 N_2O 的反应受到抑制，排放量也减少。

3.3.3　燃烧温度

燃烧温度对 NO_x 排放量的影响已取得共识。燃烧温度越高 NO_x 生成就越多，且在高温下炉气中的 N_2 和 O_2 反应生成的 NO_x 随温度增加呈指数关系增加，因此，高温度火焰产生

的 NO_x 就多。同时，空气预热温度越高，节能效果就越大，燃烧温度就越高，但带来的却是 NO_x 增加。如空气预热温度达1000℃以上，将大大提高火焰的局部温度，从而使 NO_x 形成显著增加，故从环保角度来说，空气预热温度又不宜过高。

3.3.4 其他影响因素

高温烟气的停留时间对 NO_x 的影响也十分显著。由于在燃烧温度下，NO 生成反应还没有达到化学平衡，因而 NO 的产生量将随烟气在高温区内的停留时间增大而增大。此外，加入脱硫剂也可以影响到 NO_x 量。加入的脱硫剂为石灰石，其直接目的是降低 SO_2 的排放量，同时，对 NO_x 的排放量也会产生明显的影响，使 NO 上升。脱硫剂的影响主要体现在两个方面，一个使富余的 CaO 作为强催化剂强化燃料氮的氧化速度，使 NO 的生成速度增加；另一个使富余的 CaO 和 CaS 作为催化剂强化 CO 还原 NO 的反应过程。一般情况下，CaO 对燃料氮氧化物生成 NO 的贡献大于其对还原性气体还原 NO 的贡献，从而使得 NO_x 排放量增加。

3.4 燃烧过程中 NO_x 的治理技术

3.4.1 全氧燃烧及分段燃烧技术

全氧燃烧技术的原理是利用纯氧气代替空气作为助燃剂，由于没有空气中的 N_2，从而可显著降低 NO_x 形成（与普通烧嘴相比 NO_x 可减少 70% ~90%），同时由于烟气量的大大减少，烟气带走的热损失也显著降低，从而显著节约了燃料（节能可达 30% ~60%），这反过来又显著降低了 CO_2 排放量。另外，使用纯氧取代空气以后，取消了空气供给系统（或是减少了空气供给系统规模），因而省去或减少了鼓风机、换热器、热风管道等设备的投资、耗电及维修，也大大降低了噪声污染。另外，在烧嘴内增设空气或燃气分级供给措施也是一种有效降低 NO_x 的措施，如图 3-4 所示，当空气分级供给时，在第一燃烧区中燃烧是在富燃料的条件下进行。

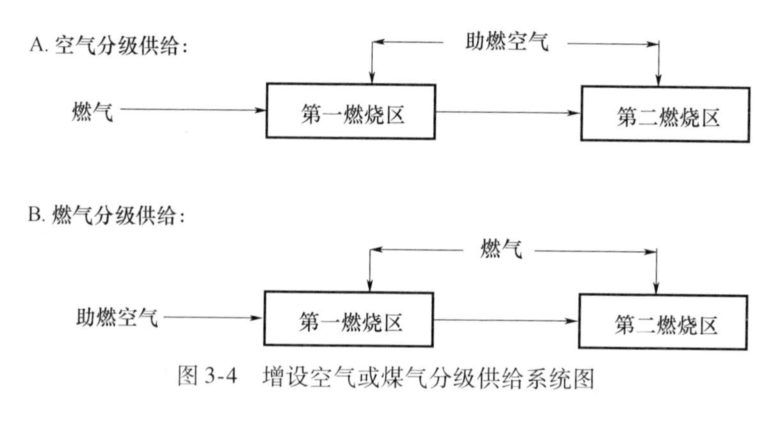

图 3-4　增设空气或煤气分级供给系统图

由于氧浓度和温度的大幅度降低，NO_x 生成量很少。在第二燃烧区中，补入的氧与燃烧产物中剩余的可燃气进行反应。在两级燃烧中都避免了最高火焰温度的形成，有效地抑制了 NO_x 的生成。采用空气二级供应的二段式燃烧调温高速燃烧器进行试验，在燃烧器喷火口取样，$NO_x < 150 \times 10^{-6}$。当燃气分级供给时造成贫燃料的第一燃烧区，尽管氧浓度很高，但是相对低的火焰温度有效抑制了 NO_x 的生成。

3.4.2　脉冲燃烧技术

脉冲燃烧技术是随着高档陶瓷制品对窑内温度场均匀性的要求较高，宽断面、大容量的陶瓷窑炉的出现而产生的。脉冲燃烧控制是一种间断燃烧的方式，通过调节燃烧时间的占空比（通断比）实现窑炉的温度控制。燃料流量可通过压力调整预先设定，烧嘴一旦工作，就处于满负荷状态，保证烧嘴燃烧时的燃气出口速度不变。当需要升温时，烧嘴燃烧的时间加长，间断时间减少；需要降温时，烧嘴燃烧时间减少，间断时间加长。有文献报道了此燃烧技术的实验研究，通过对三种型号的燃烧器进行单烧嘴测试表明，可以将 NO_x 的生成量降低 50%，甚至 90%。如图 3-5 所示，随着周期的延长，NO_x 排放量减少，但是 CO 排放量在增加。当脉动频率在 1Hz 左右，可获得同时降低 NO_x 和 CO 排放量的效果。该技术亦有改善传热和节能的作用，可使燃烧率提高 20%。美国和法国联合研究的"受控脉动燃烧技术"采用的是单烧嘴，因而难以保证在炉膛内瞬时的燃气与助燃气体的比率始终处于最佳的状态，必然造成烟气中大量 CO、C_mH_n 的生成。另外，随着脉动周期的延长。NO_x 的排放量呈降低趋势，但是 CO 的生成量随之增加。武立云等人在陶瓷烧成梭式试验窑上，使用两个低污染的二次燃烧的预混型调温高速烧嘴成功解决了这一问题。

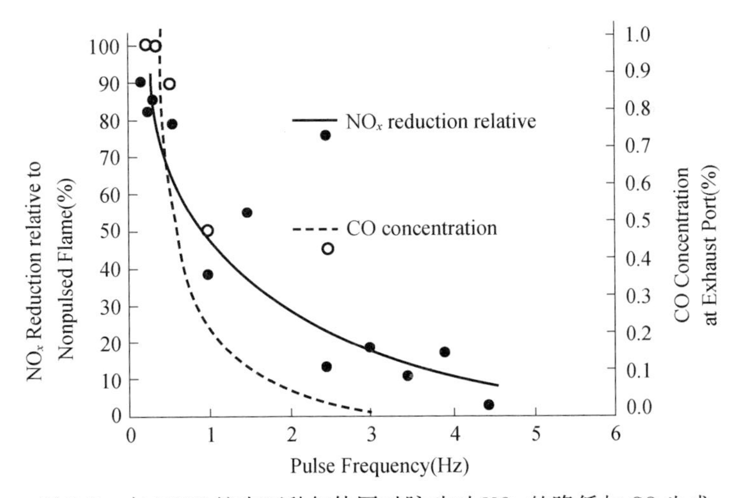

图 3-5　在 20kW 炉中两种气体同时脉动时 NO_x 的降低与 CO 生成

如图 3-6 所示，当脉动空气 5s，CO 及 NO_x 排放量最低。这是由于当一只烧嘴处于助燃气体或燃气不足的阶段时，另一只烧嘴恰好处于助燃气体或燃气过剩的阶段，不仅保证了炉膛内平均的温度，而且进一步保证其瞬时的燃气量与助燃气体的比率处于最佳值的条件下实行受控脉动燃烧。在受控脉动燃烧技术运转时，每只燃烧器瞬时燃气与空气的比率偏离理想比，使燃烧最高温度降低，并趋向均匀化，从而减少了燃烧室和窑炉的蓄热和散热，是降低燃料，减少 NO_x 排放的原因。

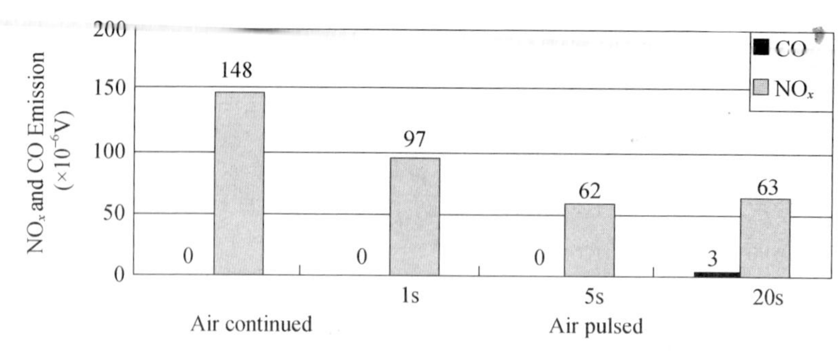

图 3-6　连续与脉动空气 1、5、20s 的 NO_x 和 CO 排放量比较

3.4.3　高温空气燃烧技术

高温空气燃烧技术实现低 NO_x 的关键是射流效应，通过提高射流对烟气的卷吸量，来稀释可燃混合物，大大提高了炉内温度的均匀性，形成低氧燃烧的条件。在常规燃烧中，空气与燃料一进入炉内就在中心区域掺混，形成传统意义上的扩散燃烧，由于燃烧是按化学当量比进行的，因此燃烧温度很高，显然对于降低 NO_x 是不利的。而高温空气燃烧过程则是通过分离空气和燃料供应通道，使两股射流之间为燃烧烟气所阻隔并被掺混稀释，从而延缓了两者的扩散混合，这样就把局部的扩散燃烧扩展到更广大的空间范围中进行，削弱了局部的燃烧热强度，即放热量，从而抑制了因高温燃烧和存在局部炽热点而导致的 NO_x 生成。可见，实现高温空气燃烧既要突破理论上的制约，又要合理地组织燃烧过程，才能够很好地解决高温燃烧与高 NO_x 排放这个矛盾。图 3-7 是传统燃烧与高温低氧燃烧时，炉内温度分布情况。从图 3-7 中可以看出，传统燃烧条件下，炉内存在明显的局部高温区，长度方向温差较大；而高温低氧（O_2 =4%）燃烧则不存在局部的高温区，整个炉膛温度均匀性很好，这是形成超低 NO_x 排放的主要原因。

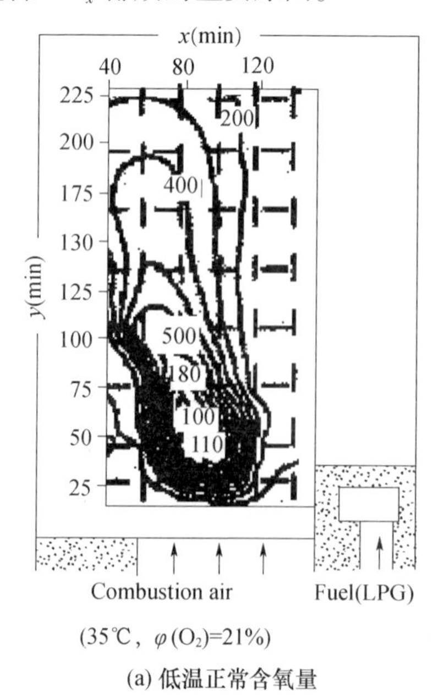

(a) 低温正常含氧量

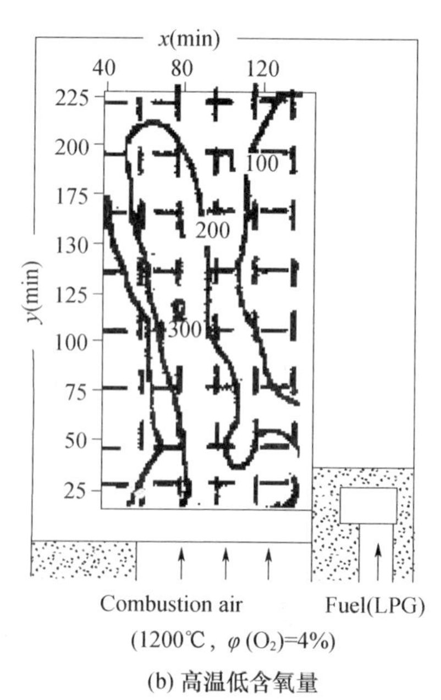

(b) 高温低含氧量

图 3-7　　炉内温度分布图

3.4.4　还原法

还原法脱除烟气中NO_x的方法有很多，目前主要有选择性催化还原技术（SCR）和选择性非催化还原技术（SNCR），以及碳氢化合物选择性催化（HC-SCR）、非选择性催化还原（NSCR）等方法。其基本原理都是通过向烟气中加入还原剂（如：氨、尿素等），在有催化剂存在或是一定的温度下将NO_x还原成N_2以达到脱除NO_x的目的。

3.4.4.1　选择性催化还原（SCR）

在SCR工艺中，还原剂在催化剂的作用下将NO_x还原为氮气和水，催化剂用于促进还原剂与NO_x之间的化学反应，还原剂主要是氨。反应方程式如下：

$$4NO + 4NH_3 + O_2 \longrightarrow 4N_2 + 6H_2O \tag{3-8}$$

$$6NO_2 + 8NH_3 \longrightarrow 7N_2 + 12H_2O \tag{3-9}$$

在不同的催化剂作用下SCR可以使NO_x和氨的化学反应在160～600℃下进行，可获得>90%的NO_x还原率。然而在SCR工艺中存在着几个问题：首先是未反应的氨造成氨气的泄漏以及氨在高温下被氧化造成N_2O排放形成二次污染；另外，高SO_2含量烟气会产生较多的硫酸铵，它可沉积在汽化器的表面以及空气加热器和其他下游设备的表面造成设备的腐蚀、损坏；同时，由于催化剂的表面被烟尘沉积覆盖或者催化剂被重金属（As）及碱土金属氧化物（MgO，CaO，Na_2O，K_2O）中毒而造成催化剂失活；更重要的是SCR工艺的基本设备投资以及操作费用较高，尽管过去十几年来有所降低，但对于发展中国家来说仍然难以承受，故该技术在发达国家（如日本）使用较多。

3.4.4.2　选择性非催化还原（SNCR）

一般来说，含氮的化合物，例如尿素或氨注入热的烟气中，在适当高的温度下（875～1150℃），含氮化合物分解并与NO_x发生化学反应而将NO_x还原成分子态的N_2和水。反应方程式如下：

$$4NO + 4NH_3 + O_2 \longrightarrow 4N_2 + 6H_2O \tag{3-10}$$

$$6NO_2 + 8NH_3 \longrightarrow 7N_2 + 12H_2O \tag{3-11}$$

$$H_2NCONH_2 + 2NO + 1/2O_2 \longrightarrow 2N_2 + CO_2 + 2H_2O \tag{3-12}$$

反应的推动力是热烟气的高温，不需要催化剂的存在。一般情况下可达到30%～70%的NO_x还原率。与SCR工艺相比，SNCR的NO_x脱除率较低，也存在氨泄漏和N_2O生成（在用尿素做还原剂的情况下N_2O生成量比用氨时大得多）造成的二次污染，以及硫酸铵、硫酸氢铵生成腐蚀设备的问题。但是SNCR工艺可以方便地在现有装置上改装，因为它不需要催化剂床层，仅仅是还原剂的储存设备和喷射系统需要加以安装，因而初始投资相对SCR工艺来说要低得多。由于该工艺没有催化剂的存在，反应需要在较高温度下进行，对于梭式窑排放的烟气温度（800～1000℃）尚可满足反应条件，而对于隧道窑和辊道窑而言，排放的烟气温度在200℃左右，远远低于反应需要的温度，故该工艺对于陶瓷窑炉烟气中NO_x的脱除仍然需要进一步的改进。不过，该工艺在不考虑二次污染及设备投资、腐蚀等情况的前提下，可以将氨或尿素直接喷入窑炉炉体内起到脱除NO_x的目的。

3.4.4.3　选择性催化还原及选择性非催化还原（SCR-SNCR）

鉴于以上两种方法的分析比较，将SNCR工艺和SCR工艺的优点联合起来，可大大提

高 NO_x 脱除率且降低其成本，减少氨的泄漏。在联合工艺方法中，前一工艺过程氨的泄漏是有目的的使之作为后一工艺选择性催化还原的还原剂。SNCR 过程脱去部分 NO_x，而剩下的由 SCR 过程脱除掉更多的 NO_x，同时它也进一步减少氨泄漏的机会。联合工艺系统所使用的催化剂比起单独使用 SCR 工艺要少得多，而且能达到更高的 NO_x 脱除率。因此，联合工艺系统可以用更低的设备投资获得 NO_x 更高的脱除效率。另外，为了克服以上两种工艺的氨泄漏、设备昂贵及硫酸铵的沉积等缺点，目前正在研究开发稀土氧化物催化剂，可在较低温度下（600℃）将 NO_x 直接催化分解为氮气和氧气。Cu-ZSM-5 是一种较好 NO_x 分解催化剂。

3.4.5 等离子技术

等离子体过程烟气 NO_x 治理技术的核心是通过一定的方式在烟气中产生等离子体，NO_x 等污染性气体在等离子体区被分解或氧化，浓度降低到排放标准以下。这些技术包括：①电子束法；②脉冲电晕法；③直流电晕法；④介质阻挡放电法；⑤表面放电法等。

3.4.5.1 电子束法

电子束（electron. beam，EB）法的原理是利用电子加速器产生的高能电子束，直接照射待处理的气体，通过高能电子与气体中的氧分子及水分子碰撞，使之离解、电离，形成非平衡等离子体，其中所产生的大量活性粒子（如 OH、O 和 HO_2 等）与污染物进行反应，使之氧化去除。初步研究表明，该技术在烟气脱硫、脱硝方面的有效性和经济性优于常规技术。然而，电子束照射法存在能量利用率低的问题，而且电子束法所采用的电子枪价格昂贵，电子枪及靶窗的寿命短且设备结构复杂，占地面积大，X 射线的屏蔽与防护问题也不容易解决，故限制了电子束法的实际应用和推广。

3.4.5.2 脉冲电晕法

在不均匀电场中的电离及激发过程，当电极之间并未击穿或导通时，会出现电晕放电。电晕放电属于非平衡等离子体，存在着高能电子动能温度达到几万度。处于这种非平衡状态，电子与其他粒子在碰撞中可以产生化学活性物质。烟气中的 O_2、H_2O 等分子激活、裂解或电离可产生活性很强的自由基（如 O^*、OH^* 等），以及非平衡等离子体中的高能电子，能够使被电晕放电激活的活性粒子把 SO_2、NO 分子氧化成 SO_3、NO_2，并可被添加剂生成相应的盐而将烟气净化。与电子束照射法相比，该法避免了电子加速器的使用，也无须辐射屏蔽，增强了技术的安全性和实用性。另外，由于脉冲电晕技术中所用设备简单，可以由常见的静电除尘设备适当改造而成，在烟气净化方面可集脱硫、脱硝和除尘为一体，从而大大节省了投资和占地面积。1985 年 Tokunaga 等首先对 SO_2 和 NO_x 在脉冲放电场中同时脱除进行了研究。利用高压脉冲电晕，使电子产生雪崩效应，从而产生大量电子（5 ~ 20eV）。电子可以打断周围气体分子的化学键而产生氧化性极强的 OH、O、HO_2 和 O_3 等自由原子和自由基等活性物质，在有氨水注入的情况下与 SO_2 和 NO_x 反应生成 $(NH_4)_2SO_3$ 和 NH_4NO_2。白敏冬等采用超高压脉冲（幅值 250kV，脉宽 1μs，脉冲电流 5A）电晕放电技术模拟火力发电厂锅炉烟气在温度为 180℃ 条件下，CO_2 分解率为 75. 2%，SO_2 分解率为 97. 8%，NO_x 分解率为 78. 1%，其中 NO 分解率为 63. 7%，NO_2 为 86. 3%。

国外对电子束法和脉冲电晕法烟气脱硫脱硝技术研究表明，脉冲电晕法的能耗约为

10～20Wh/Nm^3，而电子束法的能耗大约是脉冲电晕法能耗的2倍。如果要把电能消耗降低到电厂发电量的1%，则能耗应低于6Wh/Nm^3。由此看来，脉冲电晕法烟气脱硫脱硝技术的能耗过大将是限制它实际应用的主要不利因素。另外，脉冲电晕技术还存在制造大功率脉冲电源技术复杂、成本很高、火花开关寿命较短、需定期更换等不足之处。显然，等离子技术虽然脱硫脱硝效率较高，但由于其以上所述的不足，使其还只能处于实验室研究阶段，对于工业烟气治理来说还较为遥远。

3.4.6　微波技术

微波是指频率在300～30×10^4MHz之间的电磁波。高频电磁波（HFEMW）的射频（RF）能是能量存在的一种形式，用它可以提高化学反应的速率和效率，高温热解炭（或活性炭）既是一种性能优良的RF能吸收剂，又是一种性能良好的还原剂。当将活性炭置于RF能量场中时，它的温度会迅速提高，在气相和固相之间形成很高的温度梯度。气相中的SO_2、NO_x与RF能量场中的焦炭接触时，炭能迅速地夺取这些氧化物中的氧，其夺取氧的速度要比没有RF能量场存在时快得多。其化学反应式如下：

$$C+SO_2\xrightarrow{RF}CO_2+S \tag{3-13}$$

$$2C+SO_2\xrightarrow{RF}2CO+S \tag{3-14}$$

$$C+2NO\xrightarrow{RF}CO_2+N_2 \tag{3-15}$$

$$C+NO\xrightarrow{RF}CO+\frac{1}{2}N_2 \tag{3-16}$$

Cha公司对微波脱除燃煤烟气中的SO_2和NO_x进行了研究，利用炭床将SO_2和NO_x吸附后，在微波加热作用下将SO_2和NO_x分别还原为单质硫和氮气，去除率接近98%。他们还利用微波的能量能将吸附在炭床表面的NO还原为N_2，同时对炭床再生进行研究。实验发现，微波处理过NO_x后的再生炭床的比表面积从82m^2/g增加到800m^2/g，在吸附和再生9次后，增加了吸附能力和吸附的速度。另外，D. Martin等报道，可利用2.45GHz微波直接处理燃煤废气中的SO_2和NO_x，生成SO_3和NO_2，在水中形成H_2SO_4和HNO_3达到处理目的。其原理是利用微波这种高频电磁波具有的高能性，激发和电离废气中的N_2、H_2O、CO_2、O_2，形成—OH、—O_2H、N^-、O^-、H^+活性基和自由电子。—OH、—O_2H、O^-又与SO_2和NO_2和NO_x反应生成SO_3和NO_2。因此，可以利用微波的高能性直接处理SO_2和NO_x。

与传统的还原法（如SCR、SNCR）相比，微波脱硫脱硝具有工艺简单、处理效率高、无二次污染等优点；与等离子技术（如电子束法、脉冲电晕法）相比，具有投资小、装置简单、能耗低等优点，因此，微波技术具有广阔的发展前景。然而，运用微波技术处理烟气中污染物的排放并不多，其主要原因如下：有关材料的电介性质的基本数据缺乏；由于缺乏基础数据，导致设计谐振腔等微波加热设备的技术滞后；迫切需要微波工程的基础数据。

3.4.7　微生物法

由于NO_x是无机物，其构成中不含有碳源，因此，微生物净化NO_x的原理是：适宜的脱氮菌在有外加碳源的情况下，利用NO_x作为氮源，将NO_x还原成最基本的无害的N_2，而脱氮菌本身获得生长繁殖。由于该过程难以在气相中进行，所以气态的污染物先经过从气相转移到液相或固相表面的液膜的传质过程，其中 NO_2 先溶于水中形成 NO_3^- 及 NO_2^- 被微生物还原为 N_2；NO 则被吸附在微生物表面后直接被微生物还原为 N_2。在此过程中加入有机物作为电子供体被氧化来提供能量，脱氮菌以 NO_3^-、NO_2^- 作为电子受体进行呼吸氧化有机物。目前，国内外有关生物法处理 NO_x 的报道主要均针对 NO_x 中不易溶于水的 NO。根据研究的进展情况，将生物法处理 NO 归为反硝化处理、硝化处理和真菌处理三类。

在反硝化过程中，NO 通过反硝化菌的同化反硝化（合成代谢）还原成有机氮化物，成为菌体的一部分；异化反硝化（分解代谢），将其最终转化为 N_2。由于反硝化菌是一种兼性厌氧菌，以 NO 作为电子受体进行厌氧呼吸，故它不像好氧呼吸那样释放出更多的 ATP（Adenosine Triphosphate，三磷酸腺苷），相应合成的细胞物质量也较少。美国爱达荷国家工程实验室（Idaho National Engineering Laboratory）的研究人员最早发明用脱氮菌还原烟气中 NO_x 的工艺。将浓度为 100～400mg/m^3 的 NO 烟气通过一个 ϕ102mm×915mm 的装填堆肥的填料塔，其上生长绿脓假单胞脱氮菌，堆肥可作为细菌的营养源，每隔 3～4d 向堆肥床层中滴加蔗糖溶液（外加碳源），烟气在塔中停留时间约为 1min，测得当 NO 进口浓度为 335mg/m^{3}时，NO 的去除率达到 99%。塔中细菌的最适合温度为 30～45℃，pH 值为 6.5～8.5。对于硝化处理，其效率较低：而真菌处理机理尚不能确定。虽然微生物法净化气态污染物具有设备简单、运行费用低、较少形成二次污染、脱硝效率高等优点，但是保持厌氧的生长环境和外加有机碳源是实现该过程的必要条件，特别是缺氧条件，在过程放大或在未来可能的工程应用时就意味着投资费用的激增。另外，该方法在较低温度下进行脱硝，且仍处于实验室研究阶段，对于大量排放烟气将需要大量的微生物源，因此目前对于工业使用没有实际意义。

3.4.8 电化学法

电化学法利用电子作为洁净的氧化还原反应参与物，直接或间接地进行化学物质间的转换，不需要像在化学过程中那样要大量应用氧化剂或还原剂，且氧化剂或还原剂可以再生。Kleifges 等采用连二硫酸盐作为媒质将 NO 还原为低价氮化合物，连二硫酸盐本身氧化为 HSO_3^- 或 SO_3^{2-}，然后电解还原 HSO_3^- 或 SO_3^{2-} 再生为连二硫酸盐。该法能以 90% 以上的转化率将 NO 转化为水溶性物质。但氧化还原媒质 $S_2O_4^{2-}$ 是在电解槽的阴极室中经电化学还原 HSO_3^- 得到的，阳极室中发生的反应未加以利用，不利于合理利用资源与降低能耗。鉴于此，易清风则提出用碱液吸收，Ce^{4+} 氧化同时去除 SO_2/NO_x 的工艺方法。其基本过程是：SO_2 用 NaOH 溶液吸收后形成 $NaHSO_3$ 和 Na_2SO_3，再在电解槽阴极室中还原为 $S_2O_4^{2-}$，而 NO 被溶液中的 Ce^{4+} 氧化为高价氮的含氧化合物，如：NO_2，N_2O_3，NO_3^-，NO_2^- 等；其次是在电解槽阳极室中电化学再生 Ce^{4+}，分离出 Ce^{4+} 后的高价氮氧化物与混有氧气的氨气作用生成 NH_4NO_3。虽然电解法媒质电对可以再生，不像常规的化学过程需要消耗大量的化学品才能保持气体的转化连续进行，而且电解法可以通过调节电解电压和电流密度对过程进行控制，易于实现工艺的自动化，但是其处理工艺在较低温度（<100℃）下进行，这对于工业炉窑燃烧过程中排放的高温烟气（300℃以上，有些甚至 900℃以上）来说无疑是需要增设烟气冷却设备，增大了投资，而且电化学法所用吸收液及电解液不易储存和运输，故只适

用于那些不是连续操作的小型加热燃烧器、化工厂或含尘量非常高的烟气治理。

3.4.9　活性炭吸附法

活性炭的孔隙结构丰富，比表面积大，吸附性能好。它能够吸附、催化其他物质在其孔隙内积聚，保持和碳及其基团的反应能力，且具有稳定的物理化学性能。其联合脱硫脱硝工艺的全过程由吸收、解吸和硫回收三部分组成。吸收塔内由上下两段组成。活性炭在重力的作用下，由顶部下降至底部，烟气由下而上流过，流经吸收塔的第一段时 SO_2 被脱除，流经第二段时，喷入氨除去 NO_x。SO_2 脱除反应一般优先于 NO_x 的脱除反应，烟气中 SO_2 浓度较高时活性炭内进行的是 SO_2 脱除反应，相反烟气中 SO_2 浓度较低时，NO_x 脱除反应占主导地位。当活性炭吸收 H_2SO_4、NH_4HSO_4 和 $(NH_4)_2SO_4$ 后，被送至解吸塔，在温度约400℃时进行加热再生。烟气温度在120～160℃之间时具有最高的脱除效率。SO_2 的脱除率可达到98%，NO_x 的脱除率在80%左右。

3.4.10　氯酸氧化法

氯酸是一种强酸，比硫酸酸性强，浓度为35%（质量百分比）的氯酸溶液99%可电离。氯酸是一种强氧化剂，其氧化电位受液相pH值控制。在酸性介质条件下，氯酸的氧化性比高氯酸（$HClO_4$）还要强。该工艺就是利用氯酸的强氧化性来氧化NO和 SO_2 及有毒金属，碱式吸收塔则作为后续工艺，采用 Na_2S 及NaOH作为吸收剂，吸收残余酸性气体，可高效脱除 NO_x 和 SO_2，达95%以上。其总氧化反应如下：

$$13NO + 6HClO_3 + 5H_2O \longrightarrow 6HCl + 3NO_2 + 10HNO_3 \quad (3\text{-}17)$$

$$6SO_2 + 2HClO_3 + 6H_2O \longrightarrow 6H_2SO_4 + 2HCl \quad (3\text{-}18)$$

氯酸氧化法在去除 NO_x 和 SO_2 的同时，还可去除有毒金属，如As，Be，Cd，Cr，Pb，Hg和Se。通过模拟烟气的研究表明，氯酸也是一种去除基态汞的有效试剂，去除效率可达94%，并且在 NO_x 存在的情况下，可以显著增加去除效率，原因可能是 NO_x 与氯酸反应生成 HNO_2 和 HNO_3，有助于氧化基态汞。然而，该技术也存在如同电化学法、还原法等原料的运输、储存困难及腐蚀设备等问题。

3.4.11　TiO_2 光催化法

有实验结果表明利用 TiO_2 光催化涂膜在光照或受紫外线辐照的情况下激发生成活性氧，可将浓度在0.01～10ppm范围内的 NO_x 有效去除。有关人员还对高浓度 NO_x 的去除进行过研究，他们将四异丙基钛溶于乙醇中，于550℃下在石英珠上制作二氧化钛薄膜（厚2μm），用水银灯照射，测定光催化系统对15、56、110ppm浓度 NO_x 的去除效率。测定结果表明，对高浓度 NO_x 的去除效率不到40%，但对15ppmNO_x 的去除效率高达90%。显然此种方法对于脱除燃烧烟气中大量的 NO_x 效率较低，因为工业炉窑燃烧过程中所产生的烟气中 NO_x 都在100ppm以上甚至几百ppm。

第 4 章　陶瓷窑炉中 NO_x 产生的模拟研究

4.1　陶瓷窑炉模拟研究现状

早在 20 世纪 50 年代，苏联学者便开始用空气动力模型研究隧道窑内料垛阻力和对流传热，找出窑内料垛阻力系数和对流传热的准数方程。之后，日本学者用 1∶10 的火焰模型对码烧砖垛的隧道窑内气体流动状态进行了研究，从实验得出，雷诺准数大于 6×10^3 时窑内气体的流动状态不受雷诺准数的影响，进入第二自模区，并指出预热带上部对气流阻力小时，高温气体集中于上部，形成湍流；窑车面上为负压时，大量冷空气通过砂封吸入窑内，造成预热带上下温差。到 20 世纪 70 年代，德国学者用空气动力模型研究了隧道窑内压力降、阻力系数、对流换热系数以及它们之间的关系，研究了料垛码法、气流分布、温度分布及他们之间的相互影响，得出了有关准数方程。苏联学者也用钢制模型和三种砖垛码法对环形隧道窑内空气动力学特征进行了研究。

在国内，用冷态模型研究陶瓷窑炉也有不少先例。1965 年，刘振群和杨永钊建立了隧道窑烧成带的水力模型，研究了隧道窑内一次空气与煤气混合的流动情况，并提出了烧嘴对数与其有关因素的关系式。钱家本、鲁一元用水力模型研究了装有高速烧嘴的蒸笼窑的窑内气体运动状态，从而取得了设计建造蒸笼窑的必要数据。朱宣惠等用模型研究了陶瓷隧道窑窑顶预热带漏风量与窑内负压、漏风面积、料垛码法、窑内气流速度等因数的关系，分散排烟对窑内流体流动的影响以及气体流经不同尺寸和不同料垛码法的圆柱料垛的压力降和流速分布。谷同恩采用冷态模型进行了隧道窑流体动力过程的相似模拟研究。赵祺元先用冷态模型对隧道窑多段鼓抽风、多挡板的窑底均压方案进行了研究，然后又用模拟实验论述了气幕能起搅拌作用的原因。胡国林用空气动力模型研究了隧道窑预热带和冷却带的对流传热，并测出不同码法各种流速下的压力降，找出第二自模区。尹虹利用空气动力模型，采用局部模拟的办法，研究了隧道窑烧成带的对流传热。陈镇周用水力模型模拟烧油辊道窑燃烧室的火焰流动，研究了该种窑燃烧室的合理结构。

4.2　FLUENT 软件简介

20 世纪 70 年代以来，大型计算机和 CFD（Computational Fluid Dynamics，即计算流体力学技术）、计算传热学以及计算燃烧学得以迅速发展，国内外的许多学者通过建立数学模型，用计算机模拟 NO_x 的生成，有的甚至制作出商业软件如 FLUENT 软件。

在 CFD 软件中，FLUENT 软件是目前国内外使用最多、最流行的商业软件之一，由美国 FLUENT Inc. 于 1983 年推出，用于模拟具有复杂外形的流体流动以及热传导的计算机程序。FLUENT 的软件设计基于“CFD 计算机软件群的概念”，针对每一种流动的物理问题的特点，采用适合于它的数值解法在计算速度、稳定性和精度等各方面达到最佳。其一般求解问题的步骤如下：①确定几何形状，生成计算网格（用 GAMBIT，也可以读入其他指定程序生成的网格)；②选择2D或3D来模拟计算；③输入网格；④检查网格；⑤选择解法器；⑥选择求解的方程，包括层流或湍流（或无粘流）、化学组分或化学反应、传热模型等；⑦确定其他需要的模型，如：风扇、热交换器、多孔介质等模型；⑧确定流体物性；⑨指定边界条件；⑩流场初始化、计算、检查结果，保存结果，后处理等。

FLUENT软件系列的程序结构包括：GAMBIT，几何图形模拟及网格生成的预处理程序；FLUENT，进行流动模拟计算的解算器；prePDF，模拟PDF燃烧的过程；Tgrid，从已有边界网格中生成网格的附加前处理程序；Filters（Translators），转换其他程序生成的网格，用于FLUENT计算。如从CAD/CAE软件，包括ANSYS、I-DEAS、NASTRAN、PATRAN等文件中输入面网格或者体网格，各程序结构之间的联系如图4-1所示。

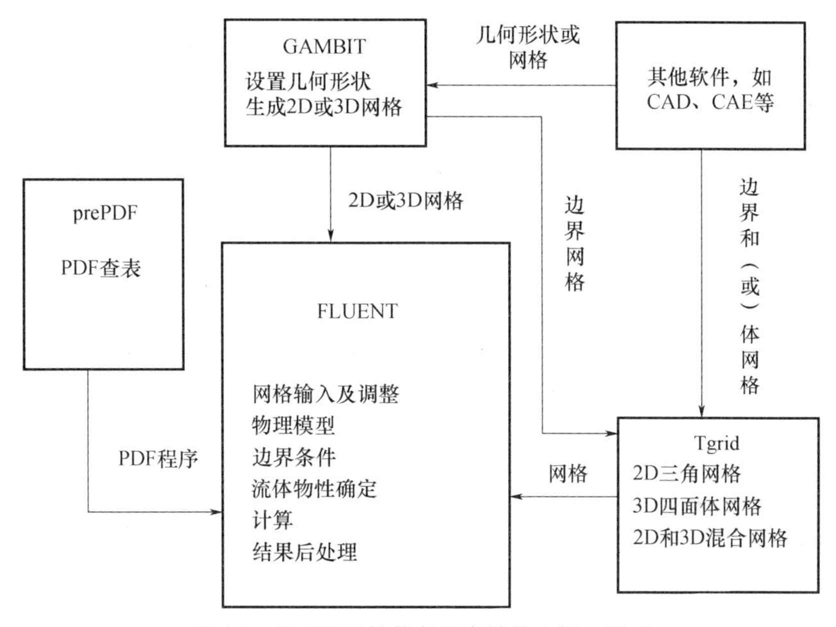

图4-1 FLUENT软件各程序结构之间的联系

由于FLUENT软件囊括了比利时Poly flow和Fluent Dynamic International（FDI）的全部技术力量（前者是公认的在黏弹性和聚合物流动模拟方面占领先地位的公司，而后者是基于有限元方法CFD软件方面领先的公司），因此FLUENT软件具有如下优点。

4.2.1 功能强、适用面广

其包括各种优化物理模型，如：采用三角形、四边形、四面体、六面体及混合网格（图4-2）计算二维和三维流动问题。计算过程中，网格可以自适应可压缩与不可压缩流动问题，稳态和瞬态流动问题，无黏流、层流及湍流问题，牛顿流体及非牛顿流体，对流换热问题（包括自然对流和混合对流），导热与对流换热耦合问题，辐射换热，惯性坐标系和非惯性坐标系下的流动问题模拟，多运动坐标系下的流动问题，化学组分混合与反应，可以处理热量、质量、动量和化学组分的源项，用Lagrangian轨道模型模拟稀疏相（颗粒、水滴、气泡等），多孔介质流动，一维风扇、热交换器性能计算，两相流问题，复杂表面形状下的自由面流动等。对每一种物理问题的流动特点都有适合的数值解法，用户可对显式或隐式差分格式进行选择，以期在计算速度、稳定性和精度等方面达到最佳。

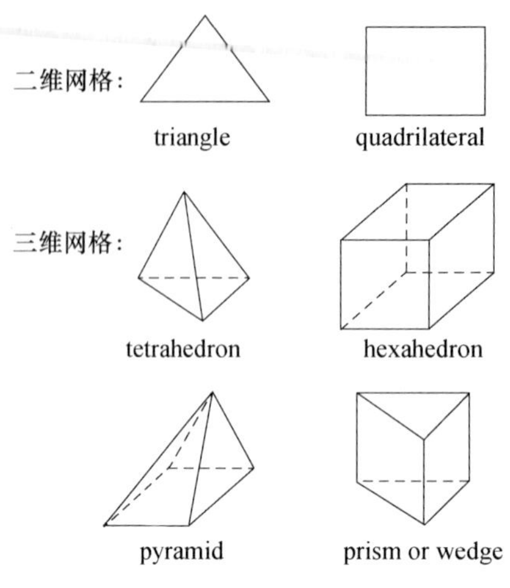

图 4-2 FLUENT 基本控制体形状

4.2.2 高效、省时

FLUENT 将不同领域的计算软件组合起来，成为 CFD 计算机软件群，软件之间可以方便地进行数值交换，并采用统一的前后处理工具，这就省却了科研工作者在计算方法、编程、前后处理等方面投入的重复、低效的劳动，而可以将主要精力和智慧用于物理问题本身的探索上。

4.2.3 建有污染物生成模型

包括 NO_x 和 RO_x（烟尘）生成模型。其中 NO_x 模型能够模拟热力型、快速型、燃料型及由于燃烧系统里回燃导致的 NO_x 的消耗，而 RO_x 的生成是通过使用两个经验模型进行近似模拟，且只使用于紊流。这无疑为 NO_x 课题的研究提供了便利、省时、有效的工具。

为了预测 NO_x 的排放，FLUENT 解决了 NO 浓度的输运方程，对燃料 NO_x 源，FLUENT 解决了一个中间产物（HCN 或 NH_3）的输运方程，且 NO_x 的输运方程通过给定的流场和燃烧结果来求解。也就是说 NO_x 的预测是燃烧模拟的后处理过程，因此准确的燃烧模拟结果是 NO_x 预测的前提，必须提供给燃烧模型准确的热物理参数和边界条件以及必须采用湍流、化学、辐射和其他子模型。然而，在大多数情况下，NO_x 的变化趋势能够准确地被预测，但是 NO_x 的量不能被精确地预测。这主要是因为 FLUENT 软件用来预测复杂流动的湍流燃烧和 NO 生成的 E-A 模型及简化 PDF 模型（包括快速反应和有限反应的简化 PDF 模型）在理论上存在缺陷。首先，快速反应 PDF 模型和 E-A 模型只考虑了湍流的作用，不能或者难以考虑有限反应动力学的影响，而有限反应率 PDF 模型使用温度的单变量 PDF 和浓度的单变量 PDF 的乘积对温度-浓度联合的 PDF 取近似值，因此模拟结果和实验结果在数值上存在一定差距。由以上分析可知，将 FLUENT 软件中的污染物生成模型运用于预测污染物 NO_x 生成，如仅是工程运用尚可，但如需深入研究，仍然需要采用较为经济、合理的湍流反应模型，根据模拟对象的具体情况自行编制程序进行模拟。然而，以 FLUENT 软件为操作平台，利用其 UDF（自定义函数）功能将其他较为合理的模型加入到 FLUENT 程序中进行模拟，既能达到较好的效果又可省去部分繁琐的编程，不失为一种好方法。

目前，FLUENT软件在汽车工业、航天和涡轮机械、油/气能量的产生、环境、热交换、材料处理及建筑设计和火灾研究等领域得到了广泛的应用。

4.3　FLUENT在陶瓷窑炉模拟中的应用

由于陶瓷窑炉内部结构十分复杂，流场、气氛场和温度场的测量都十分困难，实验研究仍然不足以全面揭示流动和传热规律。然而随着CFD技术的兴起，数值模拟方法已经广泛应用于各种窑炉的研究，如水泥转窑、玻璃窑等，国内外文献中对陶瓷窑炉数值模拟研究的报道也不少。高晖等利用CFD软件FLUENT™5.4.8，构造了非保形结构化-非结构化混合网格，采用标准紊动能-紊动能耗散率（K-ε）模型，对梭式窑空气动力模型内部紊流流动与传热进行了数值模拟研究，得出了烧嘴射流的发展过程以及烟气速度场和温度场的分布特征。陆琳等用FLUENT软件对景德镇柴窑内部流场进行数值模拟，并与实测值进行比较。冯青等研究不同的烧嘴喷射角度对辊道窑内气流流动的影响，得出利用烧嘴喷射角度改变喷射气流与窑内气流的相互作用，可以调节辊道窑燃烧室内旋流区域的大小、位置和强弱，从而使窑内气流紊流程度加强，窑内温度均匀，与制品充分换热，稳定窑内温度场，提高传热效率。喷射角度最好不要大于15°。

4.4　NO_x生成数学模型的建立

对陶瓷烧成中NO_x生成的数值模拟，其主要的计算过程如下：

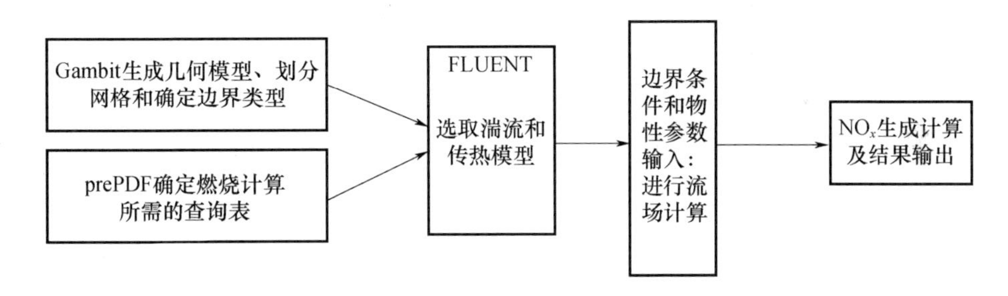

4.4.1　几何模型的建立

对于几何模型的建立，采用FLUENT软件的前处理器Gambit来建模，内容包括：建立模拟对象的几何外形；对模拟对象的计算区域进行网格划分；根据模拟对象的工艺要求选取模型的边、面或体作为FLUENT计算时所需的边界类型。

4.4.1.1　几何模型的简化与假设

本文以梭式窑为模拟对象，根据不同模拟要求建立了三种梭式窑几何模型，并对模型做如下简化：①几何体尺寸以实际梭式窑的尺寸为准；②窑车（或窑底）、窑门与窑墙之间不存在任何缝隙，即烧成过程中不会漏入冷空气；③烧嘴仅仅包括助燃空气和燃料入口两个部分，分别用两个圆环表示；④料垛以圆柱体表示，在窑内均匀分布。

4.4.1.2　几何体的尺寸与结构

模拟研究建立了三种梭式窑几何模型：1#为佛山某厂生产中的梭式窑（烧氧化气氛）；2#为某艺术瓷生产梭式窑（烧还原气氛）；3#为梭式窑模型。其具体的尺寸与结构如图4-3、表4-1所示。

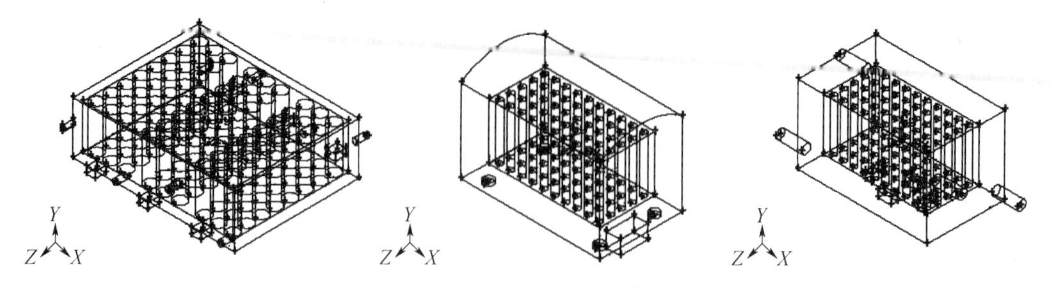

图 4-3　三种梭式窑结构

表 4-1　几何体的结构尺寸　　（m）

	长	内宽	内高	助燃空气入口当量直径	燃料入口当量直径	烟道口当量直径	料垛直径与长
1#	5. 22（半窑长）	4. 04	1. 66	0. 12	0. 05	0. 24	0. 4、1. 41
2#	0. 5	0. 3	0. 36	0. 03	0. 005	0. 067	0. 02、0. 2
3#	0. 5	0. 3	0. 3	0. 03	0. 005	0. 033	0. 02、0. 2

4. 4. 1. 3　计算区域的网格划分

鉴于窑体几何结构的复杂性，只应用结构化网格来离散计算区域十分困难；如果完全使用非结构化网格，由于料垛排列密集造成网格数目的庞大，会大大增加计算机的计算工作量，增加计算时间，同时也难以控制网格的疏密而造成局部网格过细，加大数值计算的舍入误差。为了克服以上困难，采用结构化和非结构化网格相结合的方法，将计算区域分割为料垛区域和周边区域两部分，分别生成两套相对独立的网格（即料垛区域采用结构网格离散，周边区域采用非结构网格离散）。同时，也对烧嘴出口、烟气出口以及料垛周边等速度梯度较大的区域进行局部加密，如图 4-4 所示。另外，对于 1#几何模型，为了减少网格的数量，根据对称性将其计算区域局限为半个窑室。

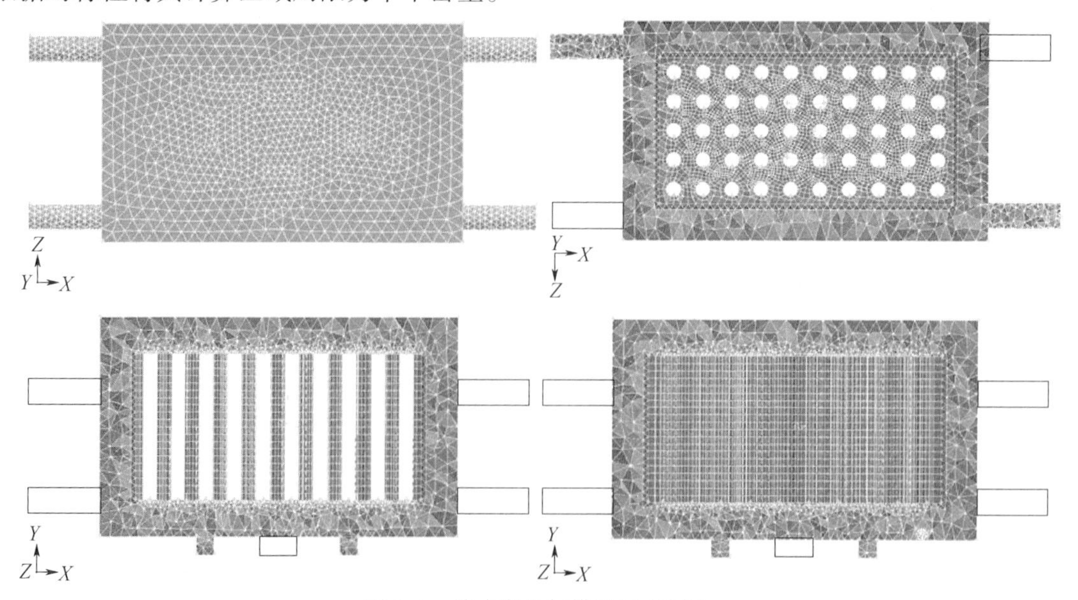

图 4-4　梭式窑几何模型网格划分

4.4.1.4　边界类型的选取

在几何模型建立后，进行网格划分，还需要对模型选取边界类型以供在 FLUNET 计算时输入边界条件。将烧嘴的助燃空气入口和燃料入口定义为 velocity inlet；烟气出口为 pressure outlet；窑墙（窑门、窑底）和料垛分别定义为两种不同类型的 wall；窑体和料垛的分割矩形定义为 interior；网格离散区域为 fluid。

4.4.2　非预混燃烧模型的建立

由于陶瓷窑炉烧成过程中，大多数情况下助燃空气与燃料以不同途径喷入燃烧室，然后燃烧，故模拟采用非预混燃烧模型。非预混模拟方法已被明确用于模拟进行快速化学反应的紊态扩散火焰的研究。它能够预测中间（基本）组分、溶解效应和严格的紊流化学耦合。

在一定的假设条件下，非预混燃烧模型将流体的瞬时热化学状态简化为与一个守恒量——混合分数（用 f 表示）相关。它表示在所有组分（CO_2、H_2O、O_2 等）里，燃烧和未燃烧燃料流元素（C、H 等）的局部质量分数。混合分数根据原子质量分数可表示为：

$$f = \frac{Z_i - Z_{i,\mathrm{ox}}}{Z_{i,\mathrm{fuel}} - Z_{i,\mathrm{ox}}} \tag{4-1}$$

式中　Z_i——元素 i 的元素质量分数；

$Z_{i,\mathrm{ox}}$——氧化剂流入口处的值；

$Z_{i,\mathrm{fuel}}$——燃料流入口处的值。

如果所有组分的扩散系数是相等的，那么式（4-1）对所有元素都是相同的，且混合分数定义也是唯一的。因此，混合分数就是来源于燃料流的元素质量分数。这里的质量分数包括所有来自燃料流的元素，包括惰性组分 N_2，也包括与燃料混合的氧化性组分，如 O_2。

4.4.3　prePDF 数学模型的选取

4.4.3.1　混合分数的输运方程

在相同扩散率的假设下，组分方程简化为仅关于混合组分 f 的方程。其时均（时间平均）混合分数方程为：

$$\frac{\partial}{\partial t}(\rho \bar{f}) + \nabla \cdot (\rho \bar{v} \bar{f}) = \nabla \cdot \left(\frac{\mu_t}{\sigma_t} \nabla \bar{f}\right) + S_m + S_{\mathrm{user}} \tag{4-2}$$

式中　S_m——质量由液体燃料滴或反应颗粒（如煤）传入气相中；

S_{user}——用户定义源项；

ρ——密度；

$\bar{f}$——混合分数平均值；

$\bar{v}$——运动黏度；

μ_t——动力黏度；

σ_t——表面张力。

除了解平均混合分数，FLUENT 也解一个关于平均混合分数均方值的守恒方程 $\overline{f'^2}$，见式（4-3）：

$$\frac{\partial}{\partial t}(\rho \overline{f'^2}) + \nabla \cdot (\rho \bar{v} \overline{f'^2}) = \nabla \cdot \left(\frac{\mu_t}{\sigma_t} \nabla \overline{f'^2}\right) + C_g \mu_t (\nabla^2 \bar{f}) - C_d \rho \frac{\varepsilon}{k} \overline{f'^2} + S_{\mathrm{user}} \tag{4-3}$$

式中　$f'=f-\bar{f}$；

σ_t、C_g 和 C_d——分别取0.85，2.86和2.0；

ε——湍流扩散率；

k——组分输运系数。

混合分数均方值用于描述紊流-化学反应的封闭模型。

4.4.3.2　f与组分质量分数、密度及温度之间的关系

混合分数模拟方法的优点是将化学反应简化为一或两个守恒的混合分数，所有热化学标量（组分质量分数、密度和温度）均唯一与混合分数有关。对于给定反应系统的化学性质、化学反应及系统其他的特定限制，流场中任一点的瞬时守恒混合分数值将用于计算每个组分摩尔分数、密度和温度值。如果反应系统是绝热的，对于单一的燃料-氧化剂系统，质量分数、密度和温度的瞬时值仅依赖于瞬时混合分数f：

$$\varphi_i=\varphi_i\ (f) \tag{4-4}$$

式中　φ_i——瞬时组分质量分数、密度或温度。

在非绝热系统的情况下，对于单一混合分数系统，其关系为：

$$\varphi_i=\varphi_i\ (f,\ H^*) \tag{4-5}$$

式中　H^*——瞬时焓，瞬时焓计算公式见式（4-6）：

$$H^* = \sum_j m_j H_j = \sum_j m_j \left[\int_{T_{\mathrm{ref},j}}^{T} c_{\mathrm{p},j} \mathrm{d}T + h_j^0(T_{\mathrm{ref},j}) \right] \tag{4-6}$$

式中　m_j——各组分质量；

c_p——各组分定压热容；

h_j^0——标准状态下各组分的热焓；

T——温度。

φ_i（组分质量分数、密度和温度）与混合分数［方程（4-4）～（4-6）］的函数关系由系统化学反应所决定。非预混燃烧模拟提供了三种描述系统化学反应的模型，即化学当量模型、平衡化学反应模型和非平衡化学反应（小火焰）模型。

（1）化学当量模型

化学当量模型是最简单的反应类型，它假设化学反应无限快，不可逆，燃料和氧化剂组分在空间中永远不共存，并且一步完全转化为最终产物。这种假设允许组分质量分数用给定的反应化学当量直接确定，而不需要反应率或者化学平衡信息，故火焰面近似值可以很容易地快速计算出。化学当量模型受限于一步反应的预测，不能预测中间组分形成或离解效应。这经常会导致严重过高预测火焰峰值温度，特别是那些涉及高温的系统。

（2）平衡化学反应模型

平衡化学反应模型则假设对化学平衡来说，为使其总存在分子水平上，化学反应足够迅速。由于其能预测中间组分的生成以及不需要详细的化学动力学数据的知识，因此平衡模型很有效，FLUENT可以根据化学平衡预测每一种组分的摩尔分数。化学平衡计算中所包含的组分不应该包含NO_x，因为NO_x反应速率较慢，不应用平衡假设进行假设。然而，我们可以用FLUENT的有限率化学动力学NO_x后处理器进行NO_x浓度的预测。

（3）非平衡化学反应模型（小火焰模型）

非平衡化学反应模型假定局部化学平衡会导致不真实的结果，其主要作为解决非平衡火

焰化学反应的方法。

由以上分析可知，将选取平衡化学反应模型来描述燃烧化学反应系统，在燃烧计算完成以后，用 FLUENT 软件的后处理器对 NO_x 进行预测。

4.4.3.3　湍流-化学反应相互作用的 PDF 模型

方程（4-4）到（4-6）描述了通过平衡、非平衡和化学当量反应模型给出的混合分数与组分质量分数、密度和温度之间的瞬时关系。然而，对于 FLUENT 预测紊态反应流动，主要关心的是预测这些脉动量的时间平均值。FLUENT 通过几率密度函数 PDF 封闭模型来描述这些时间平均值与湍流-化学反应相互作用模型的瞬时值的关系。

概率密度函数［p（f）］可将其看作流体流动在状态 f 的时间分数（图 4-5）。f 的脉动值绘在图的右边，取决于一定范围 Δf 内的时间分数。p（f）在图左边，表现出在 Δf 这段范围内曲线下面积值，与 f 在这段范围内的时间分数相等，数学关系见式（4-7）：

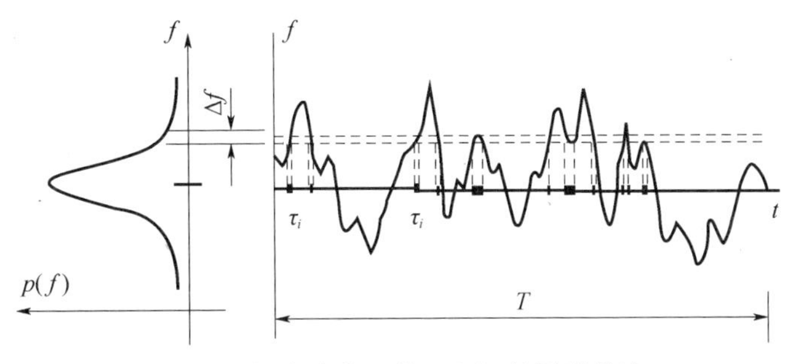

图 4-5　概率密度函数 p（f）的图形描述

$$p(f)\Delta f = \lim_{T\to\infty}\frac{1}{T}\sum_i \tau_i \tag{4-7}$$

式中　T——时间尺度；

τ_i——f 在 Δf 段内的时间总量。

函数 p（f）的分布取决于 f 中湍流脉动。实际上，p（f）被表示为一个数学函数，近似为试验中观察到的 PDF 形状。概率密度函数 p（f），描述了湍流中 f 的瞬时脉动值，即它可被用于计算取决于 f 的变量的时间平均值。对一个单一混合分数系统，组分摩尔分数和温度的时间平均值可被计算为（在绝热系统中）：

$$\overline{\varphi_i} = \int_0^1 p(f)\varphi_i(f)\mathrm{d}f \tag{4-8}$$

类似地，对单一混合分数系统，时间平均密度 $\bar{\rho}$ 可被计算为：

$$\frac{1}{\bar{\rho}} = \int_0^1 \frac{p(f)}{\rho(f)}\mathrm{d}f \tag{4-9}$$

式中　ρ（f）——用气体定律方程中瞬时组分摩尔分数和温度得到的瞬时密度。

应用方程（4-8）和（4-9），其仅保留指定函数 p（f）的分布以便确定流场中所有点上的流体局部时间平均状态。

FLUENT 中 PDF 的形状由两个数学函数中的一个来描述：双 δ 函数和 β 函数。

双 δ 函数是最容易计算的，而 β 函数最接近实验观察到的 PDF。这些函数产生的分布仅依赖于平均混合分数 $\bar{f}$ 及其变化量 $\overline{f'^2}$。

（1）双 δ 函数 PDF

双 δ 函数由接近 $f=1$ 和 $f=0$ 的适合边界给定：

$$p(f)=\begin{cases}0.5, & f=\bar{f}-\sqrt{\overline{f'^2}} \\ 0.5, & f=\bar{f}+\sqrt{\overline{f'^2}} \\ 0, & \text{其他}\end{cases} \tag{4-10}$$

虽然双 δ 函数 PDF 非常容易计算，但是精度总是比 β 函数 PDF 低。据此，双 δ 函数 PDF 仅能用在特殊环境中。故本文将采用 β 函数 PDF 对燃烧进行模拟。

（2）β 函数 PDF

β 函数 PDF 形状通过关于 $\bar{f}$ 和 $\overline{f'^2}$ 的下述函数给定：

$$p(f)=\frac{f^{\alpha-1}(1-f)^{\beta-1}}{\int f^{\alpha-1}(1-f)^{\beta-1}\mathrm{d}f} \tag{4-11}$$

式中

$$\alpha=\bar{f}\left[\frac{\bar{f}(1-\bar{f})}{\overline{f'^2}}-1\right] \tag{4-12}$$

$$\beta=(1-\bar{f})\left[\frac{\bar{f}(1-\bar{f})}{\overline{f'^2}}-1\right] \tag{4-13}$$

更重要的是，根据其最初两个因素，即 $\bar{f}$ 和 $\overline{f'^2}$，计算出流动中在所有点上的 PDF 形状 $p(f)$ 可得出流场中每一点上的 $\bar{f}$ 和 $\overline{f'^2}$ 的 FLUENT 预测值［方程（4-2）和（4-3）］，可以计算出已知的 PDF 形状并作为额外的方程结合用方程（4-8）和（4-9）来确定组分质量分数、密度和温度的时间平均值，图 4-6 描述了单一混合分数的逻辑依赖关系。

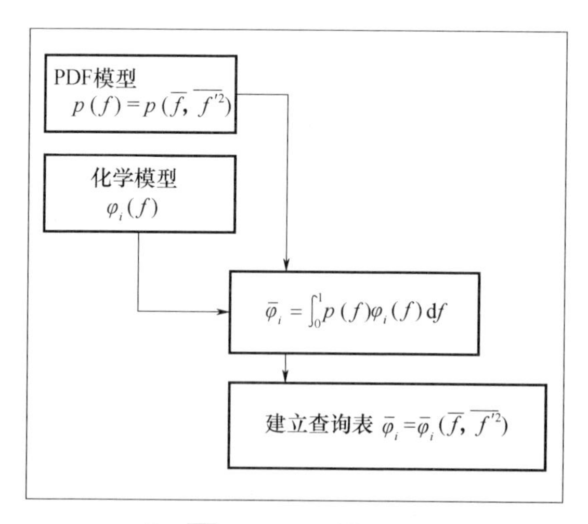

图 4-6　关于 $\bar{f}$ 和 $\overline{f'^2}$ 的平均标量 $\overline{\varphi_i}$ 以及化学反应模型的逻辑依赖关系（绝热、单一混合分数系统）

然而，许多反应系统包括通过对流和辐射换热对墙壁、小滴或者颗粒的传热。在这样的流动中，局部热化学状态不再仅与 f 有关，还与焓 H^* 有关。系统焓影响着化学平衡计算和反应后流动的温度。因此，当由混合分数计算标量时，必须考虑由于热损失引起的焓的变化。因而，标量依赖关系变为式（4-14）。

$$\varphi_i = \varphi_i\ (f,\ H^*) \tag{4-14}$$

式中　H^* 由方程（4-6）给定。在这样的非绝热系统中，应当利用联合概率密度函数 p（f，H^*）来考虑紊动脉动。但是，对多数工程应用来说，p（f，H^*）的计算不可行。当假定焓的脉动独立于焓的水平时（例如，热损失不会严重地影响紊动焓脉动），问题得到了大大的简化。在这样的假设条件下，可再次得到 $p = p$（f）及式（4-15）。

$$\overline{\varphi_i} = \int_0^1 \varphi_i(f, \overline{H^*})p(f)\,\mathrm{d}f \tag{4-15}$$

因此在非绝热系统中$\overline{\varphi_i}$的确定需要解时间平均焓的模拟输运方程如（4-16）：

$$\frac{\partial}{\partial t}\ (\rho\,\overline{H^*})\ + \nabla \cdot\ (\upsilon\,\bar{v}\overline{H^*})\ = \nabla \cdot \left(\frac{k_i}{c_p}\nabla \overline{H^*}\right) + S_h \tag{4-16}$$

式中　S_h——考虑了对墙边界的辐射、传热以及与第二相之间的热交换。

图 4-7 描述了关于 FLUENT 中对非绝热单一混合分数系统里的$\bar{f}$, $\overline{f'^2}$以及$\overline{H^*}$预测的平均标量值（组分质量分数、密度和温度）的逻辑依赖关系。

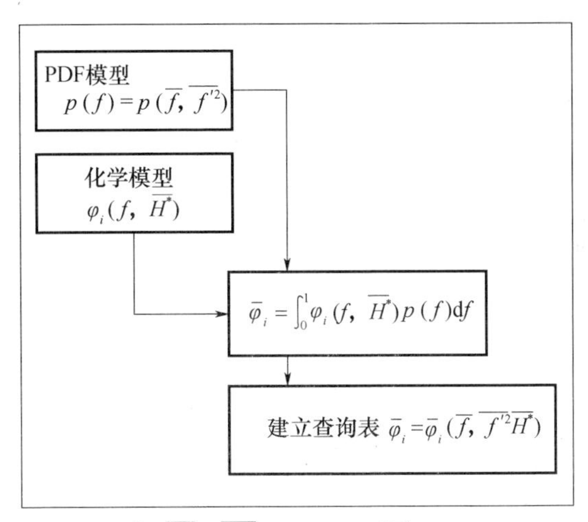

图 4-7　关于$\bar{f}$, $\overline{f'^2}$和$\overline{H^*}$的平均标量$\overline{\varphi_i}$与化学反应模型的逻辑依赖关系（非绝热、单一混合分数系统）

4.4.3.4　查询表的建立

为保持计算时间最小，非预混模型中多数的计算通过在 FLUENT 模拟以外用单独代码预处理化学计算并进行 PDF 积分，这称为 prePDF。图 4-8 解释了计算是如何在预处理器（prePDF）和求解器（FLUENT）间分开的。在 prePDF 中，化学模型（化学当量模型、平衡化学模型和层流小火焰）用来连接假设的 PDF 分布以执行方程（4-8）、(4-9）和/或（4-15）中给定的积分。这些积分在 prePDF 中执行并储存在把平均热化学变量$\overline{\varphi_i}$（温度，密度和组分质量分数）与$\bar{f}$, $\overline{f'^2_s}$和 H^* 关联起来的查询表中。$\overline{f'^2_s}$定义为：

$$\overline{f'^2_s} = \frac{\overline{f'^2}}{0.25\bar{f}\ (1 - \bar{f})} \tag{4-17}$$

FLUENT 中解方程（4-2)，(4-3）和（4-16）（非绝热系统）得到$\bar{f}$，$\overline{f_s'^2}$和H^*的局部值。

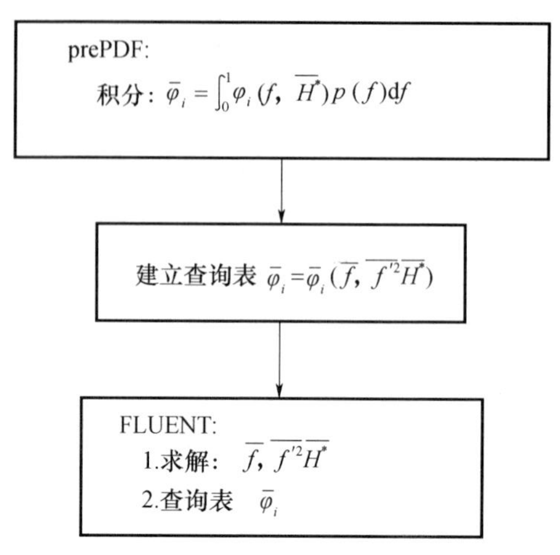

图 4-8　对单一混合分数情况下 FLUENT 和 prePDF 之间计算任务的分配

（1）绝热系统查询表

图 4-9 是方程（4-8）积分的数学结果，解释了对单一混合分数系统 prePDF 产生的查询表概念。给定在流域中一点上$\bar{f}$和$\overline{f'^2}$的 FLUENT 预测值，由表中可获得该点处的时间平均质量分数、时间平均密度和时间平均温度（$\overline{\varphi_i}$）。FLUENT 首先用方程（4-17）计算比例化的混合分数变化量$\overline{f_s'^2}$，因为单一混合分数查询表中包括作为$\bar{f}$和$\overline{f_s'^2}$函数的属性数据，而不是作为$\bar{f}$和$\overline{f'^2}$函数的属性数据。

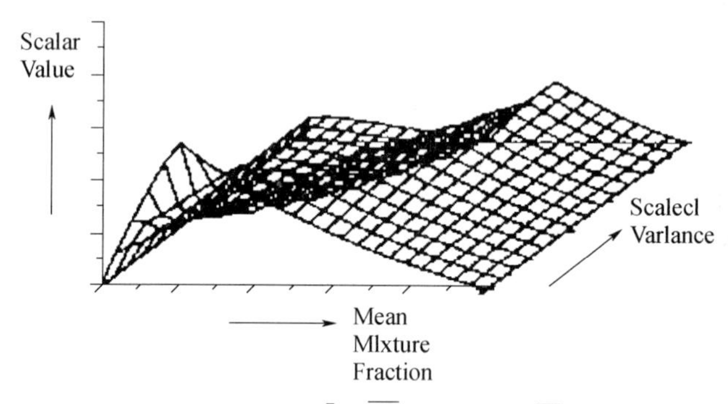

图 4-9　绝热单一混合分数系统中$\bar{f}$和$\overline{f'^2}$函数的标量$\overline{\varphi_i}$的查询表可视化表示

（2）非绝热系统三维查询表

在非绝热系统中，焓与混合分数不呈线性关系，但是也依赖于墙的传热和/或辐射，需要为每一个系统中可能的焓值建立查询表。结果是建成三维的查询表，如图 4-10 所示，图由二维表层组成，每一层都相应正常的热损或增热。第一层或片相应于系统的最大热损失，在那里查询表中所有的点为问题建立中定义的最低温度；最大片相应于当所有点已经达到定义的最高温度发生时的增热；零热损/增热片相应于绝热运算；插入绝热和最高片之间的片相应于增热，插入绝热和最低片之间的片相应于热损。

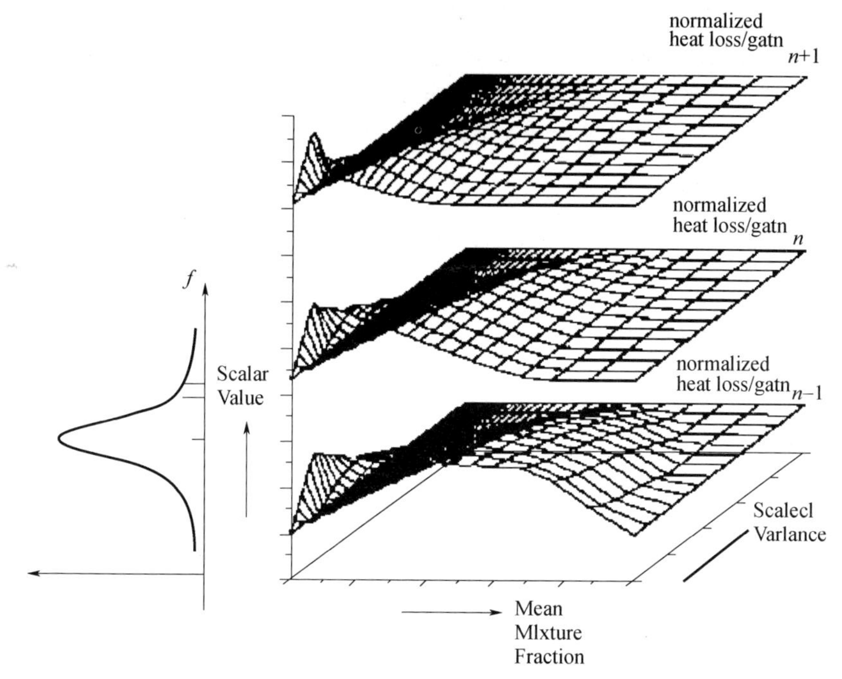

图 4-10　非绝热单一混合分数系统 $\bar{f}$ 和 $\overline{f'^2}$ 函数的标量 $\overline{\varphi_i}$ 的查询表可视化表现

三维查询表允许 FLUENT 从 $\bar{f}$，$\overline{f'^2}$ 和 $\overline{H^*}$ 的计算值中确定每一个质量分数、密度和温度的值，三维表是方程（4-15）积分的可视化表现。

4.4.4　FLUENT 湍流模型与传热模型的选取

4.4.4.1　FLUENT 湍流模型

目前，没有一个湍流模型能够适用所有的问题，FLUENT 软件中可供选择的湍流模型有：Spalart-Allmaras 模型，*k-e* 模型，*k*-ω 模型，RSM 模型，LES 模型。在选取时主要考虑以下几点：流体是否可压，所建立问题，精度的要求，计算机的能力，时间限制等。

（1）Spalart-Allmaras 模型

Spalart-Allmaras 模型对于低雷诺数模型是十分有效的，且从计算时间来看，其在 FLUENT中是最经济的。当网格划分得不是很好且计算精度要求不高时，Spalart-Allmaras 模型是较好的选择。然而，在模型中其近壁的变量梯度比在 *k-e* 模型和 *k*-ω 模型中要小得多，这也许会导致模型对于数值的误差变得不敏感。另外，Spalart-Allmaras 模型是一种新出现的模型，现在不能断定它是否适用于所有复杂的工程流体。例如，不能依靠它去预测均匀衰退，各向同性湍流。

（2）*k-e* 模型

k-e 模型主要包括标准 *k-e* 模型、RNG *k-e* 模型和带旋流修正的 *k-e* 模型。在 FLUENT 中，自从标准 *k-e* 模型被 Launder 和 Spalding 提出之后，由于其适用范围广、经济且具有合理的精度，在工业流场和热交换模拟中得到广泛应用。RNG *k-e* 模型和带旋流修正 *k-e* 模型是在标准 *k-e* 模型的基础上改造而来。RNG *k-e* 模型在 *e* 方程中加了一个条件，有效地改善了精度，考虑到了湍流漩涡，提高了在这方面的精度，在理论上为湍流 Prandtl 数提供了一个解

析公式，然而标准 k-e 模型仅提供了常数，且 RNG k-e 模型还提供了一个考虑低雷诺数流动黏性的解析公式，这些公式的效用依靠正确地对待近壁区域，RNG k-e 模型比标准 k-e 模型在更广泛的流动中有更高的可信度和精度。对于带旋流修正的 k-e 模型，它是近期才出现的，现在还没有确凿的证据表明它比 RNG k-e 模型能更好地进行湍流模拟。不过，在计算时间上，RNG k-e 模型比标准 k-e 模型多消耗 10% ~15% 的 CPU 时间。

（3）k-ω 模型

k-ω 模型主要包括标准 k-ω 模型和剪切压力传输（SST）k-ω 模型。标准 k-ω 模型基于 Wilcox k-ω 模型，它是为了考虑低雷诺数、可压缩性和剪切流传递而修改的，主要应用于墙壁束缚流动和自由剪切流动。而 SST k-ω 模型也是标准 k-e 模型的一个变体，在近壁自由流的模拟中具有广泛的应用范围和精度。

（4）RSM 模型

由于 RSM 比单方程和双方程模型更加严格地考虑了流线型弯曲、漩涡、旋转和张力快速变化，它对于复杂流动有更高精度预测的潜力，但是这种预测仅仅限于与雷诺压力有关的方程，压力张力和耗散速率是使 RSM 模型预测精度降低的主要因素。更重要的是，RSM 模型比 k-e 模型和 k-ω 模型要多耗费 50% ~60% 的 CPU 时间和 15% ~20% 的内存。

（5）LES 模型

LES 模型应用于工业的流动模拟还处于起步阶段，其主要用于简单几何形体。然而，只有很好的网格划分、硬件性能较高的计算机或者采用并行运算，LES 才可能用于实际工程。

由于陶瓷烧成过程为强烈的紊流过程，且对于梭式窑来说将其每一时刻视为不可压缩流体，另外考虑到模拟对计算机硬件和计算时间的要求，本文将选取 RNG k-e 湍流模型进行数值模拟，下面简单介绍 RNG k-e 模型。

RNGk-e 模型的方程见（4-18）和（4-19）：

$$\frac{\partial}{\partial t}(\rho k)+\frac{\partial}{\partial x_i}(\rho k u_i)=\frac{\partial}{\partial x_j}\left(\alpha_k\mu_{eff}\frac{\partial k}{\partial x_j}\right)+G_k+G_b-\rho\varepsilon-Y_M+S_k \tag{4-18}$$

$$\frac{\partial}{\partial t}(\rho\varepsilon)+\frac{\partial}{\partial x_i}(\rho\varepsilon u_i)=\frac{\partial}{\partial x_j}\left(\alpha_\varepsilon\mu_{eff}\frac{\partial\varepsilon}{\partial x_j}\right)+C_{1\varepsilon}\frac{\varepsilon}{k}(G_k+C_{3\varepsilon}G_b)-C_{2\varepsilon}\rho\frac{\varepsilon^2}{k}-R_\varepsilon+S_\varepsilon \tag{4-19}$$

式中 G_k——由层流速度梯度而产生的湍流动能；

G_b——由浮力而产生的湍流动能；

Y_M——由于在可压缩湍流中，过渡的扩散产生的波动；

$C_{1\varepsilon}$，$C_{2\varepsilon}$，$C_{3\varepsilon}$——常量；

α_k 和 α_ε——k 方程和 e 方程的湍流 Prandtl 数；

S_k 和 S_ε——用户定义的。

其湍流速度模型为：

$$d\left(\frac{\rho^2 k}{\sqrt{\varepsilon\mu}}\right)=1.72\frac{\hat{v}}{\sqrt{\hat{v}^3-1+C_v}}d\hat{v}$$

$$\hat{v}=\mu_{eff}/\mu$$

$$C_v\approx 100 \tag{4-20}$$

方程（4-20）是一个完整的的方程，从中可以得到湍流变量对雷诺数的影响，使模型对低雷诺数和近壁流能够更好的模拟。在大雷诺数的情况下，由方程（4-20）得出：

$$\mu_t = \rho C_\mu \frac{k^2}{\varepsilon} \tag{4-21}$$

式中　$C_\mu = 0.0845$。

由于湍流在层流中受到漩涡的影响，FLUENT 通过修改湍流黏度来修正这些影响。有以下形式：

$$\mu_t = \mu_{t0} f\left(\alpha_s,\ \Omega,\ \frac{k}{\varepsilon}\right) \tag{4-22}$$

式中　μ_{t0}——方程（4-20）或方程（4-21）中没有修正的量；

Ω——在 FLUENT 中考虑漩涡而估计的一个量；

α_s—— 一个常量，取决于流动主要是漩涡还是适度的漩涡。

在选择 RNG 模型时这些修改主要在轴对称、漩涡流和三维流动中。对于适度的漩涡流动，$\alpha_s = 0.05$ 而且不能修改；对于强漩涡流动，可以选择更大的值。

4.4.4.2　FLUENT 传热模型

（1）能量方程

FLUENT 求解如下的能量方程：

$$\frac{\partial}{\partial t}(\rho E) + \nabla \cdot [\vec{v}(\rho E + p)] = \nabla \cdot [k_{eff} \nabla T - \sum h_j \vec{J_j} + (\bar{\bar{\tau}}_{eff} \cdot \vec{v})] + S_h \tag{4-23}$$

式中　k_{eff}——有效导热率（由模型中使用的湍流模型确定）；

$\vec{J_j}$——组分 j 的扩散通量；

方程（4-23）右边的前三项——分别表示由于热传导、组分扩散、黏性耗散而引起的能量转移；

S_h——化学反应放（吸）热以及任何其他的由用户定义的体积热源。方程（4-23）中：

$$E = h - \frac{p}{\rho} + \frac{v^2}{2} \tag{4-24}$$

其中，显焓 h 的定义（对理想气体）为：

$$h = \sum_j Y_j h_j \tag{4-25}$$

对不可压流体：

$$h = \sum_j Y_j h_j + \frac{p}{\rho} \tag{4-26}$$

式中　Y_j——组分 j 的质量分数：

$$h_j = \int_{T_{ref}}^{T} c_{p,j} \mathrm{d}T$$

其中，T_{ref} 为 298.15K；p 为压强。

当激活非绝热、非预混燃烧模型时，FLUENT 求解以总焓表示的能量方程：

$$\frac{\partial}{\partial t}(\rho H) + \nabla \cdot (\rho \vec{v} H) = \nabla \cdot \left(\frac{k_t}{c_p} \nabla H\right) + S_h \tag{4-27}$$

上式假定刘易斯数（Le）=1，方程右边的第一项包含热传导与组分扩散，黏性耗散作为非守恒形式被包含在第二项中。总焓的定义为：$H = \sum_j Y_j H_j$

其中，Y_j 为组分 j 的质量分数：

$$H_j = \int_{T_{\mathrm{ref},j}}^{T} c_{\mathrm{p},j}\mathrm{d}T + h_j^0(T_{\mathrm{ref},j}) \tag{4-28}$$

式中　h_j^0（$T_{\mathrm{ref},j}$）——组分 j 处于参考温度 $T_{\mathrm{ref},j}$ 的生成焓。

（2）辐射模型的选取

FLUENT 软件提供了 5 种辐射传热模型，如离散传热辐射（DTRM）模型，P-1 辐射模型，Rosseland 辐射模型，表面辐射模型（S2S），离散坐标辐射（DO）模型。在确定某个问题所选用的辐射模型之前需要考虑以下几个因素。

① 光学深度：光学深度（L）是模型较好的指标。其中，L 计算域大致的长度标尺。如果 $\alpha L>1$，那么选择使用 P-1 或 Rosseland 辐射模型。P-1 模型一般都用于 $\alpha L>1$ 的情况；若 $\alpha L>3$，Rosseland 模型计算量更小而且更加有效。DTRM 和 DO 对于任何的光学深度都适用，但它们计算量也更大。对于光学深度较小的问题，只有 DTRM 和 DO 模型适用。

② 散射与发射：P-1，Rosseland 和 DO 模型考虑散射的影响，而 DTRM 忽略此项。由于 Rosseland 模型在壁面使用具有温度滑移的边界条件，所以，它对壁面的发射率（黑度）不敏感。只有 P-1 和 DO 模型考虑气体与颗粒之间的辐射换热。

③ 半透明介质与镜面边界：只有 DO 模型允许出现镜面反射（反射，例如镜子）以及在半透明介质（例如玻璃）内的辐射。

④ 非灰体辐射：只有 DO 模型能够允许用户使用灰带模型计算非灰体辐射。

⑤ 局部热源：对于具有局部热源的问题，P-1 模型可能会过高估计辐射热流。这种情况下，DO 模型可能会是最好的辐射计算方法，当然，如果具有足够多的射线数目，DTRM 模型的计算结果也可以接受。

没有辐射介质情况下的封闭腔体内的辐射传热：表面辐射换热模型（S2S）适用于这种情况。从原理上讲，使用具有辐射介质的各种辐射模型也可以计算辐射表面间的换热，但计算结果并非总是很好。

由于本文所建立模型的光学深度——$3>\alpha L>1$［$\alpha L=-\ln(1-\varepsilon)$，其中 ε 为发射率］，且考虑窑内烟气与颗粒之间、烟气与窑墙之间、烟气与坯体之间的辐射换热以及考虑到模拟的计算时间，故选用 P-1 辐射模型，以下是 P-1 辐射模型的介绍。

（3）P-1 辐射模型

P-1 辐射模型是广泛使用的 P-N 模型中最简单的类型，它是在球形和声学正交级数辐射强度的基础上扩展开来的。在 P-N 模型中，如果正交级数只取 4 级精度的话，则为 P-1 模型，其热流方程如下：

$$q_{\mathrm{r}} = -\frac{1}{3(a+\sigma_{\mathrm{s}})-C\sigma_{\mathrm{s}}}\nabla G \tag{4-29}$$

式中　a——吸收系数；

σ_{s}——散射系数；

G——入射辐射；

C——线性各相异性相位函数系数。如引入参数：

$$\Gamma = \frac{1}{3(a+\sigma_s) - C\sigma_s} \tag{4-30}$$

之后，方程（4-29）可化为：

$$q_r = -\Gamma \nabla G \tag{4-31}$$

G的输运方程为：

$$\nabla(\Gamma \nabla G) - aG + 4a\sigma T^4 = S_G \tag{4-32}$$

式中　σ——斯蒂芬-玻尔兹曼常数；

S_G——用户定义的辐射源相。

当使用P-1模型时，FLUENT求解这个方程以得到当地辐射强度。

合并方程（4-31）和（4-32），可得到方程（4-33）：

$$-\nabla q_r = aG - 4a\sigma T^4 \tag{4-33}$$

$-\nabla q_r$的表达式可以直接代入能量方程，从而得到由于辐射所引起的热量源。

4.4.5　NO_x生成模型的选取

4.4.5.1　NO_x输运控制方程

FLUENT解决NO组分的质量输运方程，同时考虑了NO及相关组分的对流、扩散、生成和消耗。对于热力型和快速型NO_x机制，仅需要NO_x组分的输运方程：

$$\frac{\partial}{\partial t}(\rho Y_{NO}) + \nabla \cdot (\rho \vec{v} Y_{NO}) = \nabla \cdot (\rho D \nabla Y_{NO}) + S_{NO} \tag{4-34}$$

而燃料型NO_x机制与含氮的中间产物组分是很重要的，FLUENT除了NO_x组分，还解决了HCN或NH_3组分的输运方程：

$$\frac{\partial}{\partial t}(\rho Y_{HCN}) + \nabla \cdot (\rho \vec{v} Y_{HCN}) = \nabla \cdot (\rho D Y_{HCN}) + S_{HCN} \tag{4-35}$$

$$\frac{\partial}{\partial t}(\rho Y_{NH_3}) + \nabla \cdot (\rho \vec{v} Y_{NH_3}) = \nabla \cdot (\rho D Y_{NH_3}) + S_{NH_3} \tag{4-36}$$

式中　Y_{HCN}，Y_{NH_3}和Y_{NO}——气相的HCN，NH_3，NO的质量分数；

D——质量扩散系数。

对于不同的NO_x机理，随后要决定源项S_{HCN}、S_{NH_3}和S_{NO}。

4.4.5.2　热力型NO_x的数学模型

热力型NO_x的形成由所示的化学反应所决定，其反应净速率如下：

$$\frac{d[NO]}{dt} = k_1[O][N_2] + k_2[N][O_2] + k_3[N][OH] - k_{-1}[NO][N] - k_{-2}[NO][O] - k_{-3}[NO][H] \tag{4-37}$$

式中

$$k_1 = 1.8 \times 10^8 e^{-38370/T} \quad m^3/gmol \cdot s \tag{4-38}$$

$$k_{-1} = 3.8 \times 10^7 e^{-425/T} \quad m^3/gmol \cdot s \tag{4-39}$$

$$k_2 = 1.8 \times 10^4 T e^{-4680/T} \quad m^3/gmol \cdot s \tag{4-40}$$

$$k_{-2} = 3.8 \times 10^3 T e^{-20820/T} \quad m^3/gmol \cdot s \tag{4-41}$$

$$k_3 = 7.1 \times 10^7 e^{-450/T} \quad m^3/gmol \cdot s \tag{4-42}$$

$$k_{-3}=1.7\times10^{8}e^{-24560/T}\quad m^3/gmol\cdot s \tag{4-43}$$

其中，k_1，k_2 和 k_3 分别是正向反应速率常数，k_{-1}，k_{-2}，k_{-3}是相应的逆反应的速率常数。

为了计算 NO 和 N 的形成速率，需要 O，H，OH 的浓度。由于固定氮需要打破很强的N_2的三倍键（分裂能为941kJ/gmol），所以 NO_x 的形成速率仅在高温（大于1800K）的情况下才变得重要。然而，氧化 N 原子的活化能很小，当有足够的氧气，比如在贫油火焰中，自由 N 原子消耗的速率等于其形成的速率，因此能够建立一个准稳定态。这个假设对于大多数燃烧情况下（除了富油燃烧情况）都是有效的。因此，NO 的形成速率为：

$$\frac{d[NO]}{dt}=2k_1[O][N_2]\frac{\left(1-\dfrac{k_{-1}k_{-2}[NO]^2}{k_1[N_2]k_2[O_2]}\right)}{\left(1+\dfrac{k_{-1}[NO]}{k_2[O_2]+k_3[OH]}\right)}\quad (gmol/m^3\cdot s) \tag{4-44}$$

从式（4-44）可以很明显地看出，随着氧浓度的增加，NO 的形成速率也跟着增加。也可以很明显地看出，热力型 NO 的形成很大程度上依赖于温度而不是燃料的种类，当温度高于2200K时，温度每升高90K，热力型 NO_x 形成速率就增加一倍。

（1）确定 O 基浓度

为了解式（4-44），除了稳定组分（比如 O_2，N_2）的浓度外，还需要知道 O 原子和自由基 OH 的浓度。根据 Zeldovich 的建议，通过假设温度、稳定组分、O 原子和 OH 基的平衡值，热力型 NO_x 形成的机理可以从主要的燃烧过程中解耦出来。然而据观察，基的浓度，特别是 O 原子，要比平衡的时候大得多。研究结果表明，当假设平衡 O 原子浓度时，NO_x 浓度的预测值会偏低28%。FLUENT 提供了三种方法来预测 O 基浓度，分别是平衡方法、局部平衡方法和预测 O 原子法。

① 平衡方法。热力型 NO_x 的形成速率的动力学要比主要碳氢化合物的氧化速率慢得多，所以大多数热力型 NO_x 是在燃烧完全后形成的。因此，热力型 NO_x 的形成过程可以从主燃烧反应机制中分离出来，而且 NO_x 的形成速率能够通过假定燃烧反应平衡来计算。通过使用这种方法，计算热力型 NO_x 的形成速率大大的简化了。O 原子浓度的平衡能够通过式（4-45）来计算：

$$[O]=3.97\times10^{5}T^{-1/2}[O_2]^{1/2}e^{-31090/T}\quad gmol/m^3 \tag{4-45}$$

② 局部平衡方法。该方法是方法①的一种改进方法，其在 O_2的分裂再结合的过程中考虑了第三体反应：

$$O_2+M\rightleftharpoons O+O+M \tag{4-46}$$

此时，式（4-45）可由式（4-47）代替：

$$[O]=36.64T^{-1/2}[O_2]^{1/2}e^{-27123/T}\quad gmol/m^3 \tag{4-47}$$

其通常导致更高的局部 O 原子浓度。

③ 预测氧原子方法。当氧原子浓度通过高级化学模型，比如扩散燃烧中的小火焰子模型较好的预测，[O] 可以简单地从 O 组分质量分数获得。

（2）确定 OH 基的浓度

FLUENT 也提供了三种方法来确定 OH 基的浓度，即从热力型 NO_x 计算方法中排除 OH、局部平衡方法和预测 OH 浓度方法。

① 排除 OH 方法。在这种方法中，广义的 Zeldovich 机理中的第三个反应假定为可以忽略：

$$k_2\ [O_2]_{eq} \gg k_3\ [OH]_{eq}$$

这个假设在贫油条件下得到了证实，而且对大多数情况下是合理的假设。

② 局部平衡方法。在这种方法中，广义的 Zeldovich 机理中的第三个反应中的 OH 浓度为：

$$[OH] = 2.129 \times 10^2 T^{-0.57} e^{-4595/T} [O]^{1/2} [H_2O]^{1/2} \quad (gmol/m^3) \tag{4-48}$$

③ 预测 OH 方法。如同预测 O 原子的方法，当 OH 基浓度通过高级化学模型，比如小火焰子模型较好的预测，[OH] 可以直接从 OH 组分的质量分数获得。

在 NO 输运方程中 [式 (4-34)]，由于热力型 NO_x 机理，NO 源项可表达式 (4-49)：

$$S_{thermal,NO} = M_{w,NO} \frac{d[NO]}{dt} \tag{4-49}$$

式中　$M_{w,NO}$——NO 的分子量；

d [NO] /dt——通过公式 (4-44) 计算得到。

由以上分析，本文将选用部分平衡方法来确定 O 基的浓度；当模拟氧化气氛时（贫油时），选用排除 OH 法来确定 OH 基的浓度，当模拟还原气氛烧成时，选用部分平衡法来确定 OH 基的浓度。

4.4.5.3　快速型 NO_x 的形成

对于不同混合浓度及燃料类型的燃烧，大多数碳氢燃料的快速型 NO_x 形成速率为：

$$\frac{d[NO]}{dt} = f k'_{pr} [O_2]^{\alpha} [N_2] [FUEL] e^{-E'_{\alpha}/RT} \tag{4-50}$$

其中，

$$f = 4.75 + 0.0819n - 23.2\varphi + 32\varphi^2 - 12.2\varphi^3 \tag{4-51}$$

对于碳氢燃料，n 是每个分子中碳原子数，φ 是当量率。

快速型 NO_x 机理的源项是：

$$S_{prompt,NO} = M_{w,NO} \frac{d[NO]}{dt} \tag{4-52}$$

4.4.5.4　燃料型 NO_x 的形成

在 FLUENT 的 NO_x 模型中，NO_x 的排放源按照气态、液态燃料及煤这三种燃料分别进行考虑，含氮的中间化合物被分为 HCN 与 NH_3 两组。方程式 (4-34)、(4-35) 和 (4-36) 与其相对应。它们用符号表示为：S_{HCN}、S_{NH_3}，S_{NO} 可根据不同的燃料类型来定义。对于 S_{NO} 项，以下的讨论仅指燃料型 NO_x 源。由于文中只是对气体和液体燃料进行模拟，故仅仅介绍气态和液态燃料的燃料型 NO_x。

对于气态和液态燃料，燃料型 NO_x 的形成过程虽然基于不同的物理过程，但它们的化学反应方式是一样的。

① 中间产物为氢氰化合物 (HCN) 的燃料 NO_x

当 HCN 被用作中间组分时，

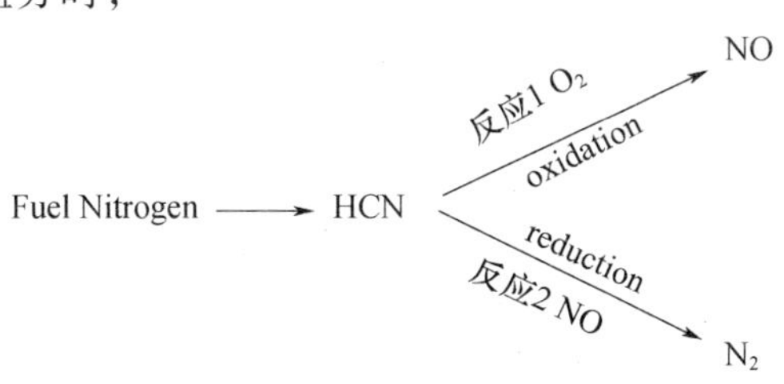

输运方程中的源项可写作：

$$S_{HCN} = S_{p1,HCN} + S_{HCN-1} + S_{HCN-2} \tag{4-53}$$

$$S_{NO} = S_{NO-1} + S_{NO-2} \tag{4-54}$$

在气态燃料中，HCN 产物的产生速度与燃料的燃烧速度相当，即：

$$S_{p1,HCN} = \frac{R_{cf} Y_{N,fuel} M_{w,HCN}}{M_{w,N}} \tag{4-55}$$

式中　$S_{pl,HCN}$——HCN 源项（$kg/m^3 \cdot s$）；

R_{cf}——燃料的平均反应速度（$kg/m^3 \cdot s$）；

$Y_{N,fuel}$——燃料中氮的质量分数。

燃料的平均反应速度 R_{cf} 由 Magnussen 燃烧模型进行计算，因此，只有采用一般有限速度模型时，气态燃料 NO_x 的选择才可用。

在液态燃料中，HCN 产物的产生速度与燃料通过液滴蒸发转化为气态的速度相当，即：

$$S_{p1,HCN} = \frac{S_{fuel} Y_{N,fuel} M_{w,HCN}}{M_{w,N} V} \tag{4-56}$$

式中　$S_{pl,HCN}$——HCN 源项（$kg/m^3 \cdot s$）；

S_{fuel}——燃料通过液滴蒸发转化为气态的速率（kg/s）；

$Y_{N,fuel}$——燃料中氮的质量分数；

V——单元体积（m^3）。

对于气态和液态燃料，以 HCN 为中间产物时，在 HCN 分别生成 NO 和 N_2 的反应 1 和反应 2 的过程中，HCN 消耗率是相同的，其数学式为：

$$R_1 = A_1 X_{HCN} X_{O_2}^{\alpha} e^{-E_1/RT} \tag{4-57}$$

$$R_2 = A_2 X_{HCN} X_{NO} e^{-E_2/RT} \tag{4-58}$$

式中　R_1，R_2——HCN 的转化速率（s^{-1}）；

T——即时温度（K）；

X——摩尔分数；

A_1——$1.0 \times 10^{10} s^{-1}$；

A_2——$3.0 \times 10^{12} s^{-1}$；

E_1——67kcal/gmol；

E_2——60kcal/gmol。

在式（4-53）中的 HCN 质量消耗率可通过下式计算：

$$S_{HCN-1} = -R_1 \frac{M_{w,HCN} \cdot p}{R \bar{T}} \tag{4-59}$$

$$S_{HCN-2} = -R_2 \frac{M_{w,HCN} \cdot p}{R \bar{T}} \tag{4-60}$$

式中　S_{HCN-1}，S_{HCN-2}——以 HCN 为中间产物时，在 HCN 分别生成 NO 和 N_2 的反应 1 和反应 2 的过程中，HCN 消耗率（$kg/m^3 \cdot s$）；

p——压力（Pa）；

$\bar{T}$——平均温度（K）；

R——通用气体常数。

NO_x 以 HCN 为中间产物时，在 HCN 分别生成 NO 和 N_2的反应 1 中产生，在反应 2 中消失。对于气体和液体燃料，式（4-54）中的源项是相同的，可由下式估算：

$$S_{NO-1} = -S_{HCN-1}\frac{M_{w,NO}}{M_{w,HCN}} = R_1\frac{M_{w,NO}\cdot p}{R\overline{T}} \tag{4-61}$$

$$S_{NO-2} = S_{HCN-2}\frac{M_{w,NO}}{M_{w,HCN}} = -R_2\frac{M_{w,NO}\cdot p}{R\overline{T}} \tag{4-62}$$

② 中间产物为氨化物（NH_3）的燃料型 NO_x

当用 NH_3 作中间组分时：

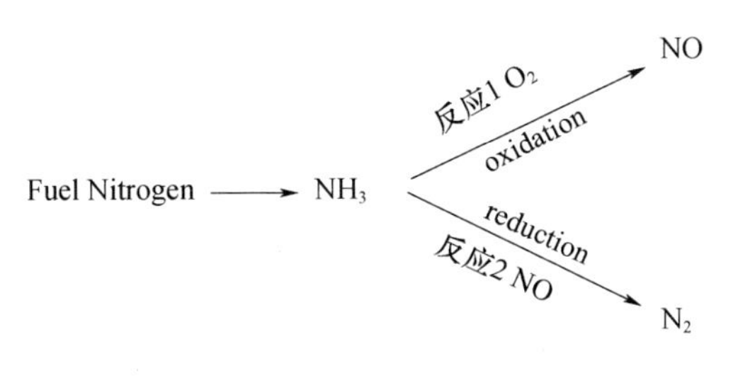

输运方程中的源项可写作：

$$S_{NH_3} = S_{pl,NH_3} + S_{NH_3-1} + S_{NH_3-2} \tag{4-63}$$

$$S_{NO} = S_{NO-1} + S_{NO-2} \tag{4-64}$$

在气态燃料中，NH_3 产物的产生速度与燃料的燃烧速度相当：

$$S_{pl,NH_3} = \frac{R_{cf}Y_{N,fuel}M_{w,NH_3}}{M_{w,N}} \tag{4-65}$$

式中　S_{pl,NH_3}——NH_3 源项（$kg/m^3\cdot s$）；

R_{cf}——燃料的平均限制反应速度（$kg/m^3\cdot s$）；

$Y_{N,fuel}$——燃料中氮的质量分数。

燃料的平均限制反应速度 R_{cf}由 Magnussen 燃烧模型进行计算，因此，只有采用一般有限速度模型时，气态燃料 NO_x 的选择才可用。

在液态燃料中，NH_3 产物的产生速度与燃料通过液滴蒸发转化为气态的速度相当，即：

$$S_{pl,NH_3} = \frac{S_{fuel}Y_{N,fuel}M_{w,NH_3}}{M_{w,N}V} \tag{4-66}$$

式中　S_{pl,NH_3}——NH_3 源项（$kg/m^3\cdot s$）；

S_{fuel}——燃料通过液滴蒸发转化为气态的速度（kg/s）；

$Y_{N,fuel}$——燃料中氮的质量分数；

V——单元体积（m^3）。

对于气态和液态燃料，以 NH_3 为中间产物时，在 NH_3 分别生成 NO 和 N_2的反应 1 和反应 2 的过程中，NH_3 消耗率是相同的，其数学式为：

$$R_1 = A_1X_{NH_3}X_{O_2}^{\alpha}e^{-E_1/RT} \tag{4-67}$$

$$R_2 = A_2X_{NH_3}X_{NO}e^{-E_2/RT} \tag{4-68}$$

式中　R_1，R_2——NH_3 的转化速率（s^{-1}）

T——即时温度（K）；

X——摩尔分数；

A_1——$4.0\times10^6 s^{-1}$；

A_2——$1.8\times10^6 s^{-1}$；

E_1——32kcal/gmol；

E_2——27kcal/gmol。

在公式（4-63）中的 NH_3 质量消耗率可通过下式计算：

$$S_{NH_3-1} = -R_1 \frac{M_{w,NH_3} \cdot p}{R\,\overline{T}} \tag{4-69}$$

$$S_{NH_3-2} = -R_2 \frac{M_{w,NH_3} \cdot p}{R\,\overline{T}} \tag{4-70}$$

式中 S_{NH_3-1}、S_{NH_3-2}——以 NH_3 为中间产物时，在 NH_3 分别生成 NO 和 N_2 的反应 1 和反应 2 的过程中，NH_3 消耗率（$kg/m^3\cdot s$）

p——压力（Pa）；

$\overline{T}$——平均温度（K）；

R——通用气体常数。

NO_x 以 NH_3 为中间产物时，在 NH_3 分别生成 NO 和 N_2 的反应 1 产生，在反应 2 中消失。对于气体和液体燃料，方程（4-64）中得源项是相同的，可由下式估算：

$$S_{NO-1} = -S_{NH_3-1}\frac{M_{w,NO}}{M_{w,NH_3}} = R_1 \frac{M_{w,NO} \cdot p}{R\,\overline{T}} \tag{4-71}$$

$$S_{NO-2} = S_{NH_3-2}\frac{M_{w,NO}}{M_{w,NH_3}} = -R_2 \frac{M_{w,NO} \cdot p}{R\,\overline{T}} \tag{4-72}$$

4.4.5.5 紊流中 NO_x 的形成

在任何实际的燃烧系统中，燃烧都是高度紊流的。紊流混合过程导致了温度和组分的瞬时波动，这将会影响火焰的性能。NO_x 的生成速率、温度和组分浓度之间的关系是高度非线性的。因此，如果在任何模型中使用时均组分和温度来预测平均的 NO_x 生成速率，将会产生明显的误差。温度和组分的波动必须通过引入描述时间变化的概率密度函数来加以考虑。

在紊流燃烧计算中，FLUENT 求解密度加权、时均的 *N-S* 方程来获得温度、速度和组分浓度或者平均混合物比例和变动。要计算 NO 浓度，就必须在区域中的每一点使用平均流场信息计算时均的 NO 生成速率。平均紊流反应速率的建模方法可以根据动量法或随机密度函数（PDF）技术来进行。FLUENT 采用的就是 PDF 方法。

PDF 用于衡量 NO 生成的瞬时速率［如式（4-49）］的权重以及在适合范围的相应的积分，从而获得平均紊流反应速率。因此，有式（4-73）：

$$\overline{S}_{NO} = \int S_{NO}(V_1)P_1(V_1)\,dV_1 \tag{4-73}$$

或者，对于两个变量

$$\overline{S}_{NO} = \iint S_{NO}(V_1,V_2)P(V_1,V_2)\,dV_1dV_2 \tag{4-74}$$

式中 $\overline{S}_{NO}$——NO 生成的平均紊流速率；

S_{NO}——由式（4-49）给定的瞬时生成率；

$P_1(V_1)$ 和 $P(V_1, V_2)$——变量 V_1 和 V_2 的 PDF。对于源项 HCN 或 NH_3 也可以使用同样的处理方法。

式（4-73）或（4-74）必须在每个节点和迭代步进行积分。对于温度的 PDF，积分的上下限由燃烧解中的最小和最大值来决定。对于混合物比例的 PDF，式（4-73）或式（4-74）中积分的上下限由储存在查找表中的值来决定。

在两变量 PDF 情况下，进一步假定变量 V_1 和 V_2 是统计独立的，这样 $P(V_1, V_2)$ 就可以表示为

$$P(V_1, V_2) = P_1(V_1)P_2(V_2) \tag{4-75}$$

4.4.6 边界条件的确定和物性参数的选取

为了便于边界条件的确定，现对模型进行如下假设：①窑车（或窑底）、窑门与窑墙的材料近似为全陶瓷纤维材料或耐火黏土砖；②环境温度为300K（27℃）；③在模拟过程中忽略坯体和釉料的物理化学反应的吸热和放热效应，即仅仅包括燃料的燃烧，窑墙、坯体本身及烟气的传热过程。④仅考虑烟囱底部的压力，不计算烟囱内部烟气的流动情况。

4.4.6.1 燃烧过程的热工计算

（1）当燃料为气体燃料时，理论空气量、理论烟气量和实际空气量、实际烟气量用下面等式表示：

① 理论空气量：

$$V_a^0 = 0.0238(CO + H_2) + 0.0952CH_4 + 0.0476\left(m + \frac{n}{4}\right)C_mH_n + 0.0714H_2S - 0.0476O_2 \tag{4-76}$$

式中　V_a^0——理论空气量（Nm^3/Nm^3 燃料）；

CO、H_2、CH_4、C_mH_n、H_2S、O_2——燃料中各组成的百分含量。

② 理论烟气量：

$$V^0 = \left[CO_2 + CO + H_2 + H_2O + 3CH_4 + \left(m + \frac{n}{2}\right)C_mH_n + 2H_2S + N_2 + SO_2\right] \times \frac{1}{100} + V_{O_2}^0 \times \frac{79}{21} \tag{4-77}$$

式中　CO_2、CO、H_2、H_2O、$3CH_4$、C_mH_n、$2H_2S$、N_2、SO_2——燃料中各组成的百分含量；

$V_{O_2}^0$——理论氧气量（$Nm^3/N\ m^3$ 燃料）；

$$V_{O_2}^0 = \left[0.5CO + 0.5H_2 + 2CH_4 + \left(m + \frac{n}{4}\right)C_mH_n + 1.5H_2S - O_2\right] \times \frac{1}{100}。$$

③ 实际空气量：

$$V_a = \alpha V_a^0 \tag{4-78}$$

式中　α——过剩空气系数。

④ 实际烟气量：

当 $\alpha > 1$ 时，$V = V^0 + (\alpha - 1)V_a^0$；　（4-79）

当 $\alpha < 1$ 时，$V = (1 - \alpha) + \alpha V^0$，　（4-80）

式中　$(1 - \alpha)$——未燃气体量（$Nm^3/N\ m^3$）；

αV^0——燃烧生成烟气量（$Nm^3/N\ m^3$）。

（2）当燃料为液体燃料时，理论空气量、烟气量和实际烟气量用下面等式表示：

① 理论空气量：

$$V_a^0 = 0.089C_{ar} + 0.267H_{ar} + 0.033\ (S_{ar} - O_{ar}) \tag{4-81}$$

式中 V_a^0——理论空气量（Nm^3/kg 燃料）；

C_{ar}、H_{ar}、S_{ar}、O_{ar}——收到基燃料各组成的百分含量。

② 理论烟气量：

$$V^0 = 0.089C_{ar} + 0.323H_{ar} + 0.0124M_{ar} + 0.033S_{ar} + 0.008N_{ar} - 0.0263O_{ar} \tag{4-82}$$

式中 V^0——理论烟气量（Nm^3/kg）；

C_{ar}、H_{ar}、M_{ar}、S_{ar}、N_{ar}、O_{ar}——收到基燃料各组成的百分含量。

③ 实际烟气量：

当 $\alpha > 1$ 时，见式（4-79）；

当 $\alpha < 1$ 时，$V = V^0 - (1 - \alpha)\ V_a^0 \times \frac{79}{100}$，$Nm^3$/kg　(4-83)

（3）根据陶瓷窑炉燃烧过程中的热平衡关系，有如下等式（基准：1kg 或 1Nm^3 燃料，0℃）：

$$Q_{net} + Q_f + Q_a = Q + Q_l + Q_{ml} + Q_{ch} + Q_{di} + Q_{a,s} \tag{4-84}$$

式中 Q_{net}——燃料的化学热（即燃料的低位发热量）；

Q_f——燃料带入的物理热，$Q_f = C_f t_f$；

Q_a——空气带入的物理热，$Q_a = V_a C_a t_a$；

Q——燃烧产物所含的物理热，$Q = VCt_p$；

Q_l——燃烧产物传给周围物体的热量；

Q_{ml}——机械不完全燃烧造成的热损失；

Q_{ch}——化学不完全燃烧造成的热损失；

Q_{di}——燃烧产物中部分 CO_2 和 H_2O 在高温下，热分解反应消耗的热量；

$Q_{a,s}$——灰渣带走的物理热。

其中，C_f、C_a、C 分别表示燃料、空气和燃烧产物从0℃至各温度下的平均比热（J/kg·℃或 J/Nm^3·℃）；t_f、t_a 分别表示燃料和空气进入燃烧室时的温度（℃）；t_p 表示燃烧产物的实际温度，即实际燃烧温度（℃）。

当忽略燃烧过程中的机械不完全燃烧造成的热损失，化学不完全燃烧造成的热损失，燃烧产物中部分 CO_2和 H_2O 在高温下，热分解反应消耗的热量及灰渣带走的物理热时，热平衡方程变为：

$$Q_{net} + Q_f + Q_a = Q + Q_l; \tag{4-85}$$

式中 $Q_l = Q_{坯吸} + Q_{墙吸} + Q_{墙散}$；

$Q_{坯吸}$——坯体在 $\Delta\tau$ 时间里所吸收的热量，$Q_{坯吸} = C_{坯} \times m_{坯} \times \Delta t_1$；

$Q_{墙吸}$——窑墙在 $\Delta\tau$ 时间里所吸收的热量，$Q_{墙吸} = C_{墙} \times m_{墙} \times \Delta t_2$；

$Q_{墙散}$——窑墙在 $\Delta\tau$ 时间里向环境中散失的热量，$Q_{墙散} = h_1 \times A_1 \times \Delta t_3$。

其中，$C_{坯}$、$m_{坯}$、$C_{墙}$、$m_{墙}$ 分别为窑墙、坯体的平均比热和质量；Δt_1 为坯体和烟气在 $\Delta\tau$ 时间里升高的温度；Δt_2 为窑墙在 $\Delta\tau$ 时间里平均升高的温度；A_1、h_1、Δt_3 分别为窑墙外表面面积、窑墙外表面与环境之间的对流换热系数及窑墙外表面与环境的温差。

根据升温曲线，设在 $\Delta\tau$ 时间里消耗燃料 $V_f m^3$，并将式（4-84）、（4-85）中的 Q_f、Q_a、

Q、Q_1、$Q_{坯吸}$、$Q_{墙吸}$、$Q_{墙散}$代入式（4-85）中，热平衡方程可表示为：

$$Q_{net} \times V_f + C_f \times t_f \times V_f + C_a \times t_a \times V_a \times V_f \tag{4-86}$$

$$= C \times \Delta t_1 \times V_f \times V + C_{坯} \times m_{坯} \times \Delta t_1 + C_{墙} \times m_{墙} \times \Delta t_2 + h_1 \times A_1 \times \Delta t_3$$

$$V_f = \frac{C_{坯}\ m_{坯}\ \Delta t_1 + C_{墙}\ m_{墙}\ \Delta t_2 + h_1 A_1 \Delta t_3}{Q_{net} + C_f t_f + C_a t_a V_a - C\Delta t_1 V} \tag{4-87}$$

其中，窑墙外表面与环境之间的对流换热系数 h_1 [W/（m^2·K）] 可由 Nu 数、Gr 数和 Pr 数确定，即式（4-88）～式（4-90）。

$$Gr = \frac{g \cdot l^3}{\nu^2}\beta\Delta t \tag{4-88}$$

$$Nu = C\ (GrPr)^n \tag{4-89}$$

$$Nu = \frac{h \cdot l}{\lambda} \tag{4-90}$$

式中　l——窑墙的特征尺寸，与窑墙的形状有关（m）；

β——流体的体积膨胀系数（1/K）；

ν——运动黏度（m^2/s）；

Δt——窑墙与环境的温差（K）；

λ——平均导热系数（W/m·K）；

C、n——常数，与窑墙形状和流体的流态有关。

4.4.6.2　速度边界条件

由式（4-87）可得模型中各个烧嘴的燃料进口速度和助燃空气的进口速度。

$$\mu_f = \frac{4V_f}{\pi d_f^2 \Delta\tau \cdot N} \tag{4-91}$$

$$\mu_a = \frac{\alpha V_a^0 \times \mu_f d_f^2}{d_a^2} \tag{4-92}$$

式中　μ_f——燃料进口速度（m/s）；

μ_a——助燃空气进口速度（m/s）；

d_f、d_a——分别为燃料和助燃空气进口的当量直径（m）；

N——窑体烧嘴个数。

4.4.6.3　热力学边界条件

窑内烟气的对流换热系数 h_e [W/（m^2·K）] 和窑墙的热流密度 q（W/m^2）可由 Nu 数和 Re 数确定。设烧嘴雷诺数为 Re_0 和窑内雷诺数为 Re，Re_0 由烧嘴喷速 μ_0（m/s）、烧嘴出口直径 d_0（m）、烧嘴喷出气体的运动黏度 v_0（m^2/s）计算；Re 由窑内气体的当量速度 μ_e（m/s）、当量直径 d_e（m）、窑内气体的运动黏度 v_e（m^2/s）计算，且：

$$\mu_0 = \frac{V_f V/N}{\pi d_0^2 \Delta\tau/4} \tag{4-93}$$

式中　N——烧嘴个数。

$$\mu_e = \frac{4V_g}{\pi d_e^2} = \frac{V_f V}{\pi d_e^2 \Delta\tau/4} \tag{4-94}$$

式中　V_g——入窑内烟气量（m^3/s）。

$$d_e = \frac{4V_k}{A_g} \tag{4-95}$$

式中　V_k——窑的总容积减去料垛所占空间后的窑内空隙体积（m^3）；

A_g——窑内被浸润的表面积（m^2）。

当烟气 $Re \leqslant 8.99 \times 10^4$；$Re_0 \leqslant 5.06 \times 10^4$ 时，

$$Nu = 1.372 \times 10^{-3} Re_0^{0.132} Re^{0.761} \tag{4-96}$$

式中　$Re_0 = \frac{\mu_0 d_0}{v}$；

$Re_e = \frac{\mu_e d_e}{v}$；

$Nu = \frac{h_e d_e}{\lambda}$。

故窑内烟气对流换热系数为：

$$h_e = 1.372 \times 10^{-3} \times \left(\frac{\mu_0 d_0}{v}\right)^{0.132} \times \left(\frac{\mu_e d_e}{v}\right)^{0.761} \times d_e \times \lambda \tag{4-97}$$

窑墙的热流密度为：

$$q = \frac{\Delta t}{\sigma / \lambda} \tag{4-98}$$

式中　q——热流密度（W/m^2）；

σ——窑墙厚度（m）；

Δt——窑墙内外表面温差（K）。

另外，流体湍流强度 I 一般取 5% ~10%，也可由式（4-99）计算：

$$I = 0.16 Re^{-1/8} \tag{4-99}$$

4.4.6.4　物性参数的选取

陶瓷坯体和窑墙的物性参数分别由表 4-2 和表 4-3 所示。对于窑内流体及各个组分的物性参数则从 prePDF 计算的查询表中获取，采用 FLUENT 默认的设置。

表 4-2　陶瓷坯体物性参数

	温度范围（℃）	密度（kg/m^3）	比热（J/kg·℃）	导热系数（W/m·℃）
加热过程	20 ~ 573	1775	$987.4 + 0.2937T$	$0.4684 + 0.6329 \times 10^{-3} T$
	573 ~ 850	1563	949.8	$0.4684 + 0.6329 \times 10^{-3} T$
冷却过程	850 ~ 1050	1563	$535.6 + 0.8996T$	$0.4684 + 0.6329 \times 10^{-3} T$
	>1050 和冷却	1563	$715.5 + 0.5983T$	$0.6613 + 0.6392 \times 10^{-3} T$

表 4-3　陶瓷窑炉窑墙物性参数 T

	导热系数（W/m·℃）	平均比热（J/kg·℃）	密度（kg/m^3）
耐火黏土砖	$0.698 + 0.640 \times 10^{-3} T$	$0.808 + 0.314T$	1900
轻质黏土砖	$0.219 + 0.256 \times 10^{-3} T$	$0.840 + 0.260T$	1000
硅酸铝纤维	$0.0333 + 0.108 \times 10^{-3} T$	$0.819 + 0.272T$	130

4.4.7　数值计算方法

1. 数值求解方法

FLUENT 提供两种数值求解方法：分离解法（FLUENT/UNS）和耦合解法（RAMPANT）。这两种解法都可以解守恒型积分方程，其中包括动量、能量、质量以及其他标量（如湍流和化学组分的守恒方程），且都应用了控制体技术，包括：①使用计算网格对流体区域进行划分，对控制方程在控制区域内进行积分以建立代数方程，这些代数方程中包括各种相关的离散变量如：速度、压力、温度以及其他的守恒标量。②离散方程的线化和获取线性方程结果以更新相关变量的值。两种数值方法采用相似的离散过程——有限体积法，但线化的方法以及离散方程的解法是不同的，如图 4-11 所示。即分离求解方法是将连续、动量、能量及组分等控制方程分开求解，而耦合求解方法是将它们耦合在一起求解。由于 FLUENT 软件的限制，本文采用非预混燃烧模拟仅能选取分离求解器。

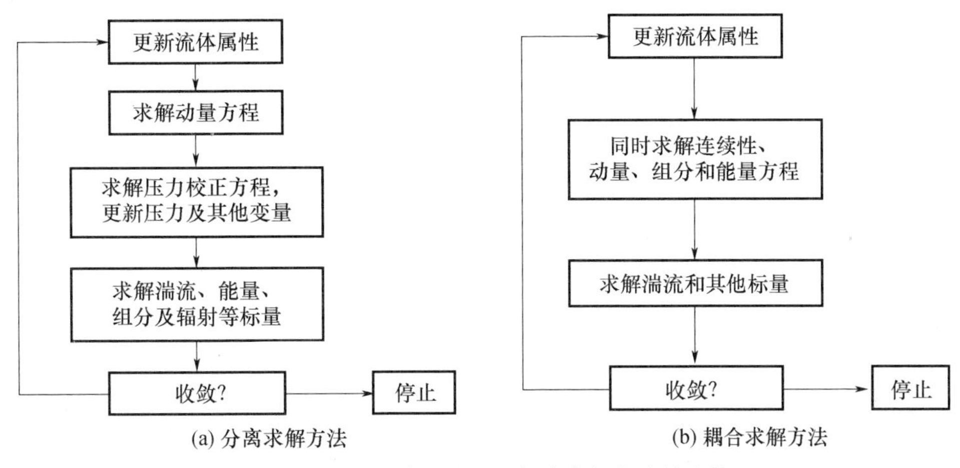

图 4－11　分离求解方法和耦合求解方法的比较

2. 离散差分格式

FLUENT 使用控制体离散的方法将控制方程转换为可以用数值方法解出的代数方程。该方法在每一个控制体内积分控制方程，从而产生基于控制体的每一个变量都守恒的离散方程。FLUENT 在单元（网格）的中心存贮各标量的离散值，因此必须从单元中心插值，这由迎风格式完成。FLUENT 提供了四种迎风格式：一阶迎风、二阶迎风、幂率和 QUICK 格式。

（1）一阶迎风格式

当需要一阶精度时，我们假定描述单元内变量平均值的单元中心变量值就是整个单元内各个变量的值，而且单元表面的量也等于单元内的量。因此，当选择一阶迎风格式时，表面值被设定等于迎风单元的单元中心值。

（2）二阶迎风格式

当需要二阶精度时，使用多维线性重建方法来计算单元表面处的值。在这种方法中，通过单元中心解在单元中心处的泰勒展开来实现单元表面的二阶精度值。对于三角形和四面体网格或四边形和六面体网格，使用二阶迎风格式可以获得更精确、更好的结果。

（3）幂率格式

幂率离散格式使用一维对流扩散方程的精确解来插值变量在表面处的值。如果选用幂率离散格式，就意味着当流动由对流项主导时，只需要让变量表面处的值等于迎风或者上游值就可以完成插值，这是 FLUENT 的标准一阶格式。对于旋转和涡流来说，如果使用四边形或六边形网格，QUICK 离散格式具有较高的精度。

（4）QUICK 格式

对于四边形和六面体网格，可以确定它们唯一的上游和下游表面以及单元。当结构网格和流动方向一致时，QUICK 格式明显具有较高精度。然而，FLUENT 也允许对非结构网格或者混合网格使用 QUICK 格式，在这种情况下，常用的二阶迎风离散格式将被用于非六面体单元表面或者非四边形单元表面。

由于本文采用结构网格和非结构网格对计算区域进行离散，为了加速收敛，在初始计算中对动量方程和能量方程首先采用一阶迎风格式，达到收敛以后再使用二阶迎风格式，再做迭代直到最终的收敛。

3. 算法

FLUENT 提供了三种压力速度耦合算法，即：SIMPLE，SIMPLEC 和 PISO。

（1）SIMPLE 和 SIMPLEC

SIMPLE（Semi-Implicit Method for Pressure Linked Equations）算法，即指求解压力耦合方法的半隐方法，于 1972 年由 Patankar 和 Spalding 提出。它使用压力和速度之间的相互校正关系来强制质量守恒并获取压力场。SIMPLEC（SIMPLE-Consistent）算法主要是 SIMPLE 算法的改进。两者程序相似，所使用的表达式唯一的区别项就是表面流动速度校正项。SIMPLEC 在压力速度耦合是得到解的主要因素时，使用修改后的校正方程可以加速收敛。

对于相对简单的问题（如：没有附加模型激活的层流流动），其收敛性已经被压力速度耦合所限制，通常可以用 SIMPLEC 算法很快得到收敛解。在 SIMPLEC 中，压力校正亚松弛因子通常设为 1.0，它有助于收敛。但是，在有些问题中，将压力校正松弛因子增加到 1.0 可能会导致不稳定。这种情况下，需要使用更为保守的亚松弛或者使用 SIMPLE 算法。对于包含湍流和/或附加物理模型的复杂流动，只要用压力速度耦合做限制，SIMPLEC 就会提高收敛性。

（2）PISO

压力隐式分裂算子（PISO）的压力速度耦合格式是 SIMPLE 算法族的一部分，它是基于压力速度校正之间的高度近似关系的一种算法。PISO 算法的主要思想就是将压力校正方程中 SIMPLE 和 SIMPLEC 算法所需的重复计算移除。经过一个或更多的附加 PISO 循环，校正的速度会更接近满足连续性和动量方程。这一迭代过程被称为动量校正或者邻近校正。PISO 算法在每个迭代中要花费稍多的 CPU 时间，但是极大地减少了达到收敛所需要的迭代次数，尤其是对于过渡问题，这一优点更为明显。另外，对于具有一些倾斜度的网格，PISO 的偏斜矫正过程极大地减少了计算高度扭曲网格所遇到的收敛性困难。然而，对于定常状态问题，具有邻近校正的 PISO 并不会比具有较好亚松弛因子的 SIMPLE 和 SIMPLEC 好。

可见：

（1）运用 FLUENT 软件的前处理器 GAMBIT 建立了三种不同结构、尺寸的梭式窑几何模型，并对模型进行了简化。采用结构化和非结构化网格相结合的方法，将窑体计算区域分割为料垛区域和周边区域两部分，分别生成两套相对独立的网格。同时，对烧嘴出口、烟气出口以及料垛的周边等速度梯度较大的区域进行局部加密。确定了窑体几何模型的边界类型。

（2）采用平衡化学反应模型和湍流-化学反应相互作用的概率密度函数（PDF）模型（β

函数)，确定非预混燃烧模型的非绝热系统查询表，该查询表将作为 FLUENT 计算时所需要的热化学状态参数（如：组分质量分数、密度、温度、焓）和混合分数。选用 RNG k-e 湍流模型，能量方程及 P-1 辐射模型，作为 FLUENT 模拟陶瓷烧成过程的数学模型。

（3）将陶瓷烧成中 NO_x 生成的模拟预测看作是 FLUENT 计算的后处理过程。对于热力型 NO_x 和快速型 NO_x 的预测，当模拟氧化气氛烧成时，选用部分平衡法和排除 OH 法分别预测流场内 O 基和 OH 的浓度，以确定 NO_x 的浓度；当模拟还原气氛烧成时，则都选用部分平衡法预测流场中 O 基和 OH 的浓度。对于燃料型 NO_x 的预测，以 NH_3 或 HCN 作为 NO_x 生成的中间产物。在湍流-化学反应 PDF 模型中，主要考虑温度波动对 NO_x 生成的影响。

（4）根据陶瓷烧成的升温曲线和热平衡计算，确定了燃料、助燃空气入口速度，窑内流体的对流换热系数，窑墙的热流密度等边界条件的计算公式。另外，还给出了窑体、坯体材料的各种物性参数。

（5）在数值计算方法上，选用 FLUENT 提供的分离求解器。为了提高精度，加快收敛速度，在初始计算中先计算流场，达到收敛以后引入能量方程和动量方程，并且能量方程和动量方程先取一阶迎风格式，也是达到收敛以后选用二阶迎风格式，再迭代至最终收敛。在算法上，选用 SIMPLEC 算法以提高收敛性。

4.5　数值模拟及结果分析

4.5.1　升温速度对 NO_x 生成的影响

（1）边界条件

对佛山某厂生产中烧氧化气氛的梭式窑进行模拟，其结构和网格划分如图 4-3 和图 4-4 中 1#所示。首先，将整个升温过程离散成为五个温度点，根据梭式窑烧成的升温曲线（图 4-12），窑内烟气的温度、氧气浓度，窑墙的材料、结构尺寸，坯体的数量及其物性参数等，由式（4-76）~式（4-98）进行相应的热工计算，确定模型的边界条件（表 4-4），其中窑墙材料计算时近似全部由硅酸铝纤维组成（表 4-3），燃料为液化石油气（其成分见表 4-5），坯体的物性参数见表 4-2。然后分别对这五个温度点进行模拟。

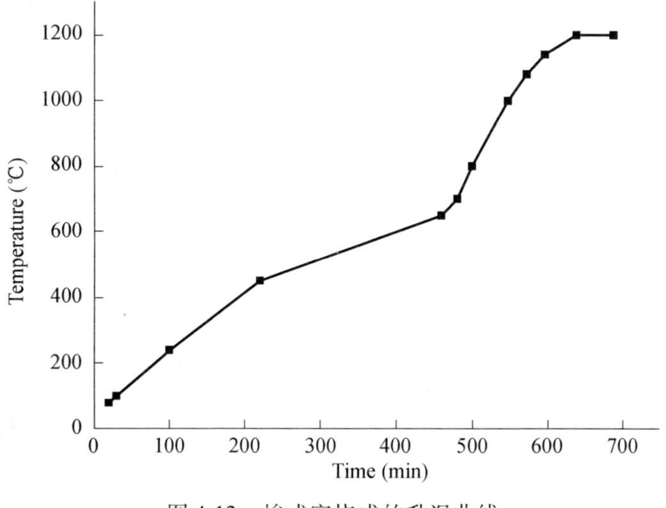

图 4-12　梭式窑烧成的升温曲线

表 4-4 模拟氧化气氛烧成的模型边界条件

温度点（℃）	μ_f（m/s）	μ_a（m/s）	h_e（$W/m^2 \cdot K$）	q（W/m^2）	ΔP（Pa）
240	5.50	51.56	4.29	12.71	-20
450	4.88	32.62	2.56	47.67	-25
650	2.48	12.73	1.00	94.41	-30
800	7.55	23.59	1.73	144.38	-35
1200	8.69	21.31	1.40	242.00	-45

表 4-5 液化石油气的组成 （体积%）

C_3H_8	C_3H_6	C_4H_{10}	C_4H_8	C_5H_{12}	其他
90.7	3.5	3.8	0.1	0.5	1.4

（2）模拟结果与分析

由图 4-13 可知，模拟的升温曲线和实际升温曲线能够较好的拟合，表明本模拟中所选用的数学模型能够较好的反映陶瓷烧成的整个过程。模拟中发现在整个烧成过程中 NO_x 主要以热力型 NO_x 的形式存在（表 4-6），快速型 NO_x 几乎为零，而燃料型 NO_x，由于使用的是液化石油气洁净燃料，在计算的过程中忽略了燃料中所含的 N，即忽略了燃料型 NO_x。

表 4-6 模拟温度与 NO 浓度的关系

温度（℃）	模拟温度（℃）	总 NO（ppm）	热力型 NO（ppm）
240	282.96	5.89	5.83
450	390.17	10.30	10.21
650	647.11	16.04	16.03
800	727.88	75.17	75.17
1200	1345.81	236.48	236.45

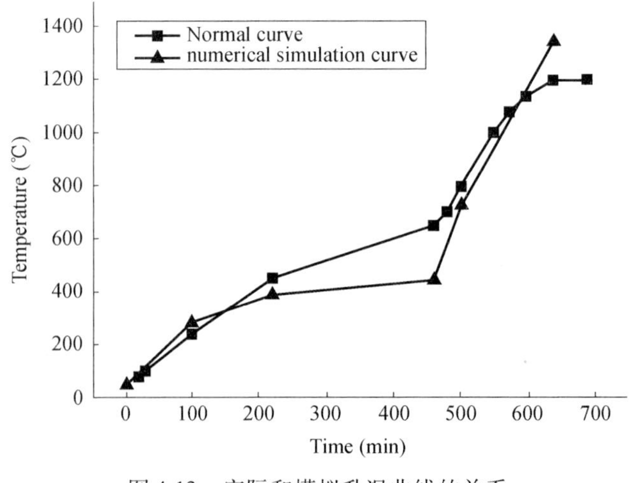

图 4-13 实际和模拟升温曲线的关系

表 4-6 和图 4-14、图 4-15 为各个模拟温度点中热力型 NO 与温度的关系，以及实测 NO_x 随

温度变化的关系。由图4-14、图4-15和升温曲线（图4-13）可以看出，陶瓷烧成过程中NO生成的模拟和实测结果具有大致相同的变化趋势，即在450～650℃之间，升温速度较慢，NO的生成速率较低；在650～1200℃之间，属于快速升温阶段，NO的生成速率也较大，说明了NO的生成速率随着烧成过程中升温速度增大而增大，这是由于升温速度较大时窑内温度场均匀性较差，易形成窑内的局部高温点（区），且此时窑内烟气流速较小，大大增加了烟气在高温区的停留时间，促使形成NO的可逆反应向NO生成方向进行，导致热力型 NO_x 的增加，故在工艺条件及产量允许的情况下，应该适当降低陶瓷烧成的升温速度，或是通过改善窑体结构，增大窑内烟气的流速及均匀温度场，以减小烟气在高温区的停留时间，减少 NO_x 的生成。

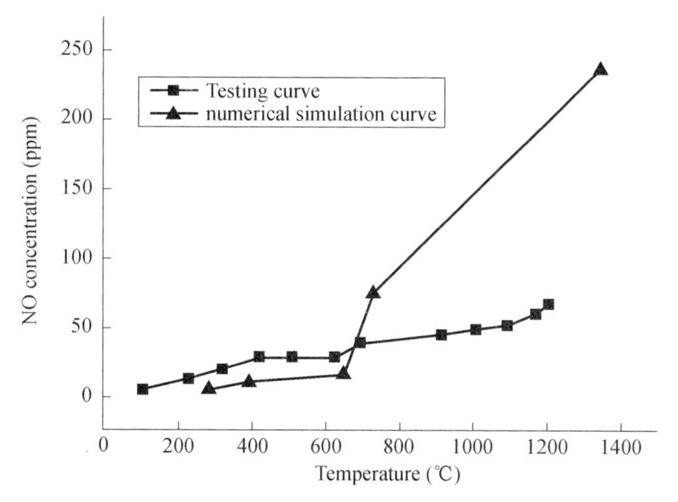

图4-14　实测和模拟NO浓度与温度的关系

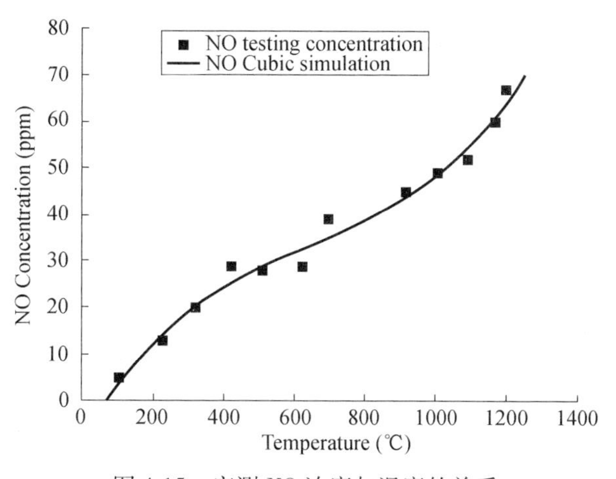

图4-15　实测NO浓度与温度的关系

4.5.2　烧成气氛对 NO_x 生成的影响

（1）边界条件

由于陶瓷窑炉烧成过程中无论是热力型、燃料型还是快速型 NO_x 都是由于N原子被氧氧化所致，因此，氧浓度的大小直接关系到 NO_x 的生成量。本节就陶瓷窑炉以还原气氛烧成时，窑内气氛对 NO_x 生成的影响进行研究。

以生产某艺术瓷，烧还原气氛梭式窑作为模拟对象，其窑体结构和网格划分如图 4-3 和图 4-4 中 2#所示，计算时窑墙材料以耐火黏土砖为主，燃料、坯体的物性参数及边界条件的确定方法与前节相同。其边界条件值和升温曲线，如表 4-7 和图 4-16 所示。

表 4-7　模拟还原烧成的边界条件

温度点（℃）	μ_f（m/s）	μ_a（m/s）	h_e（$W/m^2 \cdot K$）	q（W/m^2）	ΔP（Pa）
540	25.37	23.25	3.47	2993.36	-10
670	11.39	10.30	1.57	3911.26	-15
900	16.09	9.61	1.12	5726.45	-20
1050	15.58	12.22	2.06	7026.42	-25
1200	18.70	11.29	2.61	8418.00	-30

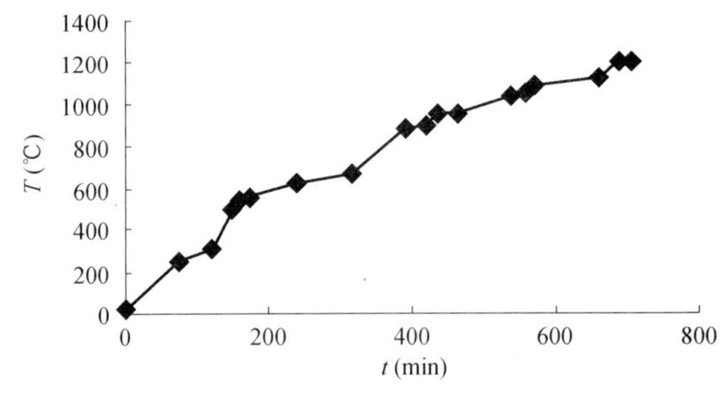

图 4-16　2#梭式窑烧成的升温曲线

（2）模拟结果与分析

表 4-8 和图 4-17 为各个模拟温度点中热力型 NO_x 与温度的关系以及实测 NO_x 随温度变化的关系。由图 4-17 可知，在整个烧成过程中，NO 浓度与温度变化的模拟和实测值具有大致相同的趋势。即在 950℃进入还原烧成阶段以后，NO 浓度随着温度增加而增长的趋势逐渐趋于水平，说明在还原气氛下，烟气中 CO 与 N 竞争相对较少的氧，阻碍了 NO 的生成。同时，还发现在烧成的高温阶段，虽然 CO 浓度有所降低，但是 NO 浓度并没有因为还原气氛的减弱而增加，仍然保持随温度的增加而水平变化的趋势，这说明还原气氛的强弱与阻碍 NO 生成的能力没有直接的关系。虽然还原气氛能够起到阻碍 NO 随温度升高而增加的作用，但并不能真正意义上的减少 NO_x 生成。又由于不同的陶瓷制品需要采取不同的烧成气氛，因此，仅通过采用还原气氛的办法对于降低 NO_x 的生成没有多大的帮助，需从其他的方面入手。

表 4-8　模拟温度、CO 与 NO 浓度的关系

温度（℃）	模拟 T（℃）	CO（mol%）	NO（ppm）
540	478	0.01	50
670	657	0.01	61
900	834	0.06	101
1050	1017	4.28	110
1200	1065	1.72	118

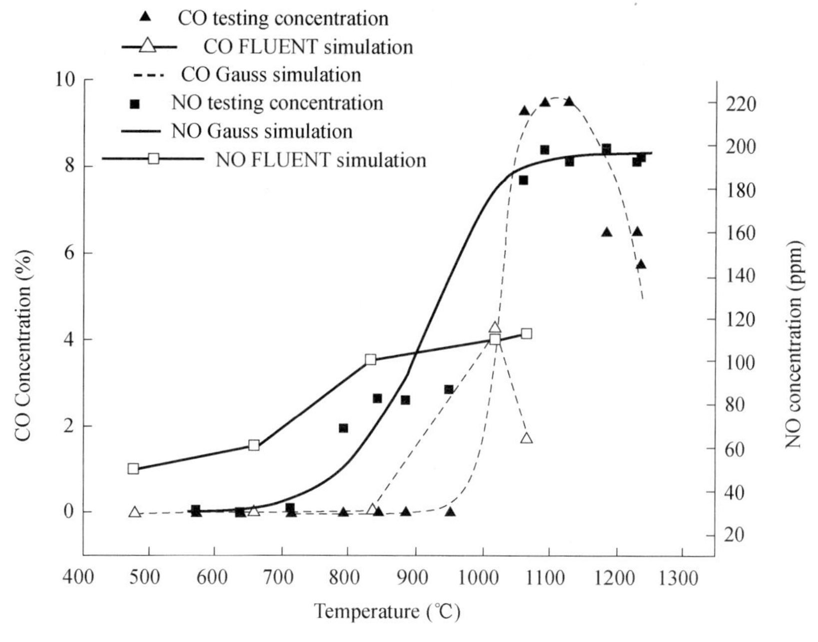

图4-17 还原气氛烧成中NO和CO随温度的变化关系

4.5.3 温度、烟气停留时间（速度）对NO_x生成的影响

（1）边界条件

由于烧成温度是决定NO_x生成量的一个关键因素之一，特别是在高温阶段（1500℃以上），随着温度的升高，NO_x的浓度呈指数上升，且在高温阶段烟气的停留时间越长，NO_x的生成量大大增加，而窑内烟气流速是决定烟气在高温区停留时间的关键因素，故研究陶瓷烧成温度、烟气的流速对NO_x生成的影响具有重要的意义。

本文采用图4-3所示的3#梭式窑模型研究烧成温度对NO_x生成的影响，模型的网格划分如图4-4中3#所示。对于边界条件，采用固定燃料进口速度，根据prePDF中组分混合分数与温度的关系及试算的方法来确定，其值见表4-9。燃料、窑墙的材料和坯体的物性参数都与上节中模拟的情况相同。

表4-9 3#梭式窑模拟的边界条件

序号	μ_f（m/s）	μ_a（m/s）	h_e（W/m^2·K）	f	ΔP（Pa）
（1）	100	47.73	10.96	0.055	-50
（2）	100	43.5	10.49	0.06	-50
（3）	100	40	9.98	0.065	-50
（4）	100	36.9	9.46	0.07	-50

（2）模拟结果与分析

四种情况下，窑内平均温度，烟气中NO、CO、O_2的平均浓度以及烟气的平均流速见表4-10。

表 4-10　3#梭式窑模拟中温度、组分浓度及烟气流速值

序号	平均温度（℃）	NO（ppm）	平均 CO（mol%）	平均 O_2（mol%）	平均流速（m/s）
(1)	1617（1890K）	3	0.02	6.44	66.07
(2)	1693（1966K）	20	0.03	5.13	65.73
(3)	1764（2037K）	102	0.10	3.90	65.42
(4)	1867（2140K）	376	0.11	2.66	64.68

由表 4-10 和图 4-18 可知，当烧成温度为 1600℃左右时，NO 浓度较小；当温度达到 1700℃以上时，NO 浓度开始急剧增加，且 NO 以热力型 NO_x 为主。然而，在上节的模拟结果中，当温度为 1346℃时，NO 的浓度就已经高达 236ppm，这主要是因为上节的模拟中窑内烟气的平均流速较小，仅 12.71m/s。而在本节的（1）模拟中，温度 1617℃，窑内烟气的平均流速为 66.07 m/s。因此，在窑内烟气流速较大的情况下，一般的陶瓷窑炉烧成范围（1100～1400℃）内，热力型 NO_x 对 NO 生成的作用较小，而主要受到窑内烟气的流速以及来自燃料型 NO_x 的影响，本书将在下一节对此进行研究。现以（4）模拟结果来具体分析窑内温度、烟气流速及窑内不同的位置等对 NO_x 生成的影响。

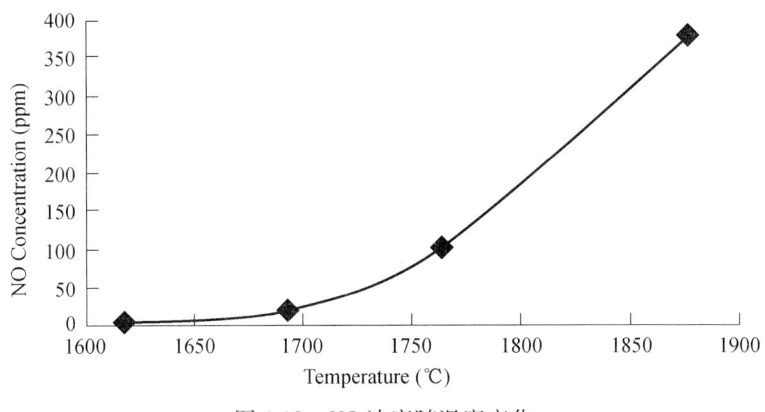

图 4-18　NO 浓度随温度变化

图 4-19 至图 4-21 为过 $Z=0.115$ 烧嘴平面的 NO 浓度、温度及窑内烟气流速的等高线图。由图 4-19 和图 4-20 可知，在烧嘴砖内 NO 的浓度几乎为零，在温度较高的火焰区域 NO 浓度相对较低，这主要是因为在烧嘴砖内燃烧温度相对较低，且烟气的流速较大（图 4-21），从而减少了高温烟气在高温区的停留时间，又由于形成 NO 的反应速度较慢且是个可逆反应，减少高温烟气的停留时间，也就减少了 NO 的生成。类似的，在火焰区域，虽然温度较高，但烟气的流速相对较大，NO 浓度相对较低。而在火焰的周边以及远离火焰的区域，虽然温度相对于火焰区域较低，然而这些区域 NO 浓度却比火焰区域和烧嘴砖内 NO 的浓度要高，即随着远离火焰喷射区域距离的增加，NO 浓度逐渐增大，这主要也是因为离火焰喷射区域越远，烟气的流速越小，增加了高温烟气的滞留时间，有助于 NO 生成的可逆反应进一步向生成 NO 的方向进行，故增加了 NO 的生成。

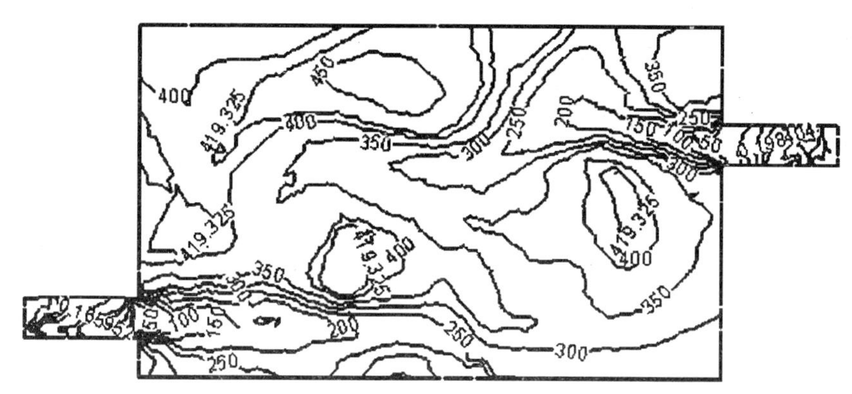

图 4-19　过 $Z=0.115$ 平面的 NO 浓度等高线图（ppm）

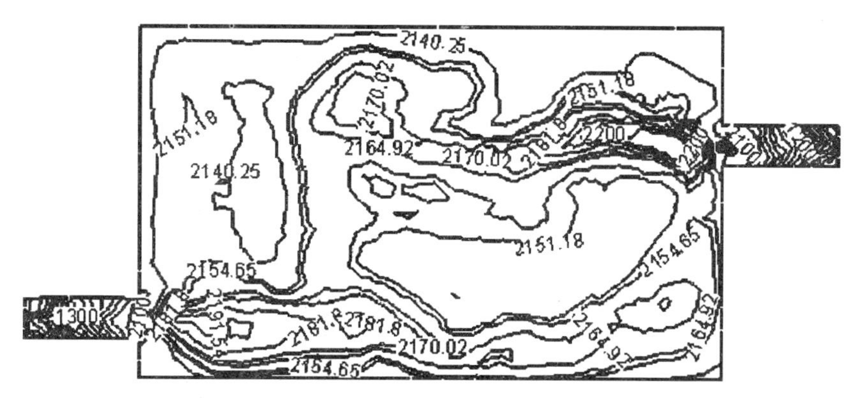

图 4-20　过 $Z=0.115$ 平面的温度等高线图（K）

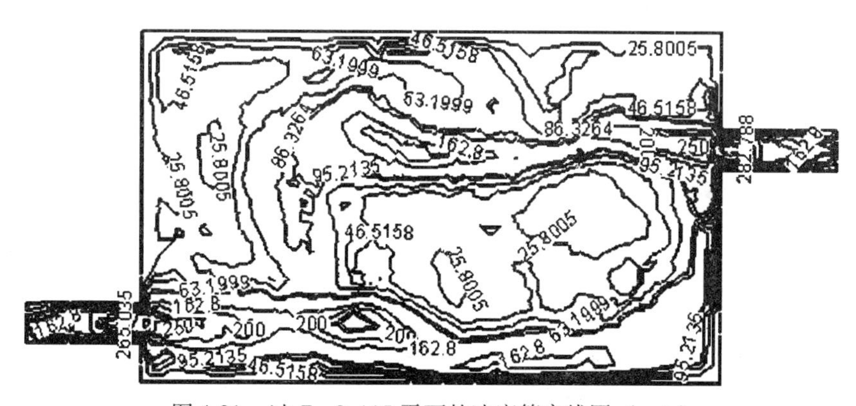

图 4-21　过 $Z=0.115$ 平面的速度等高线图（m/s）

图 4-22 至图 4-24 为过 $y=-0.1$ 烧嘴平面的 NO 浓度、温度和烟气流速等高线图。从图中也可以发现，在温度相对较低的料垛间隙区域、窑墙的拐角区域，NO 生成的浓度相对较大；在烧嘴砖内和火焰喷射口附近，NO 的生成浓度较低；而料垛间隙区域和料垛与窑墙之间的空隙相比较，料垛间隙的 NO 浓度又比料垛与窑墙之间的空隙 NO 浓度要大。在这些区域，它们所对应的烟气流速恰好与 NO 浓度对比关系相反，即烟气流速大，NO 浓度小，反之亦然。因此，增大窑内烟气的流速，特别是料垛间隙的烟气流速，减少窑内烟气流动的“死角”对于降低 NO 排放具有重要的意义。

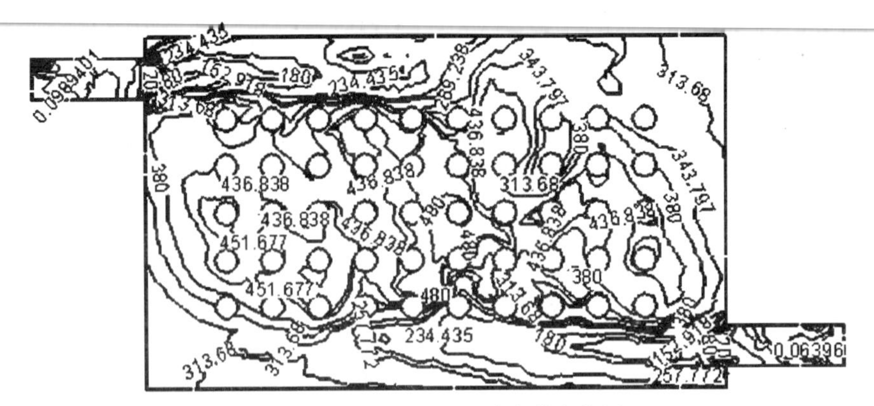

图 4-22　过 $y=-0.1$ 平面 NO 浓度等高线图（ppm）

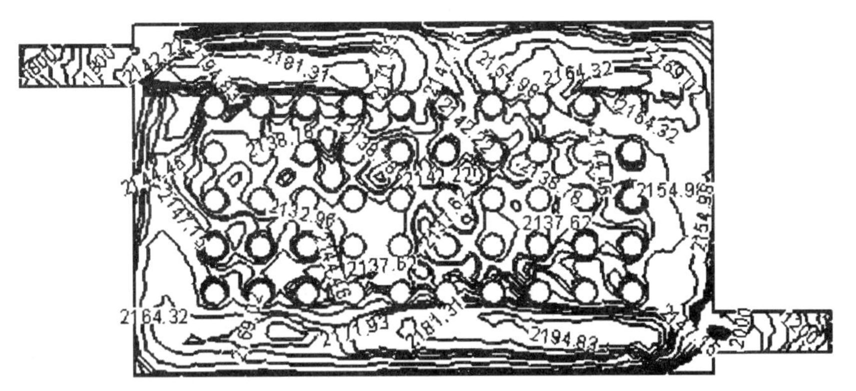

图 4-23　过 $y=-0.1$ 平面温度等高线图（K）

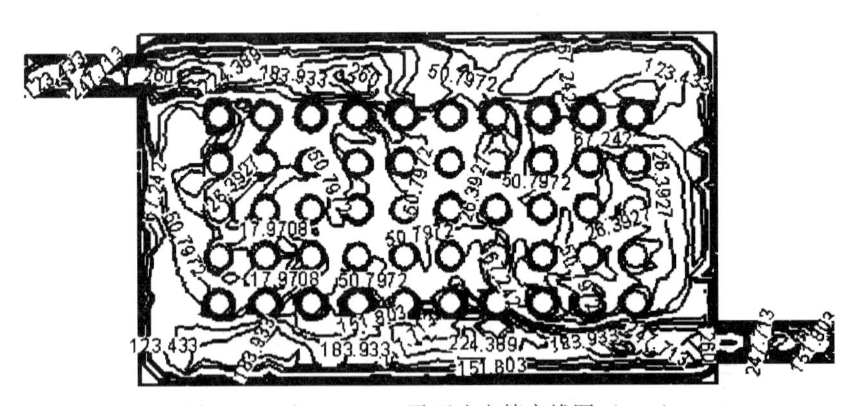

图 4-24　过 $y=-0.1$ 平面速度等高线图（m/s）

图 4-25 至图 4-27 为沿着 4 只烧嘴轴线方向变化，NO 的浓度随温度和烟气流速的变化关系。在烧嘴轴线上 0.25～0.35m 或 -0.35～0.25m 之间（烧嘴砖区域），由于温度较低，且流速较大，故相应的 NO 较少；在 -0.25～0.25m 之间，温度较高且变化较小，此时 NO 浓度随着烟气流速的增加而减小，反之，随着流速的减小而增大，这都说明了窑内烟气流速对 NO 生成的影响。值得注意的是，上层烧嘴轴线方向 NO 浓度比下层烧嘴轴线方向 NO 浓度普遍要高，而在轴线 -0.15～0.15m（窑底布设吸火孔区域）之间，下层烧嘴烟气流速比上

层烧嘴烟气流速变化大，这估计是由于下层烧嘴距离吸火孔较近，而受到吸火孔负压影响，导致流速变化较大的缘故。

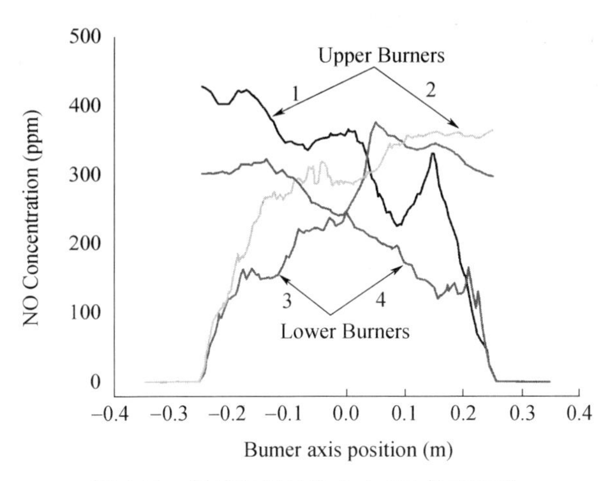

图 4-25　沿着烧嘴轴线方向 NO 浓度变化

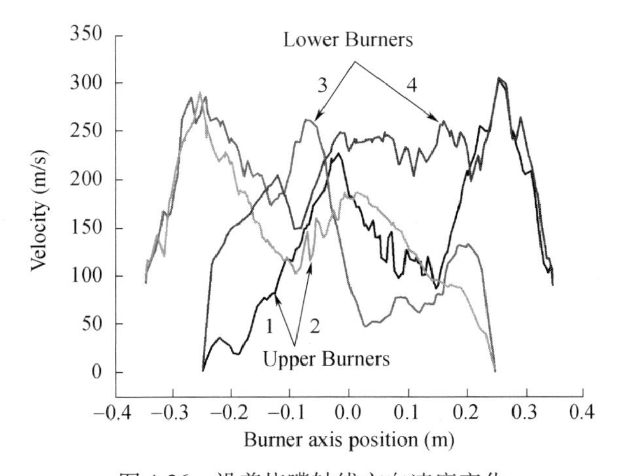

图 4-26　沿着烧嘴轴线方向速度变化

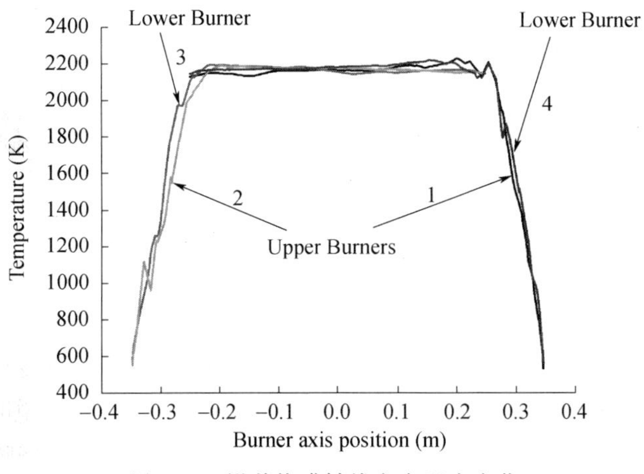

图 4-27　沿着烧嘴轴线方向温度变化

鉴于以上分析，可以从以下几点对陶瓷烧成过程进行改进，以期望达到降低 NO 排放的目的。

① 增大烧嘴气流的喷射速度，既可以均匀窑内温度场，又可以增大窑内烟气流速，以减小 NO 生成。对于烧嘴交错布设在窑墙上的梭式窑，可以适当增加上层烧嘴的过剩空气系数，使上层烧嘴的喷射速度比下层烧嘴的喷射速度稍大，以减少由于窑顶高温烟气的“滞留”所造成 NO 的大量生成。同时，也不易将上层烧嘴安置过高。

② 采用带有一定弧度的拱形窑顶，旨在降低窑墙与窑顶连接处的烟气局部阻力损失，以增大烟气在窑顶的流速。另外，外层料垛（与窑墙比较接近的料垛）不易堆放过高。

③ 料垛的中心区域应尽量稀码放置，以增大、均匀料垛间隙区域的烟气流速，既可以达到均匀料垛间隙温度场，又可以起到减少 NO 生成的作用。

④ 对于窑底布设吸火孔的梭式窑，应增大吸火孔在窑底的布设面积，增强整个窑内烟气的流速及流动。

4.5.4 燃料对 NO_x 生成的影响

（1）边界条件

由上节分析可知，陶瓷窑炉烧成过程中，如果在窑内烟气流速较大的情况下，热力型 NO_x 对 NO_x 生成影响较小，而快速型 NO_x 的影响几乎为零，因此，为了研究燃料型 NO_x 在陶瓷烧成过程中对 NO_x 生成的影响，进行了如下实验。

仍以 3#梭式窑为几何模型，窑墙材料和坯体的物性参数与上节相同，燃料为重油，先将重油的收到基（ar）换算为干燥无灰基（daf），然后再换算为 prePDF 组分输入所需要的摩尔分数，其组成见表 4-11。另外，需要说明的是，为了增加计算的稳定性，将重油中硫的组成加到氮中，即忽略了硫的组成。FLUENT 输入的边界条件中，几何模型的两个速度入口（μ_f 和 μ_a）都作为空气的速度入口，而 μ_a 入口同时也作为“注射器”的入口，将燃料注入窑体内，仅仅改变燃料单位时间内的注入量，见表 4-12。

表 4-11 重油的组成及其换算值

	C	H	O	N	S	A	M
ar（%）	88.64	5	2.62	0.34	1.06	1.04	1.3
daf（%）	90.76	5.12	2.68	0.35	1.09	—	—
mol	7.563	5.12	0.168	0.025	0.034	—	—
mol（%）	58.58	39.66	1.30	0.46	—	—	—

表 4-12 以重油为燃料模拟的边界条件

μ_f（m/s）	μ_a（m/s）	Inject（kg/s）	h_e（$W/m^2 \cdot K$）	ΔP（Pa）
100	25	0.0035	8.36	-30
100	25	0.0050	8.36	-30

（2）模拟结果与分析

表 4-13 烧成温度和 NH_3、HCN 与 NO 浓度值

T（K）	中间产物	总 NO（ppm）	燃料型 NO_x（ppm）	热力型 NO_x（ppm）	NH_3 或 HCN（mol%）
1390	NH_3	694	663	36	0.0148
	HCN	175	159	36	0.05
1633	NH_3	883	862	40	0.0087
	HCN	255	244	40	0.032

由表 4-13 可知，在一般的陶瓷烧成温度范围内，快速型 NO_x 可忽略为零。当燃料型 NO_x 的中间产物为 NH_3 时，燃料型 NO_x 的浓度占总 NO 浓度的 95% ~98%，热力型 NO_x 的浓度仅仅占 5% 左右；当中间产物为 HCN 时，燃料型 NO_x 占总 NO 的 90% ~96%，热力型 NO_x 占 15% ~21%。这也验证了陶瓷窑炉烧成过程中，当速度足够大的时候，NO_x 的生成主要受燃料型 NO_x 的影响这一结论。

温度由 1390K（1117℃）升高到 1633K（1360℃）时，热力型 NO_x 增加了 11% 左右。当中间产物 NH_3 的浓度由 0.0148% 减少到 0.0087%（即减少 41%）时，总 NO 浓度增加约 27%，燃料型 NO_x 增加约 30%；当中间产物 HCN 浓度由 0.05% 减少到 0.032%（即减少 36%）时，总 NO 浓度增加约 46%，燃料型 NO_x 增加约 53%。这主要是因为温度的升高增大了中间产物向 NO 转换的速率［见式（4-57）和式（4-67）］，故温度的升高也同样有助于燃料型 NO_x 的生成。因此，从这些数据看，降低陶瓷烧成温度对减少 NO 生成还是有很大作用的。同时，由以上数据分析可知，中间产物 HCN 由于温度升高导致 NO 浓度增加的百分数约为 NH_3 导致 NO 浓度增加的 1.7 倍，即当中间产物为 HCN 时，NO 浓度随温度增加的幅度更大。

另外，从表 4-13 中还可以发现，在相同的温度下，不同的中间产物对燃料型 NO_x 和总 NO 的生成也具有很大的影响。当温度为 1390K（1117℃），中间产物为 HCN 时的总 NO 浓度比中间产物为 NH_3 时减少约 75%，燃料型 NO_x 减少约 76%，而 HCN 浓度约为 NH_3 浓度 3.4 倍；当温度为 1633K（1360℃），中间产物为 HCN 时的总 NO 浓度比中间产物为 NH_3 时减少约 71%，燃料型 NO_x 减少约 72%，而 HCN 浓度约为 NH_3 浓度的 3.7 倍，这主要是因为由 NH_3 反应生成 NO 所需要的活化能仅仅为 HCN 反应生成 NO 的 1/2 左右［见式（4-57）和式（4-67）］，故反应中间产物为 HCN 时，虽然在数量上可以减少 NO 的生成，但是却引起了中间产物 HCN 的大大增加。

值得注意的是燃料型 NO_x 和热力型 NO_x 的加和并不是恰好与总的 NO 浓度相等，这主要是因为 NO_x 的生成是由许多反应速度较慢的基元可逆反应组成，当一起引用燃料型 NO_x、热力型 NO_x 和快速型 NO_x 模型计算时，它们之间相互影响，NO 可能在一个反应中生成，而在另外一个反应中消失，故与单独计算它们时有一定的偏差，但并不影响整体的分析。

图 4-28 至图 4-30 与图 4-31 至图 4-33 是中间产物分别为 NH_3 和 HCN 时，总 NO、燃料型 NO_x 的浓度和 NH_3、HCN 的浓度在过烧嘴 $y=-0.1$ 平面的分布情况。由图可知，沿烧嘴轴线方向，中间产物（NH_3 或 HCN）浓度逐渐降低，总 NO 和燃料型 NO_x 的浓度逐渐增大；而在料垛区域 NH_3 或 HCN 的浓度较小，总 NO 和燃料型 NO_x 浓度较大。这与烟气的流速对 NO 生成影响相类似，主要也是由于烟气流速较大的地方不利于反应速度较慢的化学反应向 NO 生成方向进行。

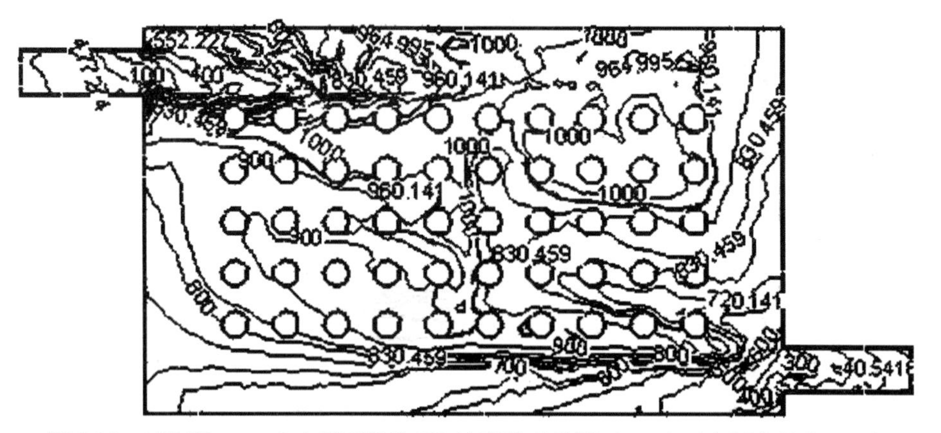

图 4-28　过烧嘴 $y=-0.1$ 平面的总 NO 浓度等高线图（ppm）（中间产物为 NH_3）

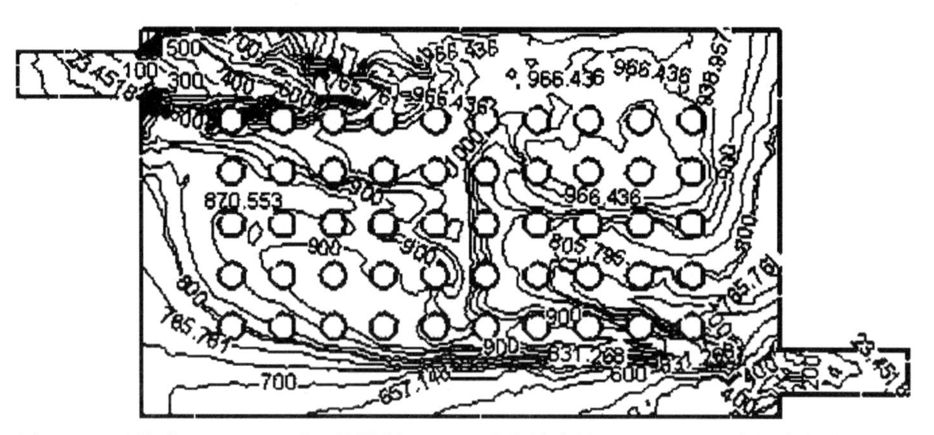

图 4-29　过烧嘴 $y=-0.1$ 平面的燃料型 NO_x 浓度等高线图（ppm）（中间产物为 NH_3）

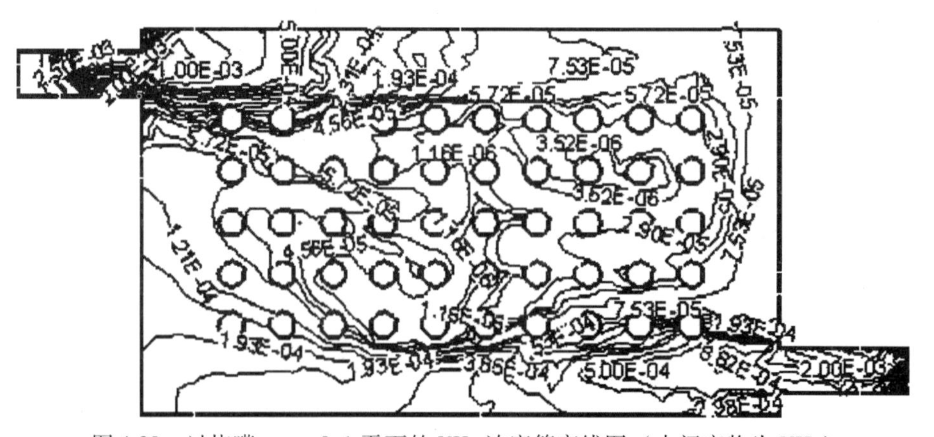

图 4-30　过烧嘴 $y=-0.1$ 平面的 NH_3 浓度等高线图（中间产物为 NH_3）

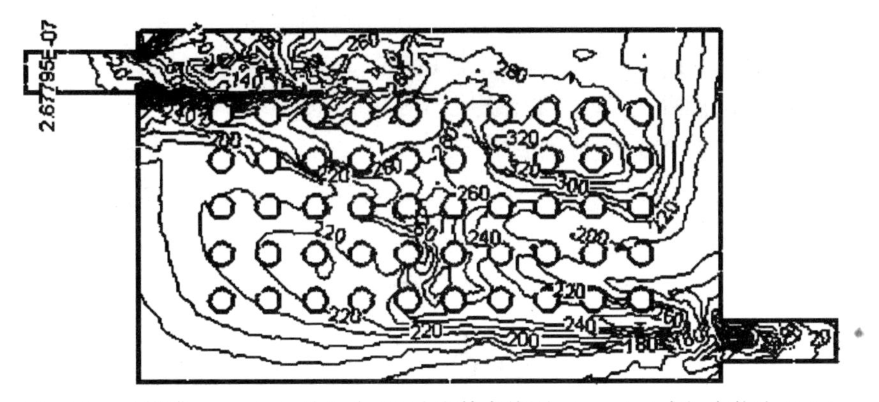

图 4-31　过烧嘴 $y=-0.1$ 平面总 NO 浓度等高线图（ppm）（中间产物为 NH_3）

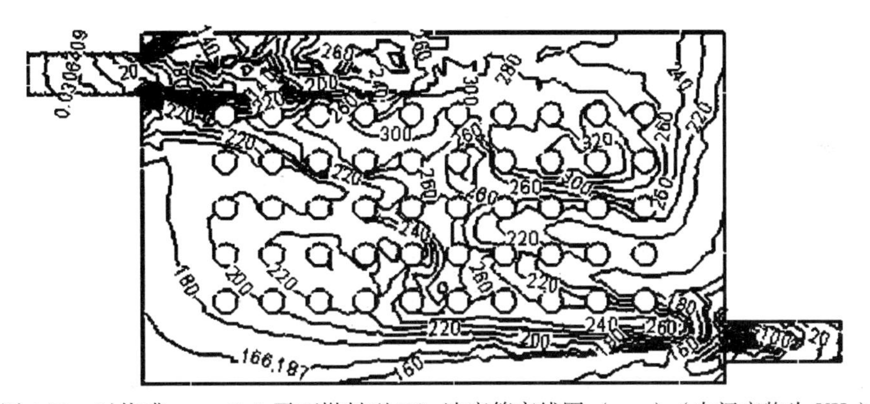

图 4-32　过烧嘴 $y=-0.1$ 平面燃料型 NO_x 浓度等高线图（ppm）（中间产物为 NH_3）

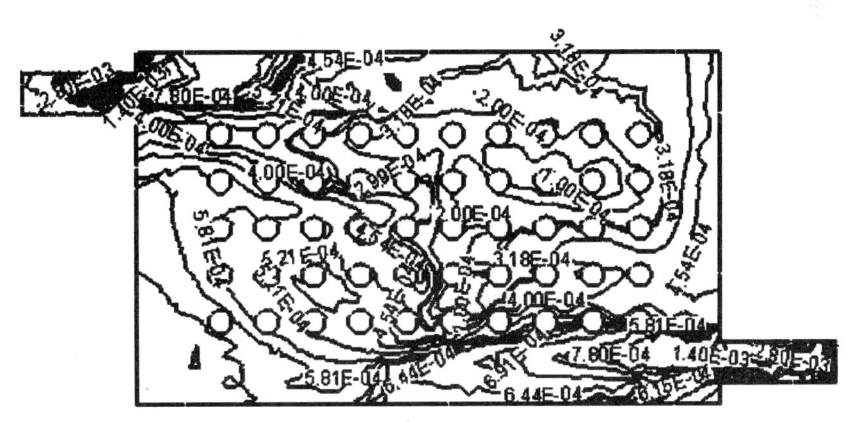

图 4-33　过烧嘴 $y=-0.1$ 平面 HCN 浓度等高线图（中间产物为 HCN）

因此，陶瓷烧成过程中，应选用含氮量较少的燃料，尽量降低烧成温度，以减少燃料型 NO_x 的生成，减少 NO 的排放。然而，无论中间产物为 NH_3 还是 HCN，都不能减小有害气体的生成。

4.5.5　釉料和坯料对 NO_x 生成的影响

由于陶瓷窑炉跟一般的工业炉如炼钢炉、锅炉等不同，陶瓷坯体及釉层主要由矿物质原料、黏土质氧化物及化工原料等组成，在烧成的过程中都要进行复杂的物理化学反应，这些都有可能影响到 NO_x 的生成，故本文分别对空窑（A）、仅加入坯料（B）、仅加入釉料（C）和同时加入坯料与釉料（D）四种烧成情况下，NO_x 生成的浓度进行测试，以探讨釉料和坯料在烧成过程中对 NO_x 生成的影响。

采用液化石油气为燃料，TESTO-300 烟气分析仪测试 NO_x 的浓度，升温曲线如图 4-34 所示。

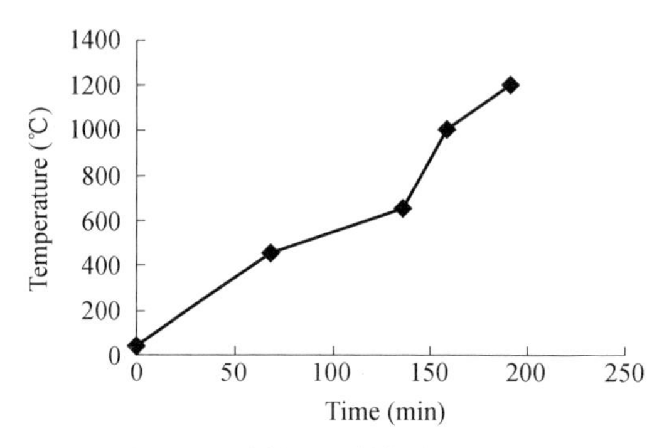

图 4-34　釉料和坯料烧成升温曲线

图 4-35 为在 A、B、C 和 D 烧成情况下，NO_x 的生成浓度与温度的关系。

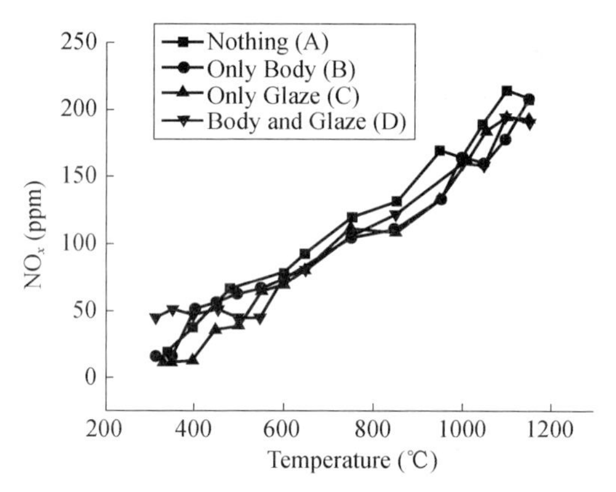

图 4-35　在 A、B、C 和 D 烧成情况下，NO_x 的生成浓度与温度的关系

由图可知，在 300 ~ 600℃之间，A 和 B 情况下，NO_x 的生成浓度在数量上和趋势上较为相近，而与 C 和 D 则有较大的出入，说明当有釉料存在的时候，对 NO_x 生成有一定的影响；而当釉料和坯料同时存在的时候，对 NO_x 生成的影响较大。在 600 ~ 1150℃之间，B、C、D 烧成情况中，NO_x 生成浓度和趋势都较为相近，且都比 A 烧成情况下 NO_x 的生成浓度要偏低，最多的减少约 22%。

可见：

（1）陶瓷窑炉烧成过程中，快速升温将增大 NO_x 生成的速率，增加 NO_x 的排放，故在工艺条件及产量允许的情况下，应该适当降低陶瓷烧成的升温速度，或是通过改善窑体结构，增大窑内烟气的流速及均匀温度场，以减小烟气在高温区的停留时间，减少 NO_x 的生成。

（2）还原气氛具有阻碍高温阶段 NO_x 随温度增加而增加的作用，且其阻碍的能力不随着还原气氛的减弱而减小。然而，还原气氛仅仅是阻碍 NO_x 在高温阶段的继续增加，而不能从真正意义上的减少 NO_x 生成。由于不同的陶瓷制品需要采取不同的烧成气氛，因此，仅通过采用还原气氛的办法对于降低 NO_x 的生成没有多大的帮助，需从其他的方面入手。

（3）当窑内烟气流速较大的情况下，热力型 NO_x 在1700℃以上才会大量生成，因此，对于一般的陶瓷窑炉烧成过程中，热力型 NO_x 影响 NO_x 生成的作用较小。只有当窑内烟气流速较小时，热力型 NO_x 由于局部高温点（区）的存在而大大增加 NO_x 的生成；由于在烧嘴的火道上，火焰区域的烟气流速较大，在火焰的周边、远离火焰区域以及料垛之间的烟气流速较小，导致在烧嘴砖内、火焰区域，NO_x 生成量较小，在火焰的周边、远离火焰区域以及料垛之间，NO_x 浓度较大，且沿着烧嘴轴线方向，NO_x 的浓度逐渐增大；由于下层烧嘴距离吸火孔较近，而受到吸火孔负压影响，下层烧嘴烟气流速比上层烧嘴烟气流速变化大，因此，上层烧嘴轴线方向 NO 浓度比下层烧嘴轴线方向 NO 浓度普遍要高。

采取措施：①增大烧嘴气流的喷射速度，既可以均匀窑内温度场，又可以增大窑内烟气流速，以减小 NO 生成。对于烧嘴交错布设在窑墙上的梭式窑，可以适当增加上层烧嘴的过剩空气系数，使上层烧嘴的喷射速度比下层烧嘴的喷射速度稍大，以减少由于窑顶高温烟气的“滞留”所造成 NO 的大量生成。同时，也不易将上层烧嘴安置过高；②采用带有一定弧度的拱形窑顶，旨在降低窑墙与窑顶连接处的烟气局部阻力损失，以增大烟气在窑顶的流速。另外，外层料垛（与窑墙比较接近的料垛）不易堆放过高；③料垛的中心区域应尽量稀码放置，以增大、均匀料垛间隙区域的烟气流速，既可以达到均匀料垛间隙温度场，又可以起到减少 NO 生成的作用；④对于窑底布设吸火孔的梭式窑，应增大吸火孔在窑底的布设面积，增强整个窑内烟气的流速及流动。

（4）对于一般的陶瓷烧成过程，燃料型 NO_x 是控制 NO_x 生成的主要原因，根据不同的中间产物，占90%～98%；热力型 NO_x 影响较小，占5%～21%；快速型 NO_x 几乎为零。燃料型 NO_x 随着温度的升高而增加，当中间产物为 HCN 时，燃料型 NO_x 随温度升高而增加的更快。中间产物 HCN 能够减少 NO 的生成，但是却导致了大量 HCN 的排放。沿烧嘴轴线向窑墙方向，中间产物（NH_3 或 HCN）浓度逐渐降低，总 NO 和燃料型 NO_x 的浓度逐渐增大，而在料垛区域 NH_3 或 HCN 的浓度较小，总 NO 和燃料型 NO_x 浓度较大。

在陶瓷烧成过程中，应选用含氮量较少的燃料，尽量降低烧成温度，以减少燃料型 NO_x 的生成，减少 NO 的排放。然而，无论中间产物为 NH_3 还是 HCN，都不能减小总的有害气体的排放量。

（5）在300～600℃之间，陶瓷釉料对 NO_x 生成产生一定的影响，而当釉料和坯料同时存在的时候，对 NO_x 生成的影响较大。在600～1150℃之间，有釉料和坯料存在的情况下，NO_x 的生成浓度比空烧时偏低，最多可减少约22%。是否坯釉料中的氧化物或化合物对 NO_x 生成起抑制作用，以及作用的机理还有待更进一步的研究。

第5章 多功能 TiO_2 光催化涂膜的制备及抑制 NO_x 有害成分的研究

5.1 TiO_2 光催化剂的制备及掺杂改性

5.1.1 制备 TiO_2 光催化剂的溶胶-凝胶工艺

实验以钛酸丁酯［$Ti(OC_4H_9)_4$，简写为 $Ti(OBu)_4$］为前驱物，乙醇（C_2H_5OH）为溶剂，冰醋酸（CH_3COOH，简写为 AC）为螯合剂制备 TiO_2 溶胶。$Ti(OBu)_4$ 含有活泼的丁氧基反应基团，遇水会发生强烈的水解反应，水解反应一旦发生，失水缩聚和失醇缩聚反应即相继进行。

水解反应方程式如下：

$$\equiv Ti—OR + H_2O \longrightarrow \equiv Ti—OH + ROH \text{（聚合反应）} \tag{5-1}$$

$$\equiv Ti—OH + HO—Ti\equiv \longrightarrow Ti—O—Ti + H_2O \text{（失水缩聚）} \tag{5-2}$$

$$\equiv Ti—OH + RO—Ti\equiv \longrightarrow Ti—O—Ti + ROH \text{（失醇缩聚）} \tag{5-3}$$

$Ti(OBu)_4$ 在中性条件下的水解反应速度相当快，极易生成氢氧化物或氧化物沉淀，从而失去参加缩聚反应的活性。降低 pH 值可以降低 $Ti(OBu)_4$ 的水解速度。在综合考虑粒子光催化活性及溶胶胶凝时间这两项指标基础上，采用最优配方：$H_2O/Ti(OBu)_4=3$（mol 比，下同），$C_2H_5OH/Ti(OBu)_4=14$，$CH_3COOH/Ti(OBu)_4=7$，得出稳定性好的溶胶，其制得的粒子光催化活性也高。

5.1.2 TiO_2 光催化剂的掺杂改性

光催化剂的粒子形态（包括粒径大小、晶型和表面态等）对光催化活性有较大影响。为适应光催化技术的要求，有必要进一步提高光催化剂的光催化活性。离子掺杂改性是提高光催化剂光催化活性的重要手段，特别是用 Sol-Gel 法。该方法以其所需设备少，工艺条件简单而且易于控制，掺杂离子分布均匀等特点而引起许多人的兴趣。

5.1.2.1 La-Si 的掺杂改性

稀土元素镧掺杂 TiO_2 可以抑制锐钛矿相向金红石相转变，并对细化晶粒有显著作用，但是掺量过少，这一作用不明显；掺量过多，过量的不能进入到 TiO_2 晶格中去的 La^{3+} 又会以氧化物的形式堆积在 TiO_2 表面，致使紫外光不能到达 TiO_2 表面，而 La_2O_3 的带隙能又较大，在实验条件的紫外光照下，是难以发生电子跃迁的，而且堆积在光催化剂颗粒表面的镧的氧化物还有可能成为电子与空穴复合的中心，这就会降低光催化剂的光催化活性。

所以，掺杂 La^{3+} 的 TiO_2 光催化剂的制备方法为：室温下，按 $H_2O/Ti(OBu)_4=3$（mol 比，

下同），$C_2H_5OH/Ti(OBu)_4=14$，$CH_3COOH/Ti(OBu)_4=7$ 的配比，将 20mL$Ti(OBu)_4$ 与 24mLC_2H_5OH、12mLCH_3COOH 充分混合，配制成 A 液；再将 24mLC_2H_5OH、12mL CH_3COOH、3.15mLH_2O 充分混合，配制成 B 液，并将 0.256g$La(NO_3)_3\cdot 6H_2O$ 溶解到 B 液中去；然后在充分搅拌的条件下，将 B 液逐滴加入到 A 液中去。配比完后继续搅拌并放置一段时间，即可获得均匀透明的溶胶。将上述溶胶在室温下静置，待形成凝胶并干燥后，再在玛瑙研钵中研磨，得到干凝胶粉末，再在 500℃ 温度下煅烧 2h，即可得到镧、钛摩尔比为 1∶99 的复合体，记为 1% La^{3+}/TiO_2。这里需要说明的是，由于硝酸镧含六个结晶水，为保证水解条件严格一致，应在空白样的基础上对上述试样加水量进行相应扣除。

稀土元素镧的掺入可以显著细化 TiO_2 晶粒尺寸，并抑制 TiO_2 锐钛矿相向金红石相的转化。掺入 1% La^{3+} 的复合体试样，直至 800℃ 才有金红石相生成。但由图 5-1 所示的红外光谱图，可以知道镧的掺入降低了 TiO_2 光催化剂的亲水性。水对光催化反应有着至关重要的影响。这是因为许多光催化反应都明显涉及吸附在 TiO_2 上的羟基自由基。根据半导体光催化氧化反应的机理，羟基自由基是由光生空穴与吸附在 TiO_2 表面的水分子反应生成的，换言之，借助表面水分子可以实现对光生空穴的俘获，抑制光生载流子的复合。

由于由水分子中获得的羟基自由基被认为是光催化反应中的基本氧化剂，故水分子对维持光催化剂的光催化活性是必要的，这就是说亲水性的降低势必会对光催化粒子的光催化活性产生某种程度的影响。

有关文献报道了由 TiO_2 和 SiO_2 的混合溶胶在陶瓷面砖表面制备的复合薄膜在紫外光谱诱导下具有超亲水性的现象。故在 La^{3+} 改性的基础上，再进行硅元素的掺杂改性，以提高 La^{3+} 掺杂改性 TiO_2 试样的亲水性。SiO_2 是通过正硅酸乙酯（简写为 TEOS）在 TiO_2 溶胶制备过程中引入。由于具有不同的硅氧基团，钛酸丁酯和正硅酸乙酯可以发生醇化和交叉酯化反应：

$$Ti(OBu)_4+Si(OEt)_4 \longrightarrow Ti(OBu)_{4-x}(OEt)_x+Si(OEt)_{4-x}(OBu)_x \quad (5\text{-}4)$$

研究认为，交叉酯化反应的发生对 $Ti(OBu)_4$ 的均匀缩聚不利。因此在钛醇盐和硅醇盐的二元系统中必须协调两种醇盐的交叉酯化和水解速度，才能使溶胶凝胶过程中的结构更趋于均匀。

实验采用分步水解的办法来克服两种醇盐水解环境的冲突，从而得到稳定的复合溶胶。具体步骤是：先在 TEOS 的乙醇溶液中滴入 1∶1 的 HCl 数滴，使 pH 值达到 2.0 左右。这是由于 TEOS 的水解速率相当慢，加入 HCl 作催化剂，有利于加快 TEOS 的水解速率。然后再在充分搅拌的条件下，逐滴滴入水，滴加完毕后继续搅拌 120min。TEOS、乙醇、水的摩尔用量比为：TEOS∶C_2H_5OH∶H_2O = 1∶4∶4。最后将已经搅拌并静置了一段时间的正硅酸乙酯溶胶滴入到准备好的已经掺杂了硝酸镧的钛酸丁酯溶胶中，继续搅拌 1h，然后在室温下静置、陈化，待形成凝胶并干燥后，再在玛瑙研钵中研磨，得到干凝胶粉末，再在 500℃ 下煅烧 2h，便可得到 La-Si 二元改性 TiO_2 光催化剂。由实验知道 La 和 Si 的最佳掺入量分别为 1% 和 5%。

5.1.2.2　La-Si 二元改性 TiO_2 光催化剂的结构与光催化性能

图 5-1 为 1% La^{3+}/TiO_2（曲线 a）、5% SiO_2/1% La^{3+}/TiO_2（曲线 b）和 10% SiO_2/1%

La^{3+}/TiO_2（曲线 c）试样在 500℃下煅烧 2h 后的红外光谱图。

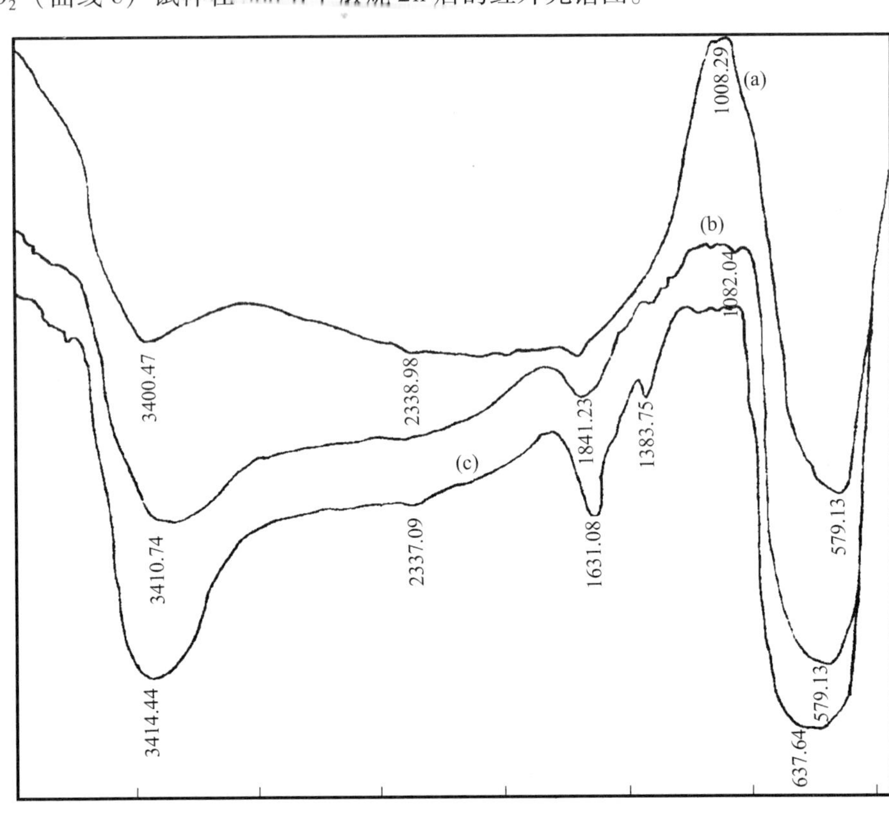

图 5-1　1% La^{3+}/TiO_2 和 5% SiO_2/1% La^{3+}/TiO_2 试样的红外光谱图（500℃，2h）

由图可见，随着 SiO_2 的掺入，红外光谱谱图上 3400cm^{-1}附近代表吸附水分子或表面羟基 O—H 键伸缩振动峰以及 1630cm^{-1}附近代表水分子 H—O—H 键间弯曲振动峰的峰强不断增加，表明 SiO_2 的掺入的确提高了光催化剂的亲水性。

图 5-2 是 5% SiO_2/1% La^{3+}/TiO_2 试样在 500℃下煅烧 2h 后的 XRD 图（图中 × 代表锐钛矿）。由图可见，锐钛矿（101）衍射峰低而宽，表明晶粒尺寸很细，但同时晶型也不够完整，这说明掺入 SiO_2 之后，TiO_2 锐钛矿晶格的生长速度变缓慢。Masaru Yoshinaka 等人的研究认为，SiO_2 可与 TiO_2 形成有限的固溶体，固溶体形成范围的 SiO_2 含量为 15%，本实验 SiO_2 的掺量并未超过此范围，故根据 XRD 衍射峰的特点，可以认为 Si 离子进入了 TiO_2 晶格，与 TiO_2 形成锐钛矿型固溶体。由于 Si—O 键的键强大于 Ti—O 键的键强，所以固溶有 SiO_2 的 TiO_2 需要比较高的能量才能实现质点间的重新组合，因此其晶粒生长速率因为 SiO_2 的加入而下降，晶型也表现为不完整。

图 5-3 所示是 1% La^{3+}/TiO_2 试样和 5% SiO_2/1% La^{3+}/TiO_2 试样的 TEM 照片。对比两图，可以看出 5% SiO_2/1% La^{3+}/TiO_2 试样中样品呈疏松颗粒状，分散得较为均匀，颗粒大小也较为均匀，但总的来说，其颗粒粒径要小于前者，为 14nm 左右。

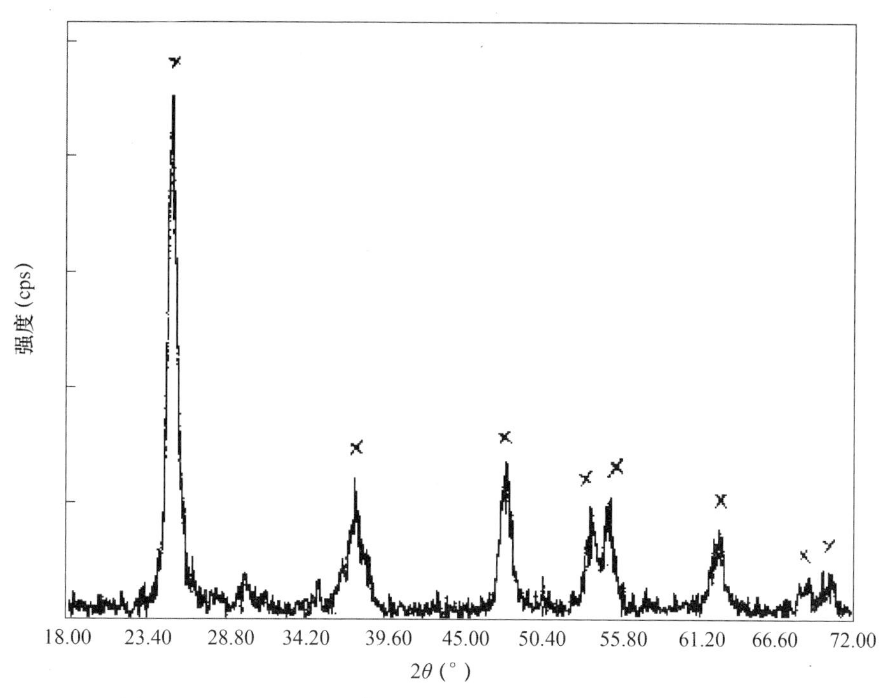

图 5-2 5% SiO_2/1% La^{3+}/TiO_2 试样的 XRD 图谱（500℃，2h）

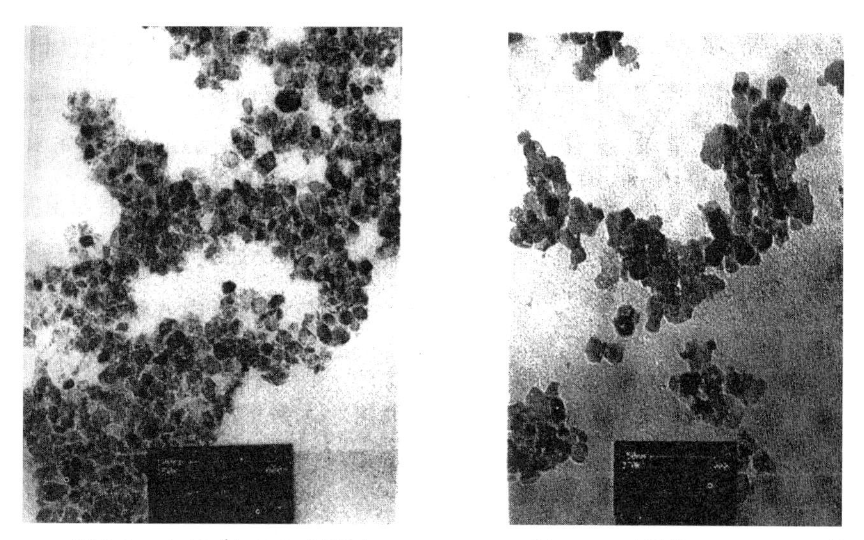

图 5-3 1% La^{3+}/TiO_2 试样和 5% SiO_2/1% La^{3+}/TiO_2 试样的 TEM 照片

5.1.2.3 甲基橙溶液的光降解

甲基橙是一种具有偶氮结构和蒽醌结构的酸碱指示剂，也是一种比较有代表性的染料化合物。在 0~20mg/L 的浓度范围内，甲基橙溶液浓度与其在 490nm 处的吸光度值呈现极显著的正相关性（相关系数达 0.999 以上）。故可以通过测定不同光催化剂对甲基橙溶液的脱色率来评价其光催化活性的大小。图 5-4 所示是以高压汞灯为激发源，甲基橙初始浓度为 20mg/L，光催化剂用量为 2g/L 的条件下，1% La^{3+}/TiO_2 试样和 5% SiO_2/1% La^{3+}/TiO_2 试样对甲基橙溶液的光降解实验结果。

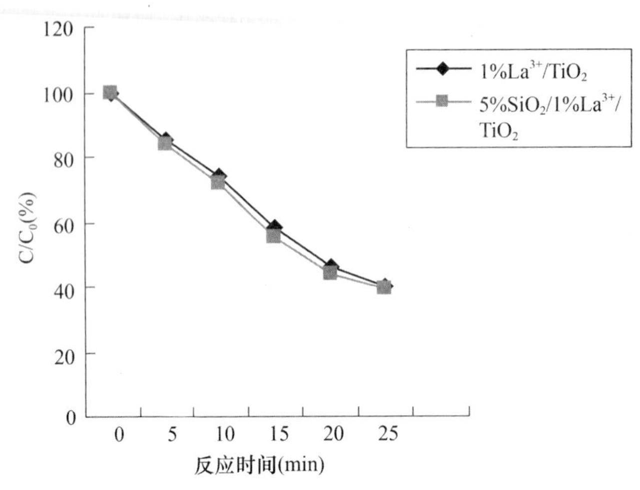

图 5-4 1% La^{3+}/TiO_2 试样和 5% SiO_2/1% La^{3+}/TiO_2 试样对甲基橙溶液的光降解实验结果

由图可见，1% La^{3+}/TiO_2 试样和 5% SiO_2/1% La^{3+}/TiO_2 试样的光催化活性均较好，而且 5% SiO_2/1% La^{3+}/TiO_2 试样还要好于 1% La^{3+}/TiO_2 试样。诚然，La-Si 二元改性的光催化剂的小晶粒粒径是其具有较高光催化活性的一个原因，然而小晶粒粒径并不能完全解释其对光催化活性的影响。已有文献报道 SiO_2-TiO_2 具有较强的酸性。表面酸性实质上是由于催化剂表面形成具有强吸附能力的表面羟基团所致，这些羟基对空穴俘获的能力可以阻止电子-空穴对的复合，提高量子效率。红外光谱研究表明，TiO_2 表面存在两种类型的—OH 基团，一种—OH 基桥接两个相邻的 Ti^{4+} 离子成为布朗斯台德酸的中心，另一种羟基作为末端 Ti^{4+}—OH 基团，具有碱的性质。由红外光谱可以证实两种以不同键强度相结合的羟基的存在。通常认为，以弱碱结合的羟基在适中温度下去除并不影响光催化活性，相反强键结合的羟基的去除则会导致光催化活性的丧失，所以由水分子中获得的羟基自由基被认为是复相光催化反应的基本氧化剂。图 5-1 的红外光谱实验证实了 SiO_2 的掺入，使光催化剂试样表面亲水性有较大程度的改善，3400cm^{-1}附近的表面吸附水分子或表面羟基 O—H 键的伸缩振动峰峰强明显变强。因此，5% SiO_2/1% La^{3+}/TiO_2 试样具有更优良的光催化活性可归因于它的小晶粒粒径、高比表面积及丰富的表面羟基等因素综合作用的结果。

此外，在光催化剂中另外加入 $K_2S_2O_8$、$NaIO_4$、$KBrO_3$ 等强氧化剂，作为良好的电子受体而俘获光催化剂表面的 e^-，使电子-空穴对的复合率尽可能地减少，能更有效的参与目标反应。日本石原公司在 TiO_2 中加入氧化助催化剂，使其净化 NO_x、甲醛等的能力为原有 TiO_2 的 3 倍。

5.2 光催化涂膜的制备及性能研究

近十余年来，对 TiO_2 光催化技术的研究多是在悬浮体系中进行。悬浮体光催化剂活性较高，但在水中易凝聚，尤其是反应后难回收，循环利用次数少的缺点已成为阻碍该项技术实用化的主要原因之一。因此，自 20 世纪 90 年代末期起，光催化技术的研究重点便转移到了 TiO_2 光催化剂的固定化方面。所研究过的固定化技术主要有：TiO_2 粉末水溶液的直接浸涂和 Sol-Gel 浸渍提拉成膜两大类。前者涂膜与载体的结合强度太弱，涂膜不牢固，不耐用；

后者制膜工艺复杂，且需高温煅烧，难以在大面积或是不耐高温、不适宜加热的基底上承载光催化剂。为此，本研究借助涂料工艺中采用胶粘剂的方法，以粘结成膜的方式，尝试解决光催化剂的固定化难题。

将光催化剂承载到基底上，有四个问题必须要考虑：①光催化剂和基底之间必须保持良好的附着力；②将光催化剂承载到基底上时，其光催化活性不会丧失；③基底和胶粘剂不因承载在其上的光催化剂的光催化作用而老化变质；④不产生二次污染，对环境无害。

无机涂料由于资源丰富、生产工艺简单、价格低廉、无毒、快干、便于施工，涂层又具有耐水、耐酸碱、耐污染、耐高温、耐老化和表面硬度高、成膜温度低等优良性能，已在我国建筑业被广泛采用。鉴于无机涂料的上述优点，本实验选用抗光氧化能力及粘结力均良好的无机胶粘剂，以粘结成膜的方式将光催化剂承载到基底上，最终获得了光催化活性及与基底附着力均良好的光催化涂膜材料。

5.2.1　反应原理

用于生产胶粘剂的碱金属硅酸盐有硅酸钠、硅酸锂、硅酸钾、硅酸铷、硅酸铯等。季胺硅酸盐有硅酸四甲醇胺、硅酸四乙醇胺等。上述硅酸盐水溶液的通式是：$M_2O \cdot xSiO_2 \cdot yH_2O$

其中，M 系指碱金属、$N(CH_2OH)_4$、$N(C_2H_4OH)_4$ 或 $C(NH_2)_2NH$；x 和 y 均为整数，x 在 1～10 之间为宜，y 的数值用以调整涂料黏度和保证涂刷性能。胶粘剂的基料可以选用一种或两种以上硅酸盐水溶液的混合物，但其浓度一般在 10%～60%（固体质量分数）范围内为好。其中用于生产胶粘剂技术性能比较差的是硅酸钠，但是由于它的价格最低，来源充足，所以，选择它为涂料的主要成膜物质，为克服其缺点可选择一些能产生优良性能的助剂加以改性，使其成为优质的涂料胶粘剂。

在制造硅酸钠系列无机胶粘剂时，一般做法是硅酸钠水溶液（俗称水玻璃）中，加入金属氧化物和氧化物的水合物，以形成硅酸和金属复盐。但是，上述两种物质进行混合时立即形成复盐，涂料液的黏度往往在几小时之内上升，以致引起胶化，使其使用期短，进而应用到施工上也困难。目前解决这种缺点的方法有两种：一种是在加入硅酸钠和金属化合物之外，再加入各种无机化合物来抑制反应：另一种是混合酞酸二烯丙酯乳化聚合物，以及醋酸乙烯系列乳化聚合物等的水悬浮液来缓和胶化反应。但是，这些方法都不能使胶粘剂长期保持良好的施工性能，其耐热性和耐水性的技术性能也不好。此外还有一种方法就是先涂刷水玻璃系列涂料，再涂刷固化剂的两次施工方法，这样自然增加了工作量和劳动强度，同时也增加了成本及影响工期。

采用本实验研究的方法生产的涂料胶粘剂经过长期存放，不但涂料黏度没有上升，施工方便，同时涂膜在耐热、耐水和耐化学药品等性能上也优于一般的涂料。

碱性水溶液硅氧烷和耐碱性乳液型硅氧烷与硅酸钠和碳酸钙（或碳酸钡）的混合液亲和性好，同时又可以抑制硅酸钠和碳酸钙的反应，能使涂料长期贮存而保持稳定。碳酸钙与硅酸钠在室温下就具有较强的反应性能，再加入极少量的二氧化硅玻璃粉和石粉等，经过充分搅拌和研磨，就能发挥出好效果。要加入其他类的硅氧烷来增加涂料的优良性能，一定要按照需要量先加入上述两种硅氧烷后才可以，否则涂料的各种性能将受影响。

碱性水溶性硅氧烷或耐碱性乳液型硅氧烷在涂料中，不仅起到缓和抑制硅酸离子、钙离子、钡离子的活性，而且涂刷后又具有防止涂膜表面产生裂纹的作用，这种作用是油溶性硅氧烷及其他乳液型硅氧烷不能达到的。可以认为，溶解后的硅氧烷分子或均匀分散的硅氧烷粒子，与硅酸和金属复盐的形成过程有密切的关系。例如，形成硅酸-钙-硅的结构。

在抑制反应作用方面，碱性水溶液硅氧烷比耐碱性乳液型硅氧烷效果大，而在提高涂膜抗水性能方面，后者的效果要比前者强，可以按涂料使用的目的，选用一种或同时使用均可。

在制造涂料顺序上，先后投放硅酸钠、碳酸钙或碳酸钡、碱性水溶性硅氧烷或耐乳液型硅氧烷，三者一般可以不受特别限制。

5.2.2 实验方法

制造涂料采用的硅酸钠，其含水量为35% ~50%最好，碳酸钙和碳酸钡用微细粉末为最好。从硅酸纳和两种碳酸盐的反应性能来看，钡盐较钙盐的反应性能差，如果考虑涂料长期贮存，那样就采用钡盐为好。由于涂装后的反应较慢，可以按照应用的时间和目的，按适当比例将二者混合应用。此外，要使涂膜固化快时，除使用上述两种碳酸盐外，再加入碳酸镁效果也很好。

各种硅氧烷都具有抑制硅酸钠与碳酸钙的反应效果，但是只有碱性水溶性硅氧烷和耐碱性乳液型硅氧烷抑制效果最好。碱性水溶性硅氧烷是指经过碱处理后的钠硅酸盐形态的水溶液，纯度为33%（质量比，下同），它与溶于水中而呈乳白色的乳液型硅氧烷有明显的不同。耐碱性乳液型硅氧烷是指将硅油放在强碱性（pH = 10以上）水溶液中，纯度为40%，其乳化能力好，而且这种乳液型硅氧烷是能长时间保持界面活化能力的非离子性的活性剂，加在碱性水溶液中几个月后，其乳化性能还是稳定的。

首先对硅酸钠和金属化合物的反应状态（反应速度、成膜性能及施工作业性能等）和能够购得的金属氧化物，如镁、铝、钙、铜、锌、锡、钡、镉的氧化物，氢氧化物，强酸盐，弱酸盐和有机化合物的盐类等进行了实验，具体步骤是：将表5-1中的化合粉末加在50%的硅酸钠水溶液中，充分搅拌，待10h后，对其溶液进行观察，具体配比是在1g分子（质量）的硅酸钠中，分别加入0.5g分子（质量比）的表中化合物，其结果在表5-1中。

表5-1 实验物质和结果

化合物1	化合物2	混合后的溶液状态
硅酸钠	碳酸钙	无变化
硅酸钠	碳酸钡	无变化
硅酸钠	碳酸镁	黏度稍微上升
硅酸钠	氢氧化钙	胶化
硅酸钠	氢氧化钡	胶化
硅酸钠	氯化钙	胶化
硅酸钠	氯化钡	胶化
硅酸钠	氯化铝	胶化
硅酸钠	硫酸钙	胶化
硅酸钠	硫酸镁	胶化
硅酸钠	硫酸铝	胶化
硅酸钠	磷酸二氢钙	胶化
硅酸钠	油酸钙	胶化

结果是硅酸钠和碳酸钙或碳酸钡在室温下反应性能最差，但是这两种混合液贮存几天后也开始胶化，将其他金属化合物，如氢氧化钙和氯化钙等加入硅酸钠中便会立即胶化。所以胶粘剂的基料选用硅酸钠和碳酸钙。

对各种助剂先后经过多次实验，结果发现，在上述组成的混合液中，掺入碱性水溶性硅氧烷液或耐碱性乳液型硅氧烷可以制成性能优良的涂料。将这种混合液料溶液，装入密封的容器内可贮存1~5个月，也没有发现涂料黏度上升，涂刷后几小时之内即可固化，而且具有耐水、耐酸、耐碱和耐有机溶剂等性能。

经过对比实验发现，加入一般的硅氧烷不能制得优良的涂料，只有加入上述两种特殊的硅氧烷才能得到性能优良的涂料（表5-2）。具体对比实验步骤如下：在100份50%硅酸钠水溶液中，加入30份碳酸钙、20份硫酸钾和10份偏硼酸钠，然后在7份此种混合料中再分别加入表5-2所示的各种硅氧烷8份，经过充分搅拌后，放在室温中贮存，分别在7d、30d、90d后，对其涂料液的状态进行了观察和测试，其结果见表5-2（各种物质均按质量比）。所以选择碱性水溶液硅氧烷作为胶粘剂的助剂。

表5-2　各种硅氧烷对涂料溶液贮存的效果比较

序号	硅氧烷种类	涂料溶液的状态		
		7d后	30d后	90d后
1	碱性水溶液	分散均匀	不胶化	不胶化
2	耐碱性乳液型碱性水溶液	分散均匀	不胶化	不胶化，黏度稍有上升
3	耐碱性乳液型	分散均匀	不胶化	不胶化
4	普通乳液型	硅氧烷层分离	固化	固化
5	涂料用油溶型	硅氧烷层分离	固化	固化
6	非离子性乳液型	硅氧烷层分离	固化	固化

将50%硅酸钠、33%碱性水溶性硅氧烷水溶液、碳酸钙等按表5-3中的配比（质量比）经充分混合搅拌和研磨后，取出部分立即涂在玻璃表面，待干燥后再用150℃的温度烘烤0.5h，做对胶粘剂成膜观察用。其余部分放在密封容器内，于室温贮存5个月，然后对涂料液进行观察和研究，结果如表5-4中所示。其抗水性是在室温下放置在水中10d，并经过干燥后的质量损失进行测试的，耐酸性、耐碱性是将在玻璃表面涂刷的试样放在室温下3%盐酸水溶液和3%氢氧化钠水溶液中5h后，再经干燥后，对涂膜表面和失重程度进行测定的。

表5-3　实验原材料配比表

序号	1	2	3	4	5	6	7
硅酸钠	100	100	100	100	100	100	100
碱性水溶性硅氧烷水溶液	—	40	40	40	40	40	40
碳酸钙	30	30	80	5	30	30	30
碳酸镁	—	—	—	—	5	10	5
偏硼酸钠	—	—	—	—	—	—	15

表 5-4 涂料溶液的贮存状态和涂膜的技术性能

序号		1	2	3	4	5	6	7
贮存时间和状态	24h	无变化	无变化	无变化	无变化	无变化	黏度稍有上升	无变化
	20d	胶化	无变化	无变化	无变化	无变化	胶化	无变化
	5 个月	固化	无变化	无变化	无变化	无变化	固化	无变化
涂膜性能	表面状态	有裂纹	良好	稍有粗糙	平整	光滑	粗糙	光滑
	耐碱性	弱	强	稍强	稍强	强	强	极强
	耐酸性	弱	强	强	强	强	强	强
	抗水性 10d	脱落	强	不光滑	部分脱落	强	不平整	强
	附着力	80%	100%	90%	100%	100%	90%	100%

从表 5-3、表 5-4 可以看出，耐碱性水溶性硅氧烷使得胶粘剂的贮存性能变好，同时所成膜的表面也无裂纹，当硅氧烷加入量高于 40 份时涂刷后影响固化，少于 1 份时效果差。碳酸盐的加入量少于 5 份时不能提高抗水性能，而高于 80 份时涂膜强度低，特别是碳酸镁的加入量增多时（超过 10 份）使得胶粘剂与玻璃表面粘结性能下降。当加入在室温下不与硅酸钠水溶液起反应或反应缓慢的无机化合物，如偏硼酸钠、碱性磷酸钠、碱性聚磷酸钠、硼酸或硼酸盐、硫酸钡、硅酸钙和硫酸钾等，可以提高涂膜的强度，使涂膜表面平整美观。胶粘剂所用具体配方如表 5-5 所示。

表 5-5 配方条件

组分	用量
硅酸钠水溶液（50%，质量比，下同）	100
耐碱性水溶性硅氧烷（33%）	40
碳酸钙	30
碳酸镁	5
偏硼酸钠	15
其他助剂	适量

5.2.3 TiO_2 光催化剂加入量对涂膜光催化性能及与基底附着力的影响

光催化涂膜是否具有良好的光催化性能及与基底的附着是否牢固，是其实用化的关键，因而也是最主要的评价指标。光催化涂膜中，TiO_2 用量多，光催化性能当然会好，但由于胶粘剂用量相对减少，有可能会导致涂膜与基底的附着不牢固。反之亦然，胶粘剂用量多，涂膜与基底的附着当然会牢固，但由于 TiO_2 用量相对减少，有可能会影响到涂膜的光催化性能。此外，还必须考虑到光催化剂的分散问题。

表 5-6 是关于涂膜配方中 TiO_2 光催化剂用量的一个实验。所选用的分散剂为 JSCF-10 润湿分散剂，其按 TiO_2 光催化剂使用量的 1% 加入，消泡剂亦按 TiO_2 光催化剂使用量的 1% 加入。此外，加入适量的去离子水及增稠剂，使体系达到适合的黏度值。在这里，适合的黏度值是指当用 NDJ-5 型的涂-4 杯测体系黏度时，以流出时间在 30 ~ 80s 之间为宜。最后，加入

适当的成膜助剂，以改善涂覆材料的流平性及流挂性。实验选用基底为 75mm × 25mm × 1mm 的普通载玻片。涂膜光催化性能以经高压汞灯照 30min 后的甲基橙溶液的脱色率值为评价指标，甲基橙光降解反应条件为：溶液初始浓度为 15mg/L，用量 200mL（本节以下同），涂膜与基底附着力以铅笔划硬度为评价指标。

表 5-6　配方条件

试样	TiO_2 光催化剂（wt%）	甲基橙溶液脱色率（%）	涂膜硬度
1	10	12.5	2H
2	15	14.4	3H
3	20	15.7	3H
4	25	15	3H
5	30	13.4	2H ~ 3H
6	35	—	—
7	40	—	—

由此可见，TiO_2 含量在 20% ~ 25% 范围内的涂料配方，均能获得光催化活性及与基底附着良好的涂膜结构。这也说明，并不是 TiO_2 光催化剂的加入量越多，涂膜的光催化性能就越好，因为这中间还存在一个分散问题。过多的 TiO_2 如不能均匀分散开，就会堆积到一块，从而影响涂膜材料的光催化活性，也会影响到涂膜与基底的附着状况。此外，采用无机胶粘剂对比有机胶粘剂要达到一样的光催化性所用的 TiO_2 量减少了，而最高可达到的甲基橙脱色率无机胶粘剂也高于有机胶粘剂 1%，分析原因可能是因为有机胶粘剂有较大的表面张力，从而对 TiO_2 粒子表现出较好的包覆性，从而影响了 TiO_2 的光催化活性，要达到高的光催化性就要相对增加 TiO_2 的含量。

5.2.4　涂膜厚度对涂膜光催化性能的影响

实验以甲基橙溶液的脱色反应为模型，考察了涂膜厚度对涂膜光催化性能的影响。表 5-7所示为涂膜材料的配方。表 5-8 所示为以普通玻璃载玻片为基底制备的涂膜，其厚度与光催化活性的关系。光降解条件同 5.1.2.3 节，光照时间为 30min。

表 5-7　光催化涂膜材料配方

组分	用量
TiO_2	18g
硅酸钠水溶液（50%，质量比，下同）	25g
耐碱性水溶性硅氧烷（33%）	22.5g
碳酸钙	7.5g
碳酸镁	1.25g
偏硼酸钠	3.75g
$K_2S_2O_8$	适量
分散剂	0.18g
消泡剂	0.18g
其他助剂	适量

表 5-8 涂膜厚度对光催化性能的影响

序号	涂膜厚度（μm）	涂覆比（g/m^2）	甲基橙脱色率（%）
1	11	160.0	10.7
2	18	240.0	14.5
3	42	397.7	13.6
4	75	864.3	14.0

由表 5-8 的结果可以看出，当涂覆比很小，如等于 160.0g/m^2 时，此时对应的涂膜厚度为 11μm，涂膜的光催化活性较差，在高压汞灯光照 30min 条件下对甲基橙溶液的脱色率值仅为 10.7%。而当涂覆比较大，如等于 864.3g/m^2 时，此时对应的涂膜厚度为 75μm，涂膜对甲基橙溶液的脱色率值为 14.0%，涂膜的光催化活性基本上与涂覆比为 240.0g/m^2 的涂膜相当。这是因为涂覆比相对较低时，参与反应的 TiO_2 较少，而涂覆比较高，涂膜太厚时，紫外光不能到达内部涂膜，致使这部分涂膜并未参加光催化反应，从而对光催化活性并无贡献。

5.2.5 热处理对涂膜性能的影响

5.2.5.1 热处理对涂膜光催化性能的影响

将 TiO_2 光催化涂膜涂覆于莫来石载体上于 500℃ 高温下保温 0.5h 后，取出进行一系列涂膜性能的测试，发现涂膜的抗水性能有所增强，涂膜与载体之间的附着性能也相对提高，故其耐久性能及硬度有了很大的改善。加热时要逐渐提高温度，因为急剧加热时，水分和碳酸气迅速蒸发，将在涂膜上产生气泡，影响涂层的美观和质量。但通过甲基橙溶液的脱色率值下降的实验结果可知，光催化涂膜的催化活性降低。热处理对光催化性能影响的实验数据见表 5-9，对比涂膜热处理前后对甲基橙溶液的脱色率值的变化如图 5-5 所示。

表 5-9 热处理对光催化性能的影响

序号	TiO_2 光催化剂（wt%）	甲基橙溶液脱色率值（%）	涂膜硬度
1	10	11.0	5H～6H
2	15	13.1	6H
3	20	14.5	6H
4	25	13.8	6H
5	30	11.9	6H
6	35	—	—
7	40	—	—

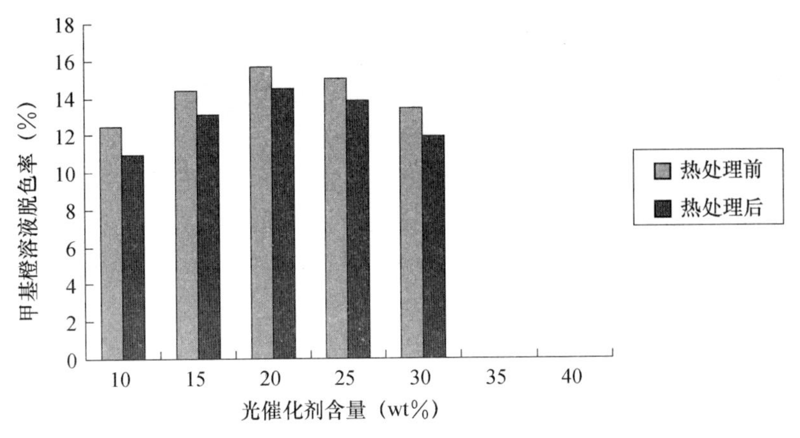

图 5-5 热处理前后光催化剂与甲基橙溶液脱色率的关系

5.2.5.2 微观结构分析

X 射线衍射分析从 TiO_2 光催化涂膜的微观结构分析了热处理前后涂膜内部组分的变化，从而表现出对涂膜宏观性能的一系列影响。如图 5-6 所示，对比光催化涂膜热处理前后的 X 射线衍射峰图可知，热处理前 d 值为 3.515 和 1.871 的峰经过热处理后上升为 3.850 和 1.874，说明涂膜中络合物硅酸-钙-硅的结构增多了，同时热处理后表示单质的一系列矮峰相对热处理前明显减弱甚至消失了，说明涂膜的结构更趋稳定，从而其耐水性能、耐久性能及硬度得到提高。与此同时，表示锐钛矿型 TiO_2 峰的峰强从热处理前的 3.027 和 1.908 对应热处理后的 3.029 和 1.91 没有太大的变化，但是由于生成的络合物覆盖了 TiO_2，使得涂膜的光催化性能降低。

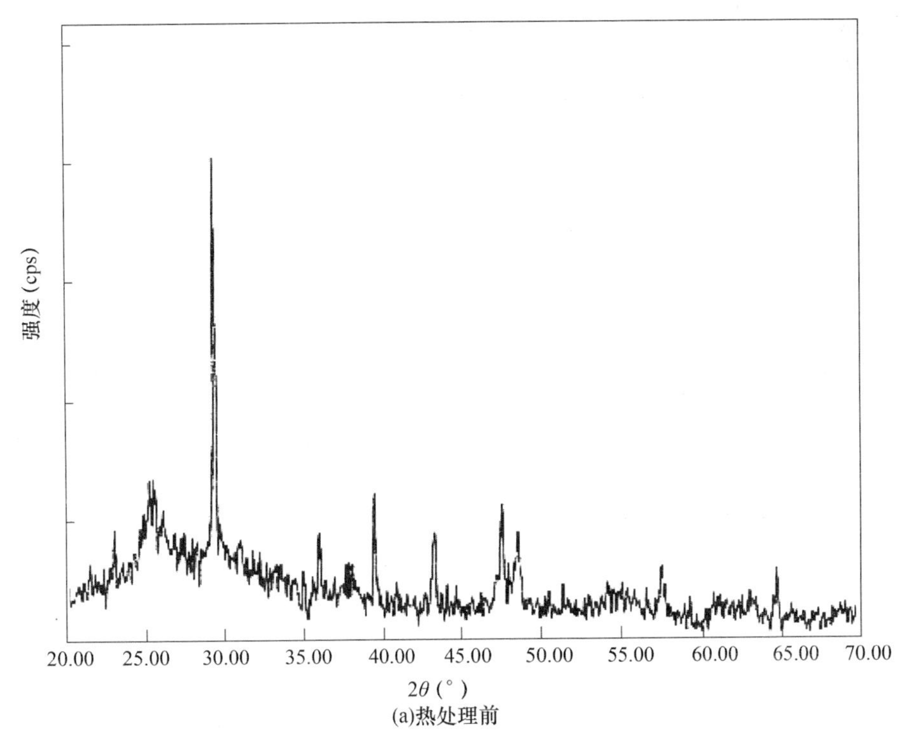

(a)热处理前

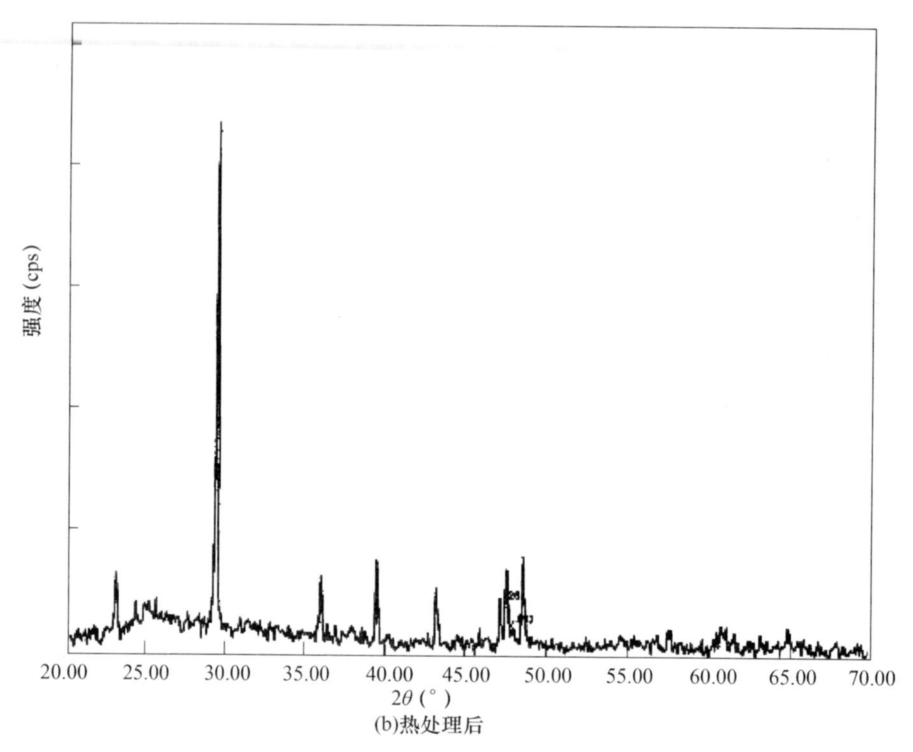

(b)热处理后

图 5-6　TiO_2 光催化涂膜热处理前后的 X 射线衍射分析图

5.2.5.3　耐久性能评价

实验选用的无机胶粘剂，其抗光氧化能力较好，不易因为光催化剂的光氧化作用而分解变质、丧失粘结性并导致光催化剂脱落。为了考察热处理前后涂膜的抗光氧化能力，按表 5-7 光催化涂膜材料所列配方，并以普通载玻片为基底，制备了涂覆比为 $264g/m^2$ 的涂膜，将涂膜于高压汞灯下暴露 300h，对汞灯辐照前后的涂膜 + 载玻片进行称重，以确定胶粘剂的质量损失。

图 5-7 为热处理前后 TiO_2 光催化涂膜失重与高压汞灯辐照时间的关系。由图可见，热处理之后的 TiO_2 光催化涂膜没有观察到质量损失，说明胶粘剂并未分解，而热处理前的涂膜，汞灯照 100h 之后开始失重，且随着光照时间的延长，质量损失越来越大，说明有越来越多的胶粘剂被 TiO_2 的光氧化作用分解；汞灯照 300h 以后，热处理前的涂膜其质量损失已达到了 10% 以上。

图 5-8 分别为热处理前后的 TiO_2 光催化涂膜在紫外光照 300h 后涂膜表面的 SEM 照片。由图可以观察到，热处理之前的 TiO_2 光催化涂膜（a）表面极不平整，TiO_2 颗粒有部分脱落；热处理之后的涂膜表面平整，并未观察到有 TiO_2 颗粒脱落。可见，通过热处理，TiO_2 光催化涂膜既具有超耐候性，又具有优异的耐温差、耐沾污、耐洗刷性，无机胶粘剂在承载光催化剂到载体上的同时，不会因光催化剂的光氧化作用而分解，能较长时间保持涂膜与基底的良好附着。

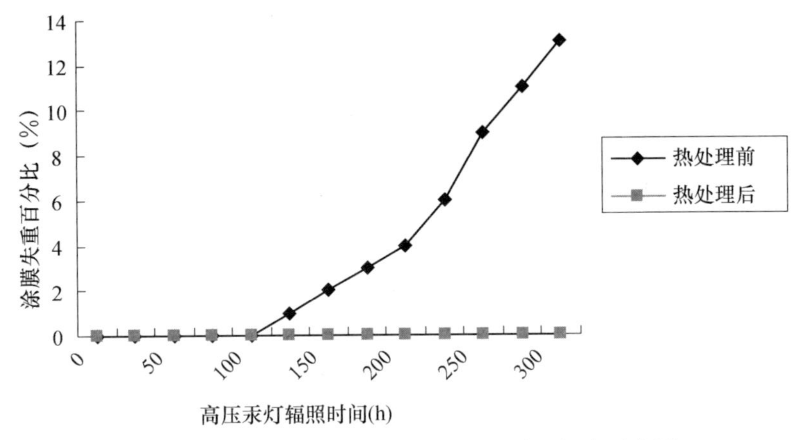

图 5-7　TiO_2 光催化涂膜热处理前后质量损失示意图

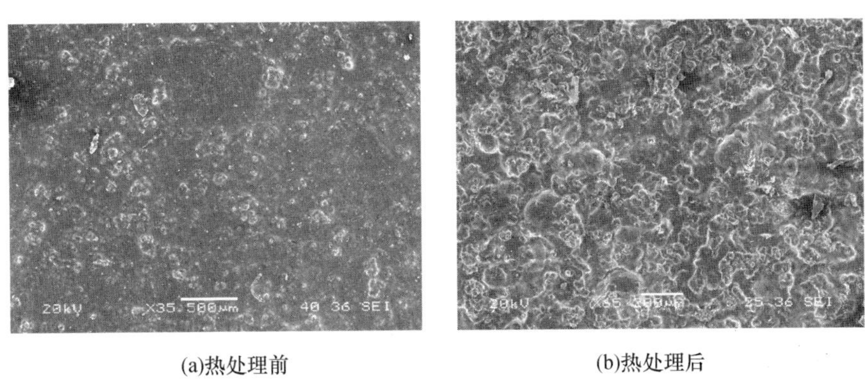

(a)热处理前　　(b)热处理后

图 5-8　热处理前后 TiO_2 光催化涂膜表面的 SEM 图

5. 2. 5. 4　涂膜断面形貌观察

图 5-9 是 TiO_2 光催化涂膜热处理前后的断面 SEM 图。通过对图片的比较分析可以看出，未经热处理的光催化涂膜与玻璃载体间存在明显的缝隙，且涂膜中存在比较大的粒子，而涂膜经过热处理之后与玻璃载体间已经紧密结合，且不存在大的粒子，说明热处理已经把颗粒细微化且颗粒相互结合生成细致紧密的结构，从而涂膜的耐水性能、耐久性能及硬度得到了提高。

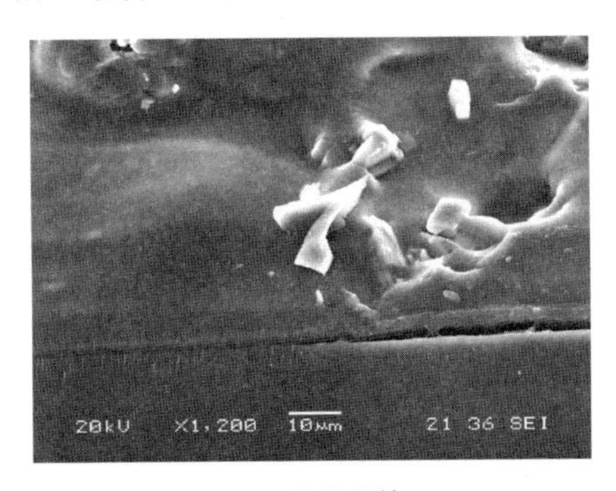

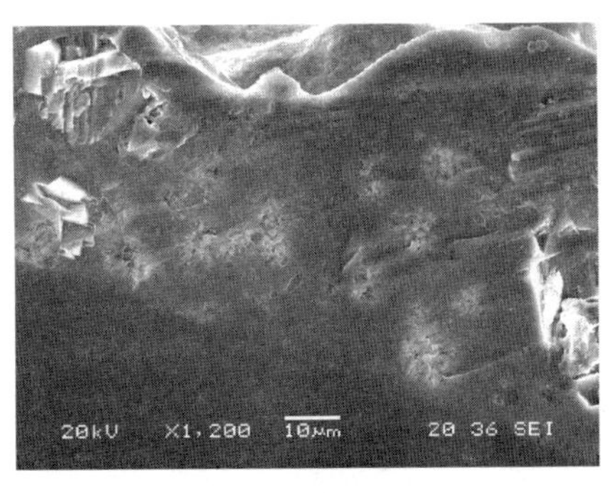

(a)热处理前　　(b)热处理后

图 5-9　TiO_2 光催化涂膜热处理前后的断面 SEM 图

5.2.5.5 涂膜表面形貌观察

图 5-10 为 TiO_2 光催化涂膜热处理前后的表面 SEM 图。比较涂膜经过热处理前后的表面 SEM 照片，可以看出，热处理之前的涂膜表面的胶结物较少，许多粒子还是孤立存在；经过热处理后，由于涂膜中粒子结合生成络合物使得涂膜表面的胶结物数量明显增多，从图中已经观察不到孤立存在的颗粒，所以热处理之后，TiO_2 光催化涂膜的耐水性能、耐久性能及硬度有所提高。

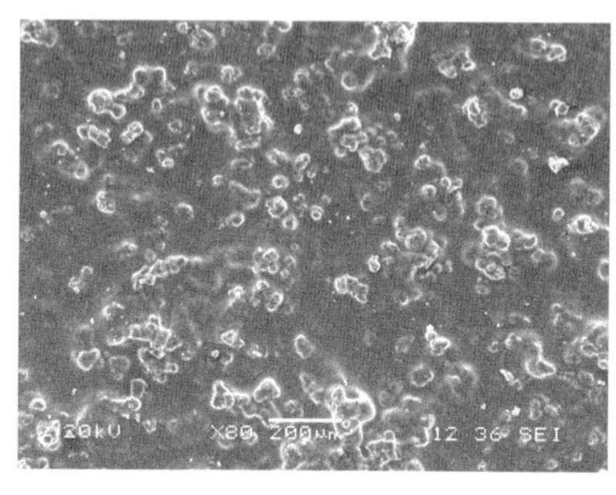

(a)热处理前　　(b)热处理后

图 5-10　TiO_2 光催化涂膜热处理前后的表面 SEM 图

5.2.6　与溶胶-凝胶涂膜的对比

以甲基橙溶液的脱色反应为降解模型，进行了胶粘剂固定法成膜及溶胶-凝胶浸渍提拉法成膜两种不同方法制备涂膜的光催化性能比较实验。溶胶-凝胶浸渍提拉法涂膜的制备过程如下：按 5.1.2.1 节步骤配制溶胶液，同样以 75mm×25mm×1mm 的普通载玻片为基底，浸渍前先用清水清洗载玻片，然后分别用 1mol/L 的 HCl 和 NaOH 溶液清洗，最后用去离子水超声清洗 10min。浸涂时，将载玻片垂直匀速地浸入溶胶中，然后以一定速度平稳地提上来，放入烘箱中干燥 15min，成为凝胶膜，再将其放入马弗炉中，在 500℃下热处理 2h，即可得到晶型为锐钛矿型的 TiO_2 光催化膜。重复上述步骤，可得到厚度不同的涂膜。

本研究选取涂覆次数为三次的溶胶-凝胶法涂膜进行与胶粘剂固定法涂膜的对比实验。甲基橙光降解反应条件同 5.1.2.3 节。表 5-10 所示为对比实验结果。

表 5-10　两种涂膜光催化活性对比实验结果

不同方法制备的涂膜	光降解率（%）		
	20min	30min	40min
溶胶-凝胶法涂膜	11.0	16.4	19.4
胶粘剂固定法涂膜	10.1	15.6	18.0

由表中结果可见，两种方法所成膜的光催化性能相当，具有可比性，说明胶粘剂固定法成膜是一种可取的光催化剂负载技术。

5.2.7　涂膜宏观性能评价

表 5-11 是按表 5-7 所示的配方制备的光催化涂膜的宏观性能测试结果。由表 5-11 的结

果可以认为，涂膜与基底结合状态良好，可以满足实际使用的要求。

表 5-11　涂膜宏观性能测试结果

测试项目	载体	涂膜性能
耐热性 600℃下长时间加热	普通玻璃	不脱落、不开裂、不粉化
	莫来石	
耐水蒸气性 沸水锅上蒸 8h	普通玻璃	不脱落、不开裂、不粉化
	莫来石	
耐水性 常温水中浸泡 1 个月	普通玻璃	不脱落、不开裂、不粉化
	莫来石	
耐酸性 3% HCl 溶液中浸泡 1 个月	普通玻璃	不脱落、不开裂、不粉化
	莫来石	
耐碱性 5% NaOH 溶液中浸泡 1 个月	普通玻璃	不脱落、不开裂、不粉化
	莫来石	
硬度	普通玻璃	6H 或以上

5.2.8　涂膜的失活与再生

按表 5-7 所示配方配制光催化涂膜材料，并在 75mm × 25mm × 1mm 普通载玻片上制备光催化涂膜，然后以甲基橙溶液脱色反应为降解模型，重复利用涂膜 6 次，以考察光催化反应次数对涂膜光催化性能的影响，结果如图 5-11 所示。

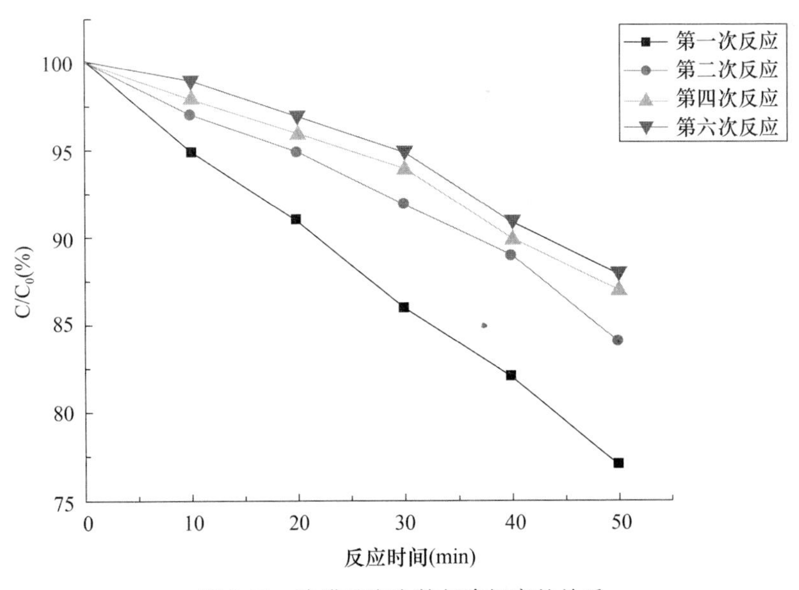

图 5-11　涂膜反应次数与降解率的关系

由图可见，TiO_2 光催化涂膜的失活规律与 TiO_2 光催化剂颗粒的不尽相同。已知对于 TiO_2 光催化剂颗粒，第一次使用及第二次使用，所表现出来的光催化活性相差不大，此后逐次递减，直至失活。对于光催化涂膜，第一次使用的涂膜活性较高，第二次使用的涂膜光催化活性即出现一个明显的锐减，但是仍能维持较高的光催化活性，此后涂膜光催化活性变得比较稳定，每次使用后下降的幅度较小。说明新制备的涂膜表面有一些活性位，这些活性位在经历首次光催化反应后，即被钝化，从而变得比较稳定。

图 5-12 中曲线（a）表示涂膜使用六次以后的红外光谱图。由图可见，使用六次以后的涂膜在 3400cm^{-1}处的表面羟基基团的伸缩振动峰峰强明显变弱，表明光催化涂膜在历经数次反应之后，发生了表面去羟基化，即羟基在复相光催化反应中被消耗掉了，这会引起光催化活性的降低。当然，光催化涂膜的失活除了表面羟基被消耗所导致以外，反应物或反应产物吸附在 TiO_2 光催化剂表面从而占据活性位也可引起其失活。图 5-12（b）是经 1∶1 的 H_2O_2 洗涤，并辅以紫外光照后的涂膜的红外光谱图，对比图（a），可以发现 TiO_2 在 3400cm^{-1}处的表面羟基基团的伸缩振动峰峰强明显增强。由于羟基基团在 TiO_2 表面吸附位置对于产生羟基自由基来说都是活性部位，故羟基基团的增多也就意味着活性部位的增多，这对提高光催化反应的活性是有利的。

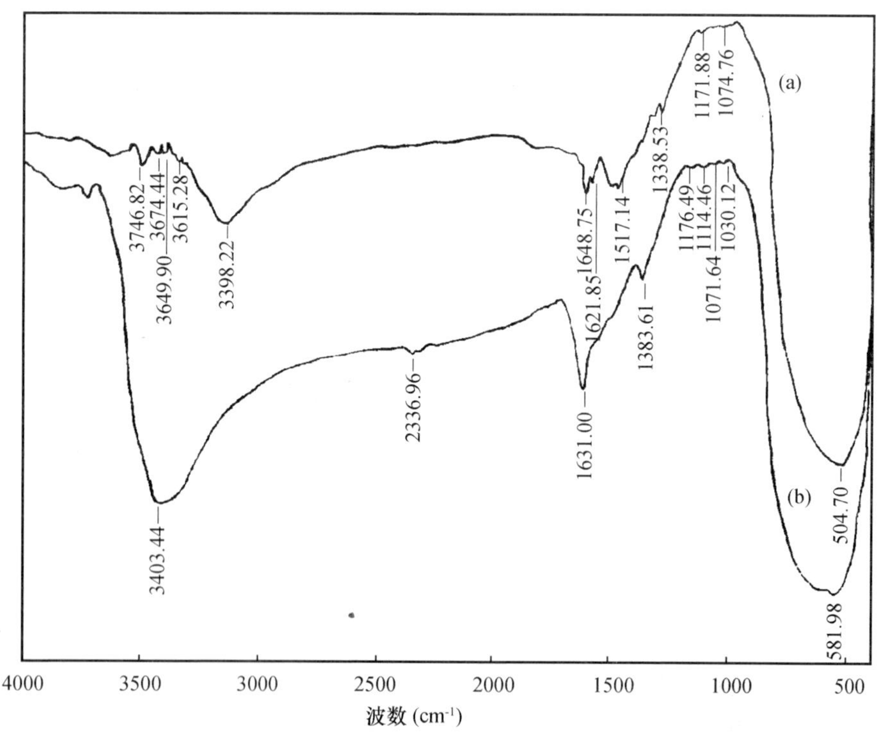

图 5-12　试样的红外光谱图

实验对光催化涂膜的活性再生及再生的方法进行了探讨。一共采用了四种方法。它们分别是：①用蒸馏水洗涤光催化涂膜 10min；②蒸馏水洗涤光催化涂膜 10min，并辅以紫外光照；③1∶1 的 H_2O_2 洗涤光催化涂膜 10min；④1∶1 的 H_2O_2 洗涤光催化涂膜 10min，并辅以紫外光照。图 5-13 所示为经上述步骤处理过的光催化涂膜对甲基橙溶液的降解实验结果。

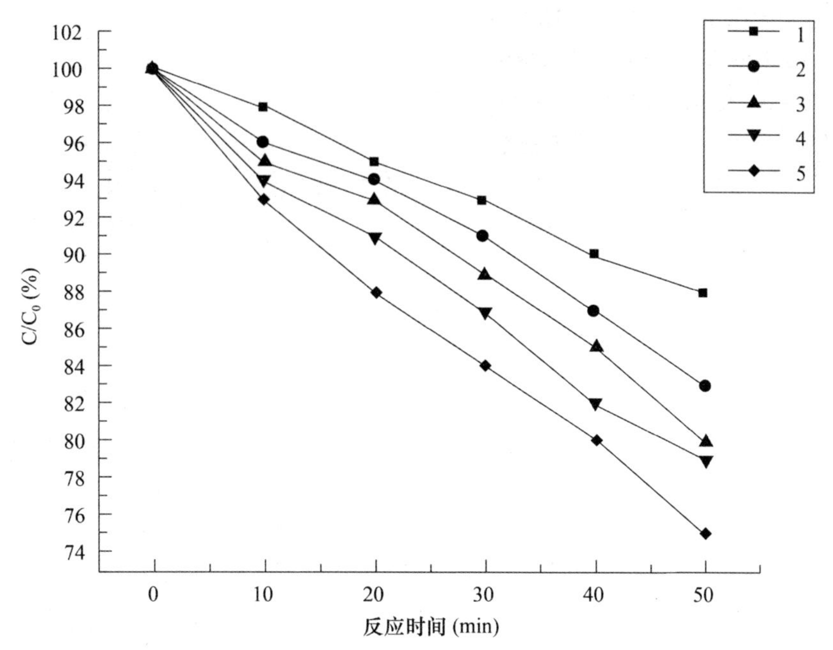

1—六次反应后的涂膜；2—H_2O 水洗 10min 的涂膜；3—1∶1 的 H_2O_2 洗 10min 的涂膜；
4—H_2O 水洗 10min，并辅以紫外光照的涂膜；5—1∶1 的 H_2O_2 洗 10min，并辅以紫外光照的涂膜

图 5-13　再生涂膜光降解甲基橙溶液的实验结果

由图可见，经 10min 1∶1 的 H_2O_2 洗涤，并辅以紫外光照处理的光催化涂膜，其表现出来的光催化活性最优。这是因为 H_2O_2 本身就是电子受体，可以通过以下任何一个反应产生羟基自由基：

$$H_2O_2 \longrightarrow 2 \cdot OH \tag{5-5}$$

$$H_2O_2 + \cdot O_2^- \longrightarrow \cdot OH + OH^- + O_2 \tag{5-6}$$

$$H_2O_2 + e^- \longrightarrow \cdot OH + OH^- \tag{5-7}$$

所以光催化涂膜经 1∶1 的 H_2O_2 洗涤，并辅以紫外光照后，不但洗去了吸附在光催化涂膜表面的中间产物，使涂膜表面羟基复原，还因为 H_2O_2 的作用，产生大量的羟基自由基，从而大大提高光催化涂膜的催化活性。在这里，紫外光照的作用在于将占据活性位的中间产物彻底分解。

此外，光催化涂膜经 10min 水洗，并辅以紫外光照后，其光催化活性的恢复虽然不如经 1∶1 的 H_2O_2 处理过的，但仍然表现出了较好的光催化活性，而且这种方式更具实用性，完全可以满足实际使用的要求。特别是作为外墙涂料，经过雨淋及太阳照射便可使光催化性恢复，这在实际使用中非常有意义。

5.2.9　太阳光照下的光催化反应

本实验还进行了以 20mg/L 的甲基橙溶液为降解反应模型，以太阳光为激发源的光催化反应，以探讨光催化反应能否实现对太阳光的利用。图 5-14 为 TiO_2 光催化涂膜分别在紫外光下和太阳光下对甲基橙溶液的降解情况，其他反应条件同前。

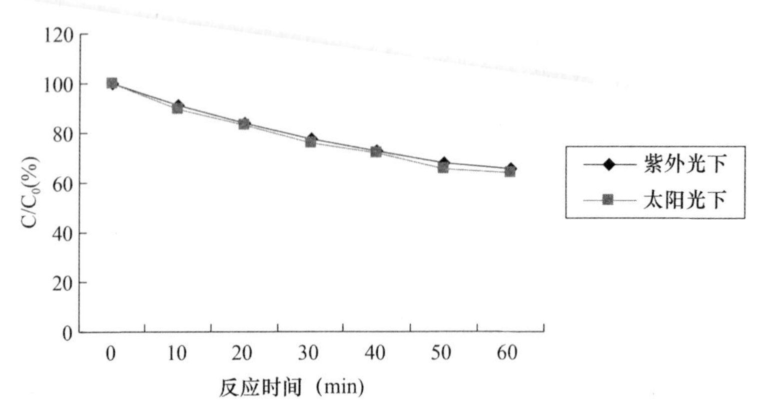

图 5-14　TiO_2 光催化涂膜在太阳光下和紫外光下对甲基橙溶液浓度下降与反应时间的关系

由图可见，以太阳光为激发源时，TiO_2 光催化涂膜对甲基橙溶液的光催化降解表现出了与以高压汞灯为激发源时相似的规律，但也不尽相同。以高压汞灯为激发源时 TiO_2 光催化涂膜的光催化活性略差于以太阳光为激发源时，这可能是因为 TiO_2 光催化涂膜中掺入的稀土元素 La 离子，La_2O_3 为 p 型半导体，而 TiO_2 为 n 型半导体，当 La^{3+} 掺入到 TiO_2 中去时，会发生 n 型向 p 型光响应转化的现象。当 La^{3+} 掺量少时，有可能处于一种从 n 型向 p 型过渡的临界状态，这会妨碍载流子的产生，从而影响光催化活性，但这是在高压汞灯作激发源的情况下才有可能发生的现象。La_2O_3 的带隙能较宽，电子发生带间跃迁需要较大的能量，当以太阳光为激发源时，较难满足 La_2O_3 电子发生带间跃迁所需的能量，也就是说不会有 p 型光响应发生或是 p 型光响应微弱，故而不会导致光催化涂膜的光活性下降。同时，因为 La^{3+} 掺杂到 TiO_2 中，取代晶格位置上的 Ti^{4+}，这样 TiO_2 晶格中将缺少一个电子，为平衡电价，必然会在邻近形成氧空位，此空位被 TiO_2 束缚住，由于空位的附加能级在禁带低部，只需很少能量（太阳光）即可俘获价带中的电子而消失。由此，提高了光生空穴及光生电子的分离效率，TiO_2 光催化涂膜的活性也就提高了。

5.2.10　实验小结

（1）在综合考虑粒子光催化活性及溶胶凝胶时间这两项指标的基础上，选用最优配方制备纳米 TiO_2：$H_2O/Ti(OBu)_4=3$（mol 比，下同），$C_2H_5OH/Ti(OBu)_4=14$，$CH_3COOH/Ti(OBu)_4=7$。1% La^{3+} 和 5% Si^{2+} 的掺杂不仅提高了 TiO_2 的光催化活性，还补偿了因 La^{3+} 掺杂而造成的粒子亲水性降低。

（2）选用硅酸盐系水溶液作为无机胶粘剂，同时加入碱性水溶性硅氧烷保持涂料稳定性，通过对胶粘剂溶液的贮存状态及成膜后的技术性能的测试，得出制备无机胶粘剂的最优配方为：硅酸钠水溶液（50%，质量比，下同）100 份 + 耐碱性水溶性硅氧烷（33%）40 份 + 碳酸钙 30 份 + 碳酸镁 5 份 + 偏硼酸钠 15 份 + 其他助剂适量。

（3）涂膜配方中，TiO_2 含量在 20% ~25% 范围时，可以获得光催化性能及与基底附着均良好的涂膜。且 TiO_2 的用量少于使用有机类胶粘剂时的用量，体现了无机类胶粘剂的经济性。涂膜厚度在 20μm 左右的 TiO_2 光催化涂膜表现最高的光催化活性。

（4）涂膜经过 500℃、0.5h 的热处理之后，宏观上表现出了优良的耐久、耐热、耐水、耐酸及耐碱等性能，从X射线及SEM扫描分析热处理前后涂膜的组分及结构，证实了热处理的重要性。同时，涂膜的耐热性提高到了600℃，这也是使用有机胶粘剂所无法比拟的。

（5）光催化涂膜的失活与再生试验表明：光催化涂膜使用1次后，活性出现锐减，但仍能维持较高的光催化活性，此后变化不大，实用1∶1的 H_2O_2 洗涤，并辅以紫外光照，或是 H_2O 洗涤，并辅以紫外光照，均能使光催化涂膜的光催化活性恢复到与新涂膜相当的水平。

（6）以太阳光为激发源时，TiO_2 光催化涂膜表现出了优于以紫外光为激发源时的光催化活性。

（7）本涂料采用涂刷、滚涂或喷涂等方法都行，无论是涂装在石面、水泥面、砖瓦面、木材面、金属和耐碱的布面上，都能与这些材料粘结牢固，涂刷后几小时涂膜就能固化，随着水分的逐渐蒸发而形成坚硬的涂膜，展现了良好的应用前景。

5.3　TiO_2 光催化涂膜催化净化 NO_x 的应用研究

在能源利用中，矿物燃料燃烧过程排放出来的污染气体二氧化硫（SO_2）和氮氧化物（NO_x）越来越引起人们的重视，要求控制污染气体排放的呼声越来越高，工业发达国家制定的排放标准及相应的法律也越来越严格。能源工业界和燃烧学术界投入了较大的力量研究和开发降低污染气体排放的各种方法和技术。

因此，各种技术措施用以降低燃烧过程中污染气体的形成和催化、非催化选择还原 NO_x 的方法相继出现。纵览国内外20世纪90年代以来开发的光催化研究，特别是光催化作用对环境友好所起的效果，成绩是突出的。光催化剂能将吸附在它表面上有害的无机或有机物，如氯代芳烃、农药、SO_2、H_2S、NO和 NO_2 等在光作用下氧化，从而得以净化。因而也有称光催化剂为“绿色环保型催化剂”的，或者试图利用光催化剂掀起一场“光净化革命”，包括净化空气和水，杀菌，防油和烟污，除臭，抗癌等。光催化剂的应用方式可以是分散于液相，以流态化与气相接触，也可以是固定状态，在基材上与成膜物制成固定态。近年来国内外的固定态光催化剂的开发也越发普遍，光催化净化空气涂料即其实例。日本的光催化净化空气涂料已从试验阶段过渡到涂在道路护栏（guard rail）上进行实地考核与评价。

本实验研究用所制得的 TiO_2 光催化涂膜对模拟工业窑炉生成的 NO_x 废气进行光催化氧化，探讨反应机理及各种因素对 NO_x 去除的影响，以求得最佳的反应条件，从而达到推动我国污染气体控制工作的开展，为彻底解决工业炉窑所造成的废气污染及绿色窑炉的实现进行超前性的工作。

5.3.1　光催化脱除 NO_x 的机理

TiO_2 催化净化 NO_x 的机理如图5-15所示。

TiO_2 吸收外界辐射光能，一般来自太阳光中的紫外光或人工光源汞灯和氙灯。首先激发产生电子（e^-）和空穴（h^+），将吸收的光能直接转变为化学能，进而与吸附在其表面上的物质，在温和条件下发生一系列化学反应，电子-空穴对与空气中的 O_2 和 H_2O 反应产生多种高反应活性的自由基，如OH、O_2^-、HO_2、H_2O_2 进行氧化还原反应。e^- 能还原氧化性较强的金属离子生成金属单质，h^+ 和 H_2O_2 及OH、HO_2 等自由基，可氧化破坏许多化合物，使 NO_x 最终被氧化为 HNO_3 水洗回收，达到净化空气的目的。

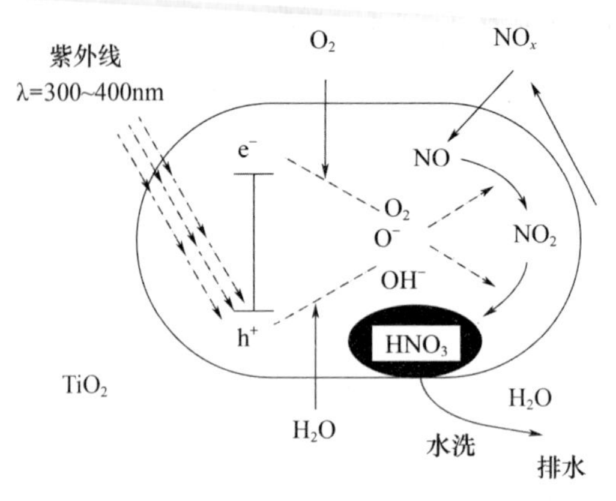

图 5-15　TiO_2 光催化剂脱除 NO_x 的模型图

反应如下：

$$TiO_2 + h_V\ (E > E_{bg}) \longrightarrow e^- + h^+ \tag{5-8}$$

$$O_2 + e^- \longrightarrow O_2^-\ （活性氧） \tag{5-9}$$

$$H_2O + h^+ \longrightarrow OH\ （自由基）\ + H^+ \tag{5-10}$$

$$O_2^- + H^+ \longrightarrow HO_2 \tag{5-11}$$

对于 NO_2 及 NO 分别有：

$$NO_2 + OH \longrightarrow HNO_3 \tag{5-12}$$

$$NO + HO_2 \longrightarrow HNO_3 \tag{5-13}$$

5.3.2　光催化实验

5.3.2.1　实验条件

实验装置如图 5-16 所示，反应器为流通式反应装置，由石英玻璃（Pyrex）制成。圆柱形反应器的长度为 180mm，内径为 30mm。按表 5-7 的配方制备 TiO_2 光催化涂膜涂覆于规格为 75mm×25mm 的普通载玻片的两面，涂膜厚度为 20μm 左右。将两块载玻片并排放入反应器中。实验开始时先抽真空 10min，使得反应装置中的压强降至 -0.1MPa。NO_x 气体通过光反应器并发生催化氧化反应（气体压强为 1.35MPa，相对湿度 80%，室温下）。由于 TiO_2 催化剂吸附的影响，实验之前，在暗态条件下，预通一定时间（一般为 30min），直到流出气体中的 NO_x 含量不再变化为止。实验中，气体流量为 0.1L/min，相应停留时间为 76.3s。NO_x 起始浓度为 202ppm（以 NO 计），即 0.27μg/cm³。

5.3.2.2　氮氧化物 NO_x 的测定

废气中氮氧化物的测定方法，尚无统一标准，盐酸萘乙二胺（NEDA）法测定废气中的氮氧化物是国家环保局推荐的测定方法之一，此法在采样过程中使用的吸收液要避光，当烟气温度及环境温度较高时，采样后吸收液要放在冰浴中，而且采样和发色同时进行，所以采样后要立即比色，以免受光、热的影响而改变颜色。另外，当废气中氮氧化物浓度高时，采样时间极短，也许在一瞬间吸收液就发色变红，这样取样的代表性就较差，因此，此法不仅给现场采样带来一定的麻烦，而且存在的一些不稳定因素，还会影响样品的测定值。因此，本实验采用 NEDA-三乙醇胺法测定废气中氮氧化物的浓度。

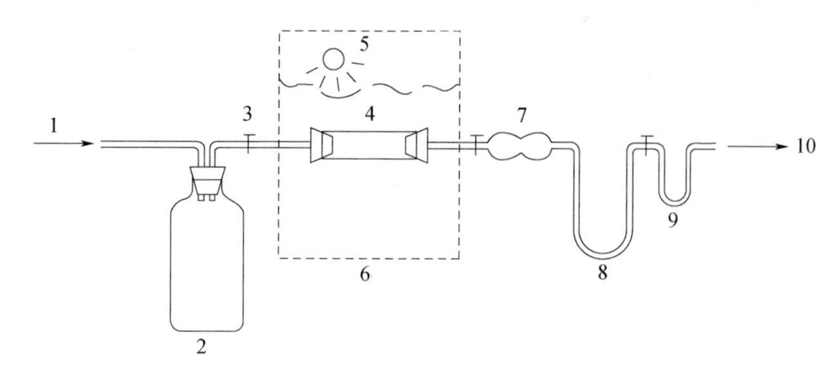

1—接标准气体；2—真空集气瓶（500mL）；3—二通阀；4—石英玻璃管；5—光源；
6—控温装置；7—氧化管；8—吸收管；9—干燥管；10—接色谱

图5-16　实验装置全图

5.3.2.3　测定原理

NO_x 主要是NO和 NO_2，在测定 NO_x 时，先用 CrO_3 氧化管，将NO转化成 NO_2。NO_2 被吸收在溶液中形成亚硝酸，与对氨基苯磺酸起重氮化反应，再与盐酸萘乙二胺偶合，生成玫瑰红色染料，用1cm比色皿，以水作参比，于波长540nm处，用分光光度计测定，其反应为：

$$2NO_2 = N_2O_4 \tag{5-14}$$

$$N_2O_4 + (C_2H_4OH)_3N \longrightarrow (C_2H_4OH)_3NNO(NO_3) \tag{5-15}$$

$$(C_2H_4OH)_3NNO(NO_3) + H_2O \longrightarrow (C_2H_4OH)_3NH(NO_3) + HNO_2 \tag{5-16}$$

$$2NO_2 + H_2O = HNO_2 + HNO_3 \tag{5-17}$$

$$HO_3S—C_6H_4—NH_2 + HNO_2 + CH_3COOH \longrightarrow [HO_3S—C_6H_4—N^+ \equiv N]CH_3COO^- + 2H_2O \tag{5-18}$$

对氨基苯磺酸

$$[HO_3S—C_6H_4—N^+ \equiv N]CH_3COO^- + C_{12}H_7—NH—CH_2—CH_2—NH_2 \cdot 2HCl$$

盐酸萘乙二胺

$$\longrightarrow HO_3S—C_6H_4—N = N—C_{12}H_7—NH—CH_2—CH_2—NH_2 + CH_3COOH + 2HCl$$

玫瑰红色偶氮染料　(5-19)

使用称重法校准的 NO_2 渗透管配制低浓度标准气体，测得 NO_2 转换为 NO_2^- 的转换系数为0.9，因此在计算结果时，要除以转换系数0.9。

5.3.2.4　测定方法的干扰、检测限及测定范围

大气中的 SO_2 浓度为 NO_x 浓度的10倍时，对 NO_x 测定无干扰；30倍时，使颜色有少许减退，但在城市大气环境中，较少遇到这种情况。臭氧浓度为 NO_x 浓度5倍时，对 NO_x 测定略有干扰，在采样后3h，使试液呈微红色，影响较大。过氧乙酰硝酸酯（PAN）使试剂显色而干扰，在一般环境大气中PAN浓度甚低，不会导致显著的误差。

本法检测限为0.05μg/5mL（按吸光度是0.01相应的 NO_2^- 的含量计），当24h采样体积为288L时，氮氧化物以 NO_2 计，最低检出浓度为0.002mg/m³，测定范围为5~500mg/m³。

5.3.2.5 测定步骤

（1）试剂准备

所有试剂均需用不含亚硝酸根（NO_2^-）的重蒸蒸馏水配制。所用的水以不使吸收液呈淡红色为合格。所配吸收液的吸光度不超过0.005。

① 吸收液：称取15g三乙醇胺，溶解到500mL蒸馏水中，加3mL正丁醇，混匀，用蒸馏水稀至1L。

② 显色液：量取25mL浓磷酸与400mL水混合，加入4.0g对氨基苯磺酸，搅拌至全部溶解，再加入0.05g盐酸萘乙二胺（$C_{10}H_7 \cdot NHCH_2CH_2 \cdot NH_2 \cdot 2HCl$，N（1-naphthyl）ethyl-enediamine-dihydrochloride）用水稀释至500mL。贮于棕色瓶中，放在冰箱中保存1个月不变。

在配制过程中发现，无水对氨基苯磺酸溶解速度缓慢，通常在3至5昼夜才能溶解完毕，冬季时间更长，气温低，不易溶解，且需要不断振摇，既费时又费力，特别是将来给应急监测和对污染源大批量样品监测带来一定的不便，所以应对吸收原液的配制加以改进。

在试验中发现4.0g无水对氨基苯磺酸不易溶解，需加温催化溶解。先配好浓磷酸-水混合液800mL，用1L棕色容量瓶，准确称取8.0g无水对氨基苯磺酸分析纯或基准试剂移入容量瓶，加入预先配制好的800mL浓磷酸-水混合液，将容量瓶置于40～50℃水浴锅溶液中，1至2昼夜可使全部结晶颗粒溶解，如果是用基准试剂无水对氨基苯磺酸，只需1昼夜即可溶解完毕，用流动水冷却至室温，再加入0.10g盐酸萘乙二胺，摇振溶解，定容至1L，移入棕色试剂瓶中，放冰箱保存备用。保存时，可用聚四氟乙烯生胶带密封瓶口，以防止空气与吸收液接触。

实验发现，如果给加热溶解后的对氨基苯磺酸-磷酸-水溶液中再加入定量的盐酸萘乙二胺，则所得吸收原液常常由于空白吸光度较高甚至溶液出现浅红色而不符合要求。这可能正是国标方法中吸收原液配制方法未采用加热促使对氨基苯磺酸溶解的原因之一。因而对氨基苯磺酸在磷酸-水混合液中加热溶解后，必须将混合溶液冷却至20℃左右，才可将盐酸萘乙二胺溶入其中。用国标方法和加热-冷却法分别配制吸收原液，进行对照测定，所得实验结果采用最小二乘法线性回归可得如表5-12所示的标准曲线。可见改进方法所得标准曲线与国标方法结果吻合。

表5-12 两种方法配制的显色液所得标准曲线（20℃）

	空白吸光度	线性回归方程	相关系数
国标法	0.010	$y=0.0369x+4.57\times10^{-3}$	0.9999
加热-冷却法	0.010	$y=0.0369x+1.90\times10^{-3}$	0.9998

对同一标准试样用两种显色液测定，测定结果见表5-13，说明两种显色液测定结果一致性较好。

表5-13 标准试样测定结果

样号	国标法	加热-冷却法	真值
1	0.498	0.495	0.507±0.034
2	0.801	0.805	0.824±0.038
3	0.608	0.615	0.621±0.028

由此可见，按此方法操作，可缩短吸收原液配制时间，为应急监测和污染源大批量样品监测提供方便。另外，用基准物质无水对氨基本磺酸和进口分析纯盐酸萘乙二胺配制的优点是：吸收液空白值的吸光度为零，也不会因吸收液的旋转时间长，而影响空白值吸光度，这样在做标准曲线和样品分析计算时，可省去减空白值吸光度的计算步骤，省时快捷，提高工作效率。

③ 氧化剂：称量5g三氧化铬，用少量水调成糊状，和95g海砂（筛取20～40目，用1:2盐酸溶液浸泡8h，用水洗至中性，烘干）相混，放在烘箱里于105℃烘干，烘干过程中应搅拌几次。制备好的氧化剂颜色为暗红棕色，松散的，若是粘在一起，说明三氧化铬比例太大，可适当增加一些海砂，重新制备。

使用时，称取约8g的氧化剂装入双球玻璃管中，两端用少量脱脂棉塞好。用乳胶管或用塑料管制的小帽将氧化管两端密封。使用时氧化管与吸收管之间用一小段乳胶管连接，采集的气体尽可能少与乳胶管接触，以防氮氧化物被吸附。

④ 标准溶液：准确称量0.150g干燥的亚硝酸钠（一级）用少量水溶解，移入1000mL容量瓶中，并加水至刻度。此溶液1mL＝0.1mg NO_2^-，放在冰箱中可保存一个月。使用时，用水稀释成1.00mL＝5μg NO_2^- 的标准溶液。

（2）校准曲线的绘制

取7支10.00mL的具塞比色管，按表5-14配制标准色列。

表5-14　亚硝酸钠标准系列

管号	0	1	2	3	4	5	6
亚硝酸钠标准溶液/mL	0	1	2	3	4	5	6
显色液/mL	10	10	10	10	10	10	10
吸收液/mL	10.0	9.0	8.0	7.0	6.0	5.0	4.0
亚硝酸根含量/μg	0	5	10	15	20	25	30

将各管摇匀后，避开直射阳光，放置15min，在波长540nm处，用1cm比色皿，以水为参比，测定吸光度。以吸光度对亚硝酸根含量（μg），用最小二乘法计算回归方程式绘制标准曲线：

$$Y = bX + a \tag{5-20}$$

式中　Y——标准溶液吸光度（A）与试剂空白液吸光度（A_o）之差，即 $Y = A - A_o$；

X——亚硝酸根含量；

b——回归方程式的斜率；

a——回归方程式的截距。

本法测定氮氧化物的标准曲线，线性很好，通过坐标原点，即截距a等于零，但在实际操作中由于存在误差，一般情况下截距a不等于零。

所以，所得标准曲线原始值如表5-15所示。

表5-15　标准曲线原始值

管号	0	1	2	3	4	5	6
亚硝酸根含量 X/μg	0	5	10	15	20	25	30
吸光度 Y	0.010	0.198	0.411	0.599	0.807	1.019	0.420

由方程（5 20）得：

$$y_i = a + bx_i \quad (i = 0, 1, 2, 3, 4, 5, 6)$$

根据最小二乘法可得下列方程组：

$$[1 \times 1]\ a + [1 \times x_i]\ b = [1 \times y_i]$$
$$[1 \times x_i]\ a + [x_i \times x_i]\ b = [x_i \times y_i]$$

由此分别解得：

$$a = 0.0019$$
$$b = 0.0369$$

标准曲线方程为：

$$Y = 0.0369X + 0.0019$$

图 5-17 为所制得的标准曲线。

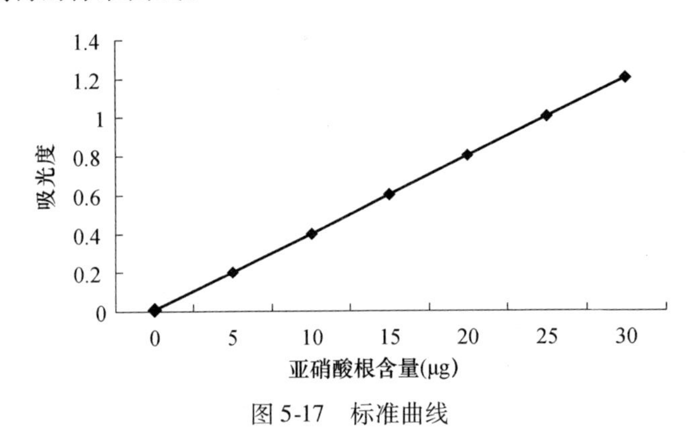

图 5-17　标准曲线

（3）样品的测定

用一个内装 5mL 吸收液的多孔玻板吸收管，进气口接上一个氧化管，并使管口略微向下倾斜，以免潮湿空气将氧化剂弄湿，污染后面的吸收管。避光采气至吸收液变为淡玫瑰红色为止。采样后，将吸收液移入比色杯中，用绘制标准曲线的方法测定其吸光度。若样品的吸光度超过标准曲线的线性范围，可用吸收液稀释后再测定吸光度，计算结果时应乘以稀释倍数。

$$\text{氮氧化物的含量（以 } NO_2 \text{ 计）}(mg/m^3) = [(A - A_o) - a] / (b \times V_n \times 0.9) \tag{5-21}$$

式中 A——样品溶液吸光度；

A_o——试剂空白液吸光度；

0.9——NO_2（气）转换为 NO_2^-（液）的系数；

b——回归方程式的斜率；

a——回归方程式的截距；

V_n——标准状态下的采样体积。

5.3.3　NO_x 光催化氧化实验

5.3.3.1　不同光源对 NO_x 催化氧化效率的影响

分别在紫外光、室外太阳光和室内自然光三种照明条件下进行 TiO_2 光催化涂膜对不同

浓度变化的 NO_x 的降解实验，所得吸收液的吸光度见表5-16。

表5-16 不同光源下 TiO_2 光催化涂膜对不同浓度变化的 NO_x 的降解效果

NO_x 浓度（mg/m^3）		80	100	120	150	180	200	250	270
吸光度	紫外光下	0.0832	0.1084	0.1337	0.1717	0.2159	0.2475	0.3181	0.3487
	太阳光下	0.0778	0.1030	0.1283	0.1663	0.2105	0.2421	0.3127	0.3433
	自然光下	0.1502	0.1894	0.2295	0.2864	0.3471	0.3854	0.4865	0.5310

由式（5-21）计算降解后氮氧化物的含量，可得图5-18所示。这与使用烟气分析仪测量的结果大致相符，见表5-17。

表5-17 NEDA－三乙醇胺法和烟气分析仪的测量结果

NO_x 浓度（mg/m^3）		80	100	120	150	180	200	250	270
太阳光下降解剩余 NO_x 浓度（mg/m^3）	NEDA-三乙醇胺法	24.2	48.0	60.0	78.0	99.0	114.0	147.5	162.0
	烟气分析仪测量	26.62	50.8	63.0	80.8	101.9	115.4	152.25	168.2

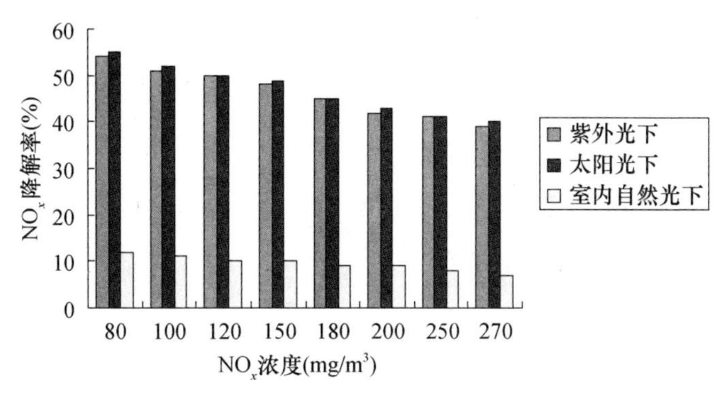

图5-18 三种光源下 TiO_2 光催化涂膜对 NO_x 的降解效果

由图5-18可见，在紫外灯和太阳光的照射下，NO_x 光催化降解率还是很高的，可以达到55%左右，随着 NO_x 浓度的增大，其降解率逐渐降低，但也可达到40%左右。相比之下，室内自然光的紫外线强度非常弱，一般只有 $1\mu W/cm^2$，所以 NO_x 的降解率小于10%。总的来说，TiO_2 光催化涂膜对窑炉废气中高浓度含量的 NO_x 的催化降解作用还是很明显的，可以预期其有良好的应用价值。

利用红外光谱测试反应后的光催化剂，在 $1384cm^{-1}$ 处出现一新的峰，这是硝酸根离子的特征峰，因此，确定 NO_x 光催化氧化产物为硝酸。如图5-19所示。

5.3.3.2 光催化时间对 NO_x 催化氧化效率的影响

由于窑炉废气中 NO_x 的浓度一般都较高，短时间内 TiO_2 光催化涂膜对 NO_x 的降解效果还不足以达到国家规定的排放标准，所以相应的延长反应时间有利于提高 NO_x 的降解率。本实验对一定体积、浓度为 $270.0mg/m^3$ 的 NO_x 气体进行光催化降解实验，所得结果如图5-20所示。

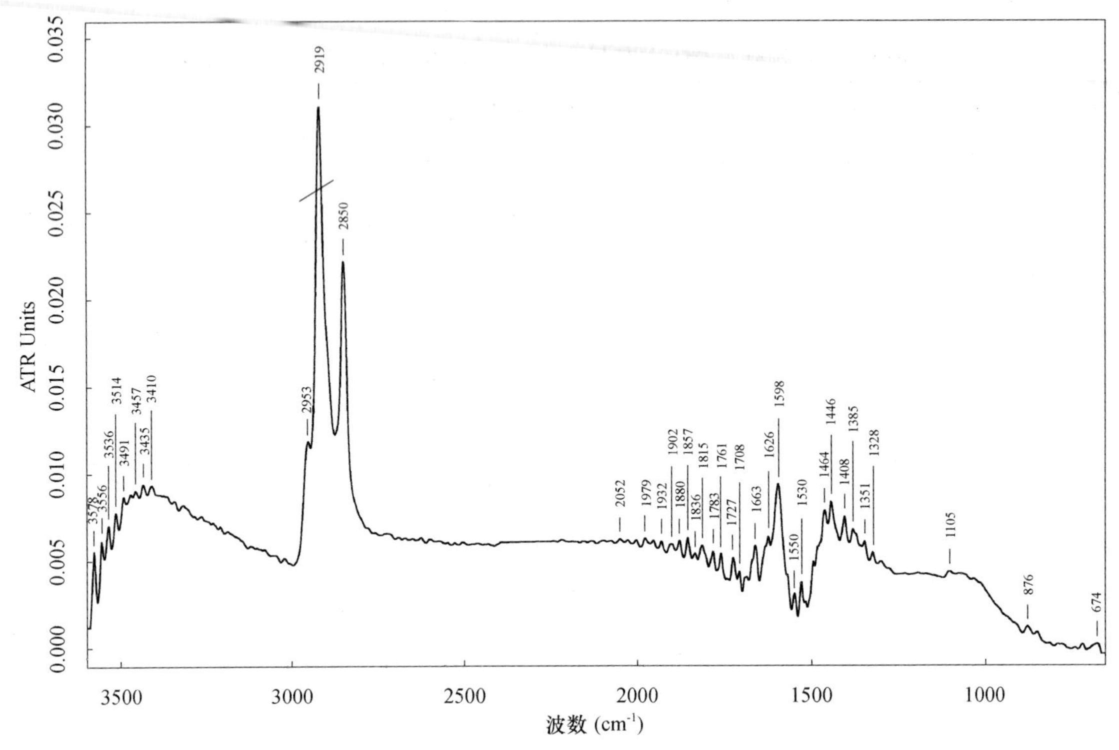

图 5-19　TiO_2 光催化涂膜光降解 NO_x 后的红外光谱图

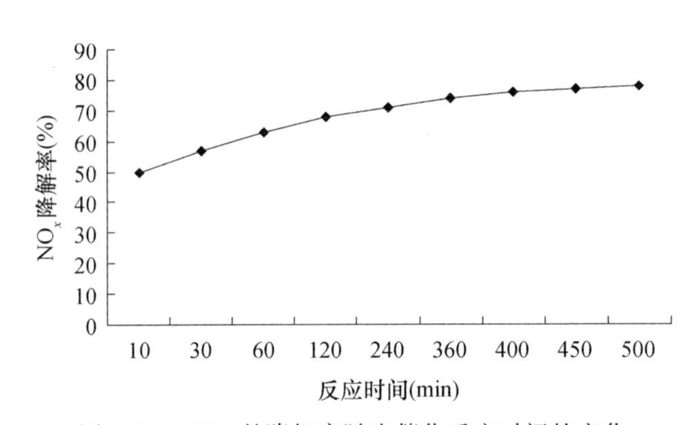

图 5-20　NO_x 的降解率随光催化反应时间的变化

由图 5-20 可见，在刚开始反应时，NO_x 的降解率很快就达到了 50% 以上，随着反应时间的延长，NO_x 的降解率逐渐提高，6h 后变化不大，达到了饱和值 80% 左右。这主要是因为经酚二磺酸比色法于 410nm 波长处比色测定 NO_x 光催化氧化的产物硝酸含量，分析发现只有不到 1% 的硝酸随气流放出，99% 以上的硝酸吸附在催化剂的表面，这样随着反应时间的延长，催化剂表面的活性位渐渐被硝酸所占据，使光催化剂失去活性。所以，适当的延长反应时间有助于提高 NO_x 的降解率，但光催化剂失活以后，延长的作用就没有意义了，6h 后 NO_x 的降解率可达到 80%，说明 TiO_2 光催化涂膜对高浓度的 NO_x 气体光催化降解效果还是很好的。

5.3.3.3 NO_x 气体流速对光催化降解效果的影响

TiO_2 光催化涂膜和 NO_x 气体的接触时间是影响 NO_x 降解率的关键参数。接触时间越长，对一个指定的反应体系而言，其气体的降解率越高。但增加反应物的接触时间，同时也意味着 NO_x 流速的减小。所以，在保持温度不变的条件下，以 NO_x 的降解率为衡量标准，测得不同接触时间条件下 TiO_2 光催化涂膜对 NO_x 的降解率，结果见表 5-18（NO_x 浓度为 270.0mg/cm^3，其他反应条件同前）。

表 5-18 NO_x 流速对 NO_x 降解率的影响

NO_x 流速（L/min）	接触时间（s）	NO_x 降解率（%）
0.1	76.3	40.2
0.2	38.2	38.3
0.3	25.4	35.7
0.4	19.1	33.8
0.5	15.3	30.1

从表 5-18 可以看出，NO_x 流速大，反应物接触时间短时，NO_x 的降解率低；反之，NO_x 流速小，反应物接触时间长时，NO_x 的降解率高。当 NO_x 流速为 0.1L/min，反应物接触时间为 76.3s 时的 NO_x 降解率最高，达到 40.2%，故作为适宜选择。

5.3.3.4 光催化涂膜的再生和性能持久性实验

试验中发现光催化剂使用 30h 后，其光催化活性降至 29%，用水冲洗再生后，光催化活性又立即恢复到原来的水平。

将涂有光催化涂料的玻璃板放置于室外，每隔 10 天用水冲洗 1 次，每个月测试 1 次对 NO_x 降解效果，共进行 6 个月试验，测试结果如图 5-21 所示。结果表明，在室外放置 6 个月后，该涂料对 NO_x 的氧化降解作用降低很少，大约只降低 2% ~3%，涂层外观无变化。可以预期该涂料对污染物的降解具有较好的持久性。

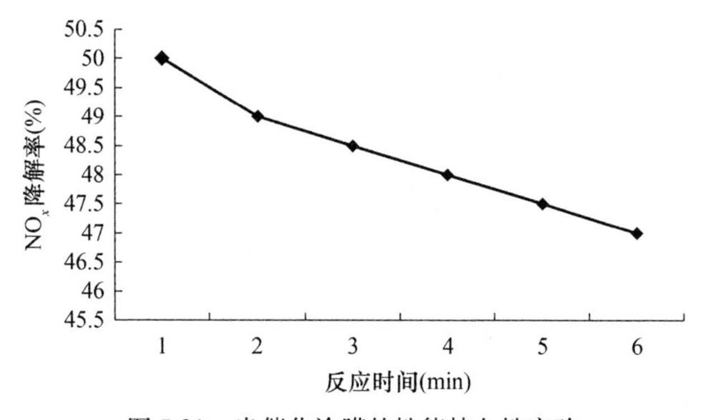

图 5-21 光催化涂膜的性能持久性实验

5.3.4 实验小结

（1）采用 NEDA-三乙醇胺法测定废气中氮氧化物的浓度具有操作简便，现场采样的吸收液不受光、热的影响，采过样的吸收液稳定，在实验室可任意取样分析，样品可多次重复做，其平行性、重复性、稳定性都比较好，分析结果稳定可靠等优点，且在制备显色液的过程中采用加热-冷却的方法，使得试验操作简便、实用、省时、成功率高。

（2）紫外光、室外太阳光和室内自然光三种光源分别对 NO_x 的氧化降解实验表明，在紫外灯和太阳光的照射下，NO_x 光催化降解率还是很高的，可以达到55%左右。随着 NO_x 浓度的增大，其降解率逐渐降低，但也可达到40%左右。室内自然光的紫外线强度非常弱，NO_x 的降解率小于10%。

（3）适当延长光催化降解的反应时间，可使 NO_x 的降解率达到80%左右。

（4）NO_x 气体流速为0.1L/min，反应物接触时间为76.3s时的 NO_x 降解率最高。

（5）如果采用多孔蜂窝陶瓷，而不是用采玻片，如汽车尾气催化器载体，可以大大地扩大气体接触面积，增加气流与催化剂的接触机会，可以确信，其降解 NO_x 的作用会大大地加强，完全可以适用于工业现场降解 NO_x。

5.4 光催化红外复合涂膜的制备及性能研究

随着国民经济的发展，能源消耗越来越大，但工业生产中的各种窑炉的热能利用率却很低。因此，最大限度地利用热工窑炉的热能是一项重要课题。大多数高温窑炉以辐射传热为主。在火焰不充满炉膛的直接加热炉内，辐射加热占40%左右。在间接加热的炉膛内，主要靠炉壁的辐射传热，传热过程中炉壁的辐射能和辐射光谱，对传热效率有着决定性的意义。一般砌炉用耐火材料的热发射率不但随温度的升高明显下降，而且高温下短波段的辐射能力小。若采用一种在较宽的温度区间和波长范围内都能有较高辐射率的涂料，涂覆于炉壁的表面上，来提高炉壁高温下的热辐射率和短波段的热辐射能力，即可提高窑炉的传热效率，达到节能的目的。

本实验中将粉末状的光催化剂通过胶粘剂固定到载体上，较好地解决了光催化剂使用后难回收，循环利用次数少的缺点，使得该项技术在实用化的进程上又向前迈进了一步，但不可否认也带来了新的问题。将光催化剂固定到载体上之后，其比表面积迅速减小，光催化活性因而受到影响。

本节通过在涂膜中掺入 Fe^{3+}、Mn^{4+}、Cr^{3+}、Cu^{2+} 等离子，不仅提高了光量子效率，扩展了光响应范围，改善了光催化效率，而且还尝试探讨了涂膜在短波段的红外特性。这样既达到环保的目的，又有了节能的效果。

5.4.1 复合涂膜的研制

按前面的配方制备涂膜，在搅拌好的流体中再加入一定质量百分比的 Fe_2O_3 和 Cr_2O_3，继续搅拌至均匀，然后涂复于75mm×25mm的莫来石耐火材料上，将其置于100℃烘箱中烘24h，取出后首先浸入一定浓度的 Fe^{3+}、Cr^{3+} 硝酸盐混合溶液，一定时间后取出，干燥后在500℃马弗炉中焙烧1h，这样制得含不同 Fe^{3+}、Cr^{3+} 质量分数的混合涂膜。然后再浸入质量比为1∶1的 Mn^{4+}、Cu^{2+}、La^{3+} 的硝酸盐混合溶液中，再取出干燥、煅烧，得到最终的复合涂膜。

5.4.2 涂膜的光催化效率

图5-22显示了 Fe_2O_3 和 Cr_2O_3 的质量百分比掺量分别为15%、12.5%、10%、7.5%、

5%时的复合涂膜在紫外光下对氮氧化物（质量浓度为80mg/m³）的光催化降解曲线（涂膜编号分别为1、2、3、4、5）。由图可见，不同掺杂浓度的催化剂对 NO_x 的降解效果不同，其中掺杂浓度为5%的样品活性最好。

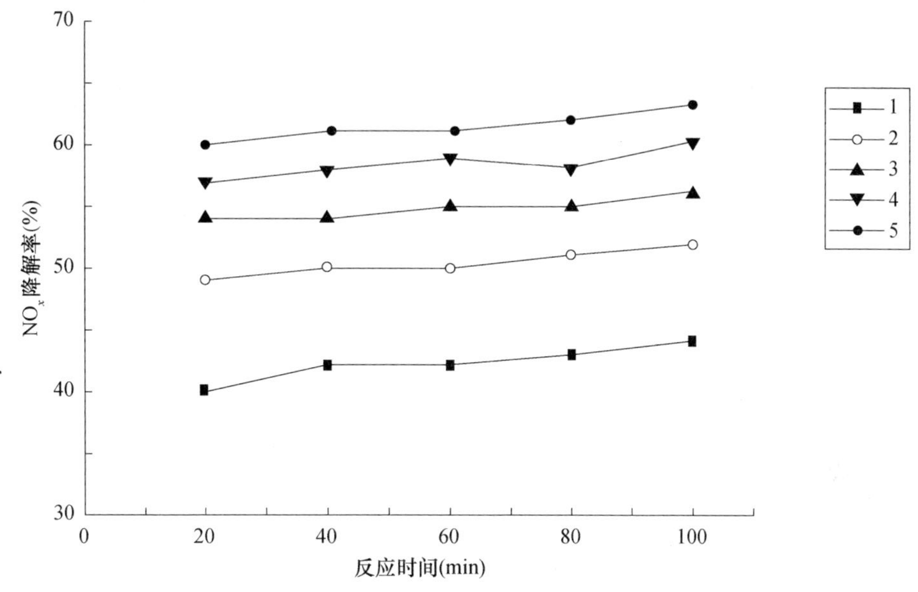

图5-22 不同掺量样品光催化降解 NO_x 的降解率与时间的关系

这是因为 TiO_2 是n型半导体，即其有过量的钛出现在晶体内的间隙处，由于晶体要保持电中性，所以间隙离子拉住一个电子在附近形成·Ti^{3+}，而 Ti^{4+} 粒子半径是7.5nm，掺杂离子的半径大于它，根据能级水平知道，掺杂离子较 Ti^{4+} 更易吸收电子，所以掺杂离子很容易取代间隙离子而使晶体体积稍微变大；另外，由于晶格缺陷（总是存在的）存在的一些空位，也首先被掺杂离子填满，这也使得晶体体积增大。当掺杂量超过所能取代的间隙离子且空位也被填满后，多余的掺杂离子取代晶格上的 Ti^{4+}，相应的引起邻近的 Ti^{4+} 变成 Ti^{4++} （$Ti^{4+}h^{+}$），Ti^{4+} 的半径大于 Ti^{4++}，粒子体积变小。所以样品的光催化性会增强。

当掺杂量继续增加，晶格取代结束后，掺杂离子便会附着在晶粒表面，使得晶体体积变大。另外有研究表明，当掺杂离子达到5%时，TiO_2 金红石型明显增加，由锐钛矿型向金红石型转变过程，粒子尺寸会明显变大。样品的光催化性会降低。

图5-23、图5-24分别为在紫外光下和室内自然光下复合涂膜和原来的涂膜对氮氧化物（质量浓度为80mg/m³）的光催化降解曲线。由图5-23可以看出，复合涂膜的光催化效率有明显提高，由原来的55%左右提高到60%以上，说明向原始涂膜中掺入 Fe^{3+}、Mn^{4+} 等离子后确实能够提高涂膜的光催化效率。由图5-24可以看出，在室内非常弱的紫外光照射下，复合涂膜较原始涂膜的降解效率明显提高，由10%提高到将近20%。

图5-25是复合涂膜和原始涂膜在紫外灯的照射下，对不同质量浓度氮氧化物的降解情况。可以看出，随着 NO_x 浓度的升高，涂膜的光催化效率降低，但是复合涂膜仍然能保持50%以上的降解效率。这可以从能级的理论作以下解释：以 Fe^{3+} 为例，由于 Fe^{3+} 部分取代了 TiO_2 中的 Ti^{4+}，Fe^{3+}/Fe^{2+} 的能级略高于 TiO_2 的导带能级，Fe^{4+}/Fe^{3+} 的能级略高于 TiO_2

的价带能级，从而在 TiO_2 的带隙中形成了新的能带，并且能级交错。这时，半导体光生电子在吸收较低的能量时即可以发生跃迁，从而导致光谱红移和光响应范围扩大，较弱的紫外线就能够激发光生载流子的产生，从而提高了光催化活性。

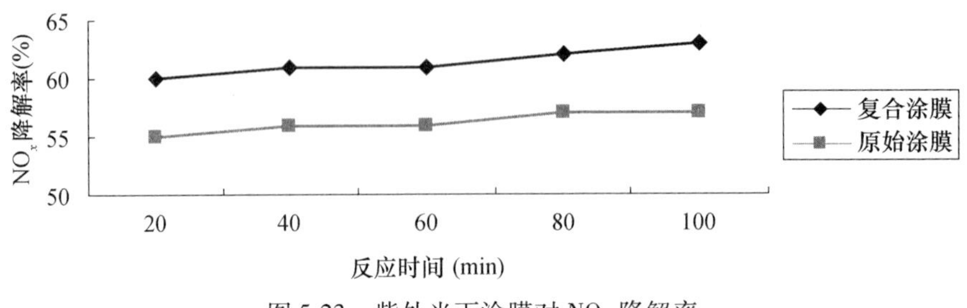

图 5-23　紫外光下涂膜对 NO_x 降解率

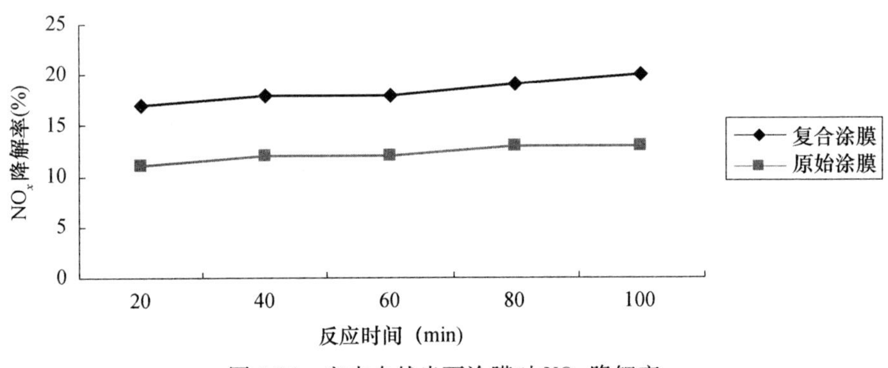

图 5-24　室内自然光下涂膜对 NO_x 降解率

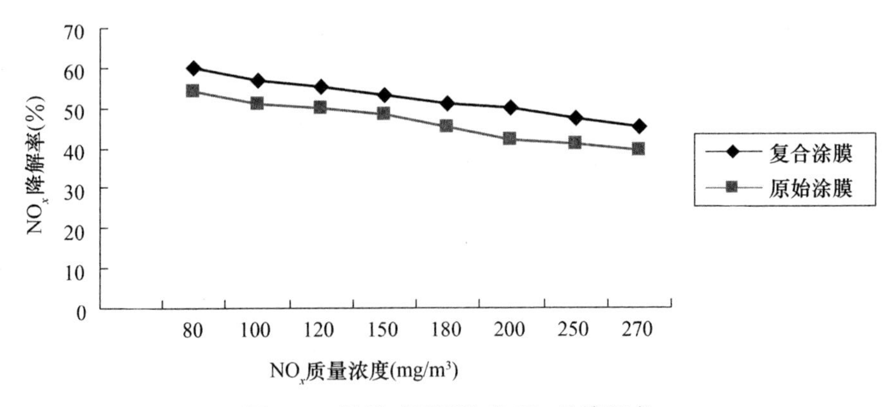

图 5-25　涂膜对不同浓度 NO_x 的降解率

5.4.3　涂膜的 XRD 谱分析

图 5-26 为复合涂膜（b）及原始涂膜（a）的 XRD 谱。从图中可以看出，在衍射角（2θ）为 25.42°，37.82°，47.64°处，分别出现属于锐钛矿相的（101）、（004）、（200）晶面的特征峰。掺杂离子没有引起纳米 TiO_2 的晶型变化，仍保持锐钛矿型。根据 XRD 谱，可以认为掺杂的 Fe^{3+}、Cr^{3+} 等离子是高度分散在 TiO_2 基质中，使基质的晶型发生畸变并形成

桥氧结构，增加了复合微粒的表面缺陷和活性比表面积，促进了光生载流子的转移，从而提高了涂膜的光催化效率。

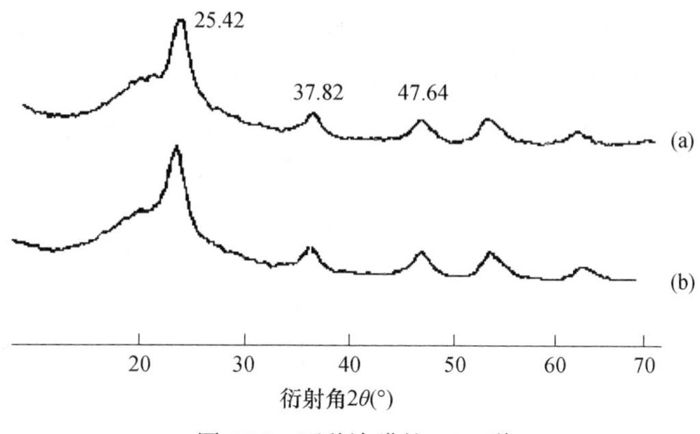

图 5-26　两种涂膜的 XRD 谱

5.4.4　涂膜的 TEM 照片分析

图 5-27 为原始粉体和复合粉体的 TEM 照片。可以看出，两者的粒径比较接近，均为14 ~ 15nm，但是复合粉体的粒子分布却较掺杂前的均匀，无明显的团聚现象，而原始粉体则团聚得较厉害。这表明，掺适量的 Fe^{3+}、Cr^{3+} 等离子，可以较好地阻止粒子的团聚，改善纳米 TiO_2 粉的分散状态，这也是复合涂膜光催化效率得到提高的一个原因。

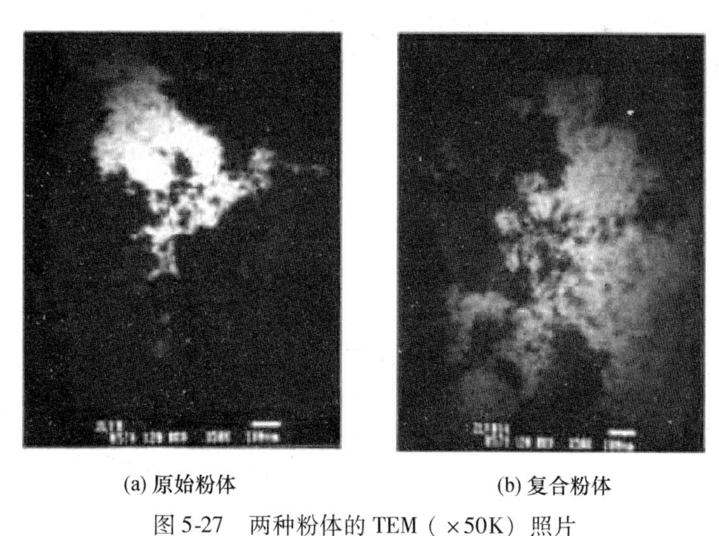

(a) 原始粉体　　　　(b) 复合粉体

图 5-27　两种粉体的 TEM（ ×50K）照片

5.4.5　影响涂膜红外发射率的因素

5.4.5.1　成分的影响

Fe_2O_3 和 Cr_2O_3 的质量百分比含量均分别为 15%、12.5%、10%、7.5%、5% 时的复合涂膜的分波段光谱发射率（$\varepsilon_{\lambda,T}$）见表 5-19（涂膜编号分别为 1、2、3、4、5）。

表 5-19 不同质量百分比的涂膜的红外发射率

序号	F1	F2	F3	F4	F5	F6	F7	F8
1	0.92	0.78	0.93	0.90	0.93	0.93	0.93	0.93
2	0.92	0.79	0.94	0.93	0.92	0.92	0.93	0.93
3	0.93	0.80	0.95	0.93	0.93	0.93	0.92	0.93
4	0.92	0.79	0.93	0.92	0.91	0.91	0.93	0.92
5	0.89	0.77	0.91	0.90	0.91	0.91	0.91	0.92

其中，F1 为全波长比辐射率；F2 为 3～5μm 比辐射率；F3 为 8～25μm 平均比辐射率；F4 为中心波长 8.3μm、带宽 1μm 的窄波段平均比辐射率；F5 为中心波长 9.5μm、带宽 1μm 的窄波段平均比辐射率；F6 为中心波长 10.6μm、带宽 1μm 的窄波段平均比辐射率；F7 为中心波长 12.5μm、带宽 1μm 的窄波段平均比辐射率；F8 为 14～25μm 平均比辐射率。由表 5-19 可以看出，所制得的复合涂膜在全波段的红外发射率都达到了 0.9 以上，3～5μm 短波段的光谱发射率最高也达到了 0.80，涂膜体现了良好的远红外特性。其中 Fe_2O_3 和 Cr_2O_3 的质量百分比含量为 10% 时涂膜的红外特性最好，它的分波段发射率可达到 0.95，如图 5-28 所示。

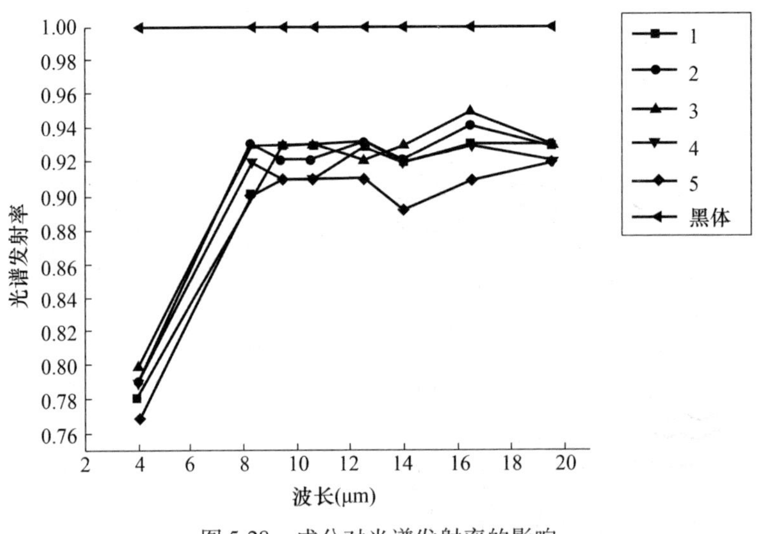

图 5-28 成分对光谱发射率的影响

涂层与基体之所以有高的粘结力，是由于涂料中的粉料、胶粘剂与基体材料表面自然形成或固化中形成的 Fe、Cr、Mn 的氧化物已经起了化学反应，不是单纯的机械结合，而这些化学反应生成物，在高温下是稳定的。由图 5-29 的扫描电镜的能谱成分分析可以看出，所添加的 Fe、Cr、Mn 等离子已稳定的以一定含量存在于复合涂层中。涂层基体界面的电子探针分析表明，一些元素的成分在界面上是逐渐过渡的，如图 5-30 所示。所以，加入太多的 Fe_2O_3 和 Cr_2O_3 没有办法结合到基体上去，对涂膜的光谱发射率不起作用。实验还尝试加入少量的 Ce^{2+}，其对涂膜性能基本没什么影响。

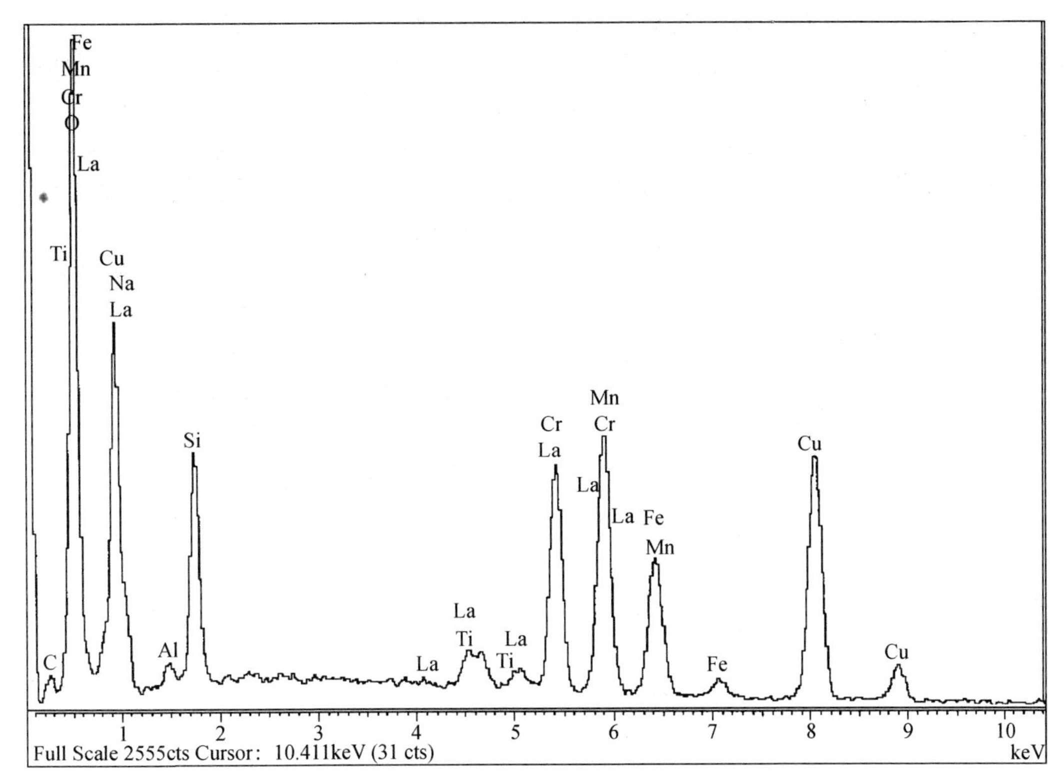

图 5-29　涂层成分的扫描电镜能谱分析

图 5-30　涂层基体及界面的电子探针分析（16. 7μm）

5. 4. 5. 2　煅烧温度的影响

煅烧温度的影响也很显著，如图 5-31 所示，0 表示未烧结的，$\varepsilon_{\lambda,T}$很低；1、2、3、4 为在空气中分别在 400℃、500℃、600℃、700℃煅烧 1h，涂膜的光谱发射率。可以看到，随着煅烧温度的增高，涂膜的 $\varepsilon_{\lambda,T}$也依次上升。但是由于更高的温度会破坏涂膜的光催化活性，从试样在 800℃下煅烧 1h 后的 XRD 图谱可以看到有微弱的金红石相特征衍射峰出现，如图 5-32 所示（△代表金红石），所以不采用继续升温。

以 Fe_2O_3 和 Cr_2O_3 为基，加了 MnO_2、CuO、CeO 后煅烧，涂膜颜色明显改变，由棕红色变为深黑色，也出现强磁性，表明起了某些化学反应和发生结构改变。这可能是因为煅烧后

材料中生成 Fe_3O_4，使得涂膜颜色变黑，还生成了多种元素的复杂氧化物，如 $CuFeMnO_4$、$CrFe_2O_4$、$CuFe_2O_4$ 等，这些氧化物似乎是 Cu、Cr、Mn 原子置换了 Fe_3O_4。可见经反应烧结后，Fe_2O_3 变成 Fe_3O_4，部分 Fe 的原子为 Mn、Cu、Cr 所置换，产生了掺杂效果，晶格畸变或有缺位，破坏了原来晶格的周期性。可能在局部地区形成杂质能级，处于禁带内，本征能级与杂质能级的跃迁，增加了红外波的吸收系数，特别是提高了 1～5μm 波段的光谱吸收率。而形成细密分布的微晶，使散射系数减少，也是提高发射率的原因。

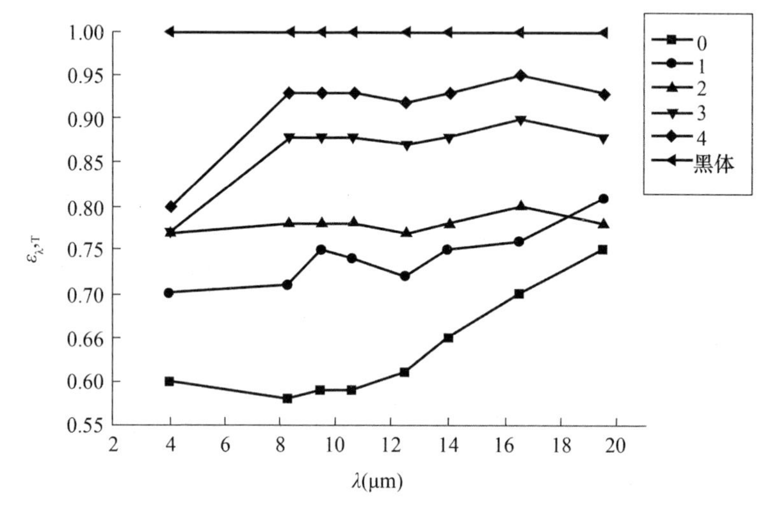

图 5-31　煅烧温度对光谱发射率的影响

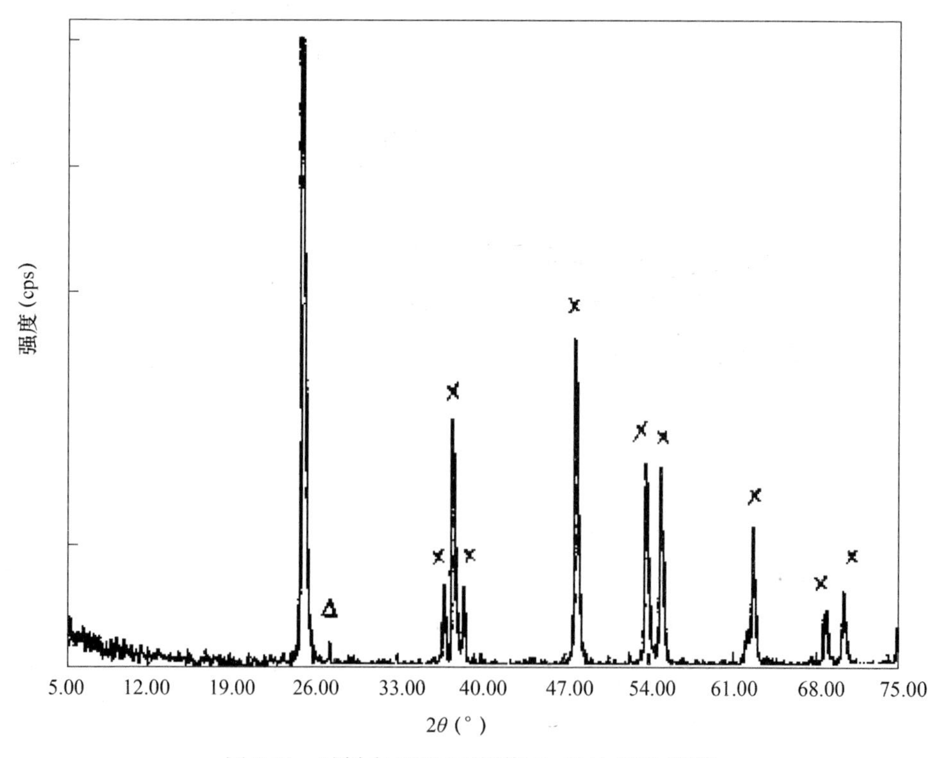

图 5-32　试样在 800℃下煅烧 1h 后的 XRD 图谱

5.4.6　实验小结

（1）在原始的涂膜中掺杂了 Fe^{3+}、Mn^{4+}、Cr^{3+}、Cu^{2+} 等离子，有效地促进了电子和空穴的分离和迁移，从而提高了涂膜的光催化效率，并提高了对较高质量浓度氮氧化物的降解率；扩大了光响应范围，提高了室内弱紫外光照射下对氮氧化物的降解率。其中 Fe_2O_3 和 Cr_2O_3 的质量百分比含量各为 5% 时的涂膜的光催化性最佳，反应时间 1h 以上，NO_x 的降解率达 60% 以上。

（2）复合涂膜在全波段的红外发射率都达到了 0.9 以上，3 ~ 5μm 短波段的光谱发射率最高也达到了 0.80，涂膜体现了良好的远红外特性。其中 Fe_2O_3 和 Cr_2O_3 的质量百分比含量各为 10% 时的涂膜的红外特性最好，它的分波段发射率可达到 0.95。此外，随着煅烧温度的增高，涂膜的 $\varepsilon_{\lambda,T}$ 也依次上升。

第6章　氟的处理

气态氟化物污染物主要来源于化学、无机盐及冶金工业，氟化物具有很高的化学活性和生物活性，通常以化合物形态存在。陶瓷烧成烟气中氟的主要存在形态为氟化氢（HF）和四氟化硅（SiF_4），以及少量的含氟粉尘。氟化物属于作用于各种酶的原生质毒，对人类、动植物的毒害作用很强。大量的研究证明，微量氟及其化合物也会对人类和动物的机体造成极严重的后果。但同时氟作为重要的化工原料，广泛应用于生产生活当中，因此，加强对含氟烟气的净化、回收利用，具有深远意义。对于烟气中的氟成分的脱除处理工艺目前主要有湿法处理工艺和干法处理工艺。

（1）湿法脱氟工艺的原理是烟气中的 HF 和 SiF_4 很容易被水和碱性物质（石灰乳、烧碱、纯碱、氨水等）吸收。根据吸收剂不同又将湿法净化工艺分为水吸收法和碱吸收法。氟化物用水吸收比较经济，吸收液易得，但缺点是对设备有强烈的腐蚀作用；用碱性物质吸收，产物为盐类，可减轻对设备的腐蚀作用，还可获得副产物，回收氟资源。

（2）干法脱氟工艺的原理是利用固体吸附剂吸附烟气中的氟成分而完成净化烟气的目的。通常采用碱性氧化物作吸附剂，利用其固体表面的物理或化学吸附作用，将烟气中的 HF、SiF_4 等污染物吸附在固体表面，而后利用除尘技术使之从烟气中除去。

6.1　湿法脱氟处理工艺

6.1.1　水吸收法

水吸收法就是用水作吸收剂循环吸收烟气中的 HF 和 SiF_4，生成氢氟酸和氟硅酸，继而生产氟硅酸钠，回收氟资源。吸收液呈现酸性，待吸收液中含氟达到一定浓度后，将其排出加以回收利用或中和处理。一般水吸收法除氟工艺采用二级或三级串联吸收工艺，吸收设备可选择文氏管、填料塔、旋流板塔等；二级或三级串联吸收工艺的除氟效率可分别达到95%和98%以上，若第三级采用碱性介质做吸收液，其除氟效率将达到99.9%。含氟烟气经三级吸收、除雾后排放，一级吸收液部分排出，用于回收氟化盐产品或用石灰中和排放，吸收液逐级向前补充，在三级循环池中补入新水。该工艺吸收液中含氟浓度高，可用于回收生产 Na_3AlF_6、Na_2SiF_6、MgF_2、AlF_3、NaF 等多种氟盐，为氟资源的回收利用创造条件。陶瓷烧成烟气中含氟量低且粉尘较多时，一般先经旋风除尘、降温后，再进行吸收。陶瓷烧成烟气温度高达300～400℃，经除尘后降至250℃，喷射吸收塔后，脱氟率可达90%以上。水吸收法除氟工艺具有除氟效率高、操作弹性大、吸收液（水）和中和剂（石灰）价廉易得，不存在设备、管道因结垢堵塞或磨损等问题，吸收液经中和处理或回收氟盐产品后含氟浓度很低，废水对环境的影响较小；但仍存在设备腐蚀、中和渣量大、存在废渣的二次污染等缺点。

6.1.2　碱液吸收法

碱液法除氟是采用含碱性物质的吸收液吸收烟气中氟化物并得到副产物冰晶石的方法。一般采用廉价的石灰做中和剂，此时石灰可能与烟气中的 SO_2 反应而产生 $CaSO_4$ 结垢问题；若烟气中不含 SiF_4，可用 NH_4OH、NaOH 进行中和而得到相应的 NH_4F、NaF 产品。含氟烟气经二级吸收、除雾后排放，一级循环吸收液部分排出到中和澄清器，用碱性物质中和生成氟化物沉淀；中和澄清液返回循环使用，而泥浆排至废渣库或脱水后堆存。最常用的碱性物质是 Na_2CO_3，也可以采用石灰乳作吸收剂。碱法除氟具有除氟效率高、工艺成熟、技术可靠、存在的结垢问题较难解决等特点。

6.2　干法脱氟处理工艺

干法脱氟工艺的原理是利用固体吸附剂吸附烟气中的氟成分而完成净化烟气的目的。含氟烟气通过装填有固体吸附剂的吸附装置，使氟化氢与吸附剂发生反应，达到除氟的目的。干法吸附工艺净化含氟烟气产生的氟化物可以回收利用，吸附剂价廉易得、工艺简单、操作方便、无需再生，净化效率高，一般在98%以上；干法净化不存在含氟废水，避免了设备出现结垢、腐蚀和二次污染问题；和其他方法相比，干法净化基建费用和运行费用都比较低，可适用于各种气候条件，特别是北方冬季，不存在保温防冻问题。

第7章　CO_2 的分离回收处理

随着工业革命的开始，人类生产和生活活动的扩大，大量的 CO_2 气体排放到了大气环境中，对人类赖以生存的生态环境、水资源、粮食安全、能源等构成严重威胁。CO_2 是全球最重要的温室气体，其对温室效应的贡献约占全部温室气体的50%，是造成气候变暖的主要原因，也是目前能源环境研究领域受关注最多的温室气体。此外，大气中二氧化碳的逐渐增加令全球海洋变酸，对环境造成破坏。但与此同时，CO_2 气体还是一种重要的资源，在化工合成方面，CO_2 可以合成尿素，生产碳酸盐、阿司匹林，制取脂肪酸和水杨酸及其衍生物，利用 CO_2 代替传统的农药作杀虫剂，也在研究之中；在农业方面，CO_2 可用于蔬菜、瓜果的保鲜贮藏，也能用于粮食的贮藏，它比通常所用的熏蒸剂效果更好，把 CO_2 引入蔬菜温室，能增加蔬菜的生长速度，缩短其生长周期，提高温室的经济效益；在工业方面上，CO_2 是很好的制冷剂，它不仅冷却速度快，操作性能好，还不浸湿产品，不会造成二次污染。所以，不管从环境效益还是经济效益上来看，通过对 CO_2 气体分离回收利用可以收到双重效益。

7.1　CO_2 的物理处理法

7.1.1　CO_2 的物理吸收法

物理吸收法的原理是利用各组分在溶剂中的溶解度随着压力、温度变化的原理来进行分离，从而达到分离处理二氧化碳的目的。在整个吸收过程中不发生化学反应，因而消耗的能量要比化学吸收法要少，通常物理吸收法中吸收剂吸收二氧化碳的能力随着压力增加和温度降低而增大，反之则减小。该法关键是确定吸收剂的种类，所选的吸收剂必须具有对 CO_2 的溶解度大、选择性好、沸点高、无腐蚀、无毒性、性能稳定的特点。常用的溶剂有水、甲醇、碳酸丙烯酯等。

（1）水洗法应用最早，具有流程简单、运行可靠、溶剂水廉价易得等优点，但其设备庞大、电耗高、产品纯度低并造成污染，一般不采用。

（2）低温甲醇法应用较早，具有流程简单、运行可靠、能耗比水洗法低、产品纯度较高等优点，但是为获得吸收操作所需低温还需设置制冷系统，设备材料需用低温钢材，因此装置投资较高。

（3）碳酸丙烯酯法（简称PC法）是近年来中小型氨厂常用的脱碳和回收二氧化碳的方法。它具有溶液无毒、浓溶液对碳钢腐蚀性小、能耗比甲醇法低等优点，缺点是PC溶剂循环量大，造成溶剂损耗大，操作费用较高。

7.1.2　CO_2 膜分离法

膜分离法利用各种气体在薄膜材料中的渗透率不同来实现分离，用于二氧化碳分离的膜分离器有中空纤维管束和螺旋卷板式两种。目前该法必须与其他分离工艺结合使用，而且主要用于二氧化碳含量在70%～80%的情况下。该法节能、回收率高，但对于二氧化碳含量较低（60%以下）的气源，回收纯度不高。

7.1.3 低温蒸馏法

低温蒸馏法利用天然二氧化碳气源中主要组分甲烷和二氧化碳间沸点的差异，以蒸馏方法将二氧化碳分离出来，主要应用于一些富含60%～90%的天然二氧化碳气源中回收二氧化碳，供二次采油用。因此，此法具有一定的局限性。

7.1.4 变压吸附法

变压吸附技术利用吸附剂对混合气体中的不同组分具有不同吸附容量的特性，在较高压力下选择吸附混合气体中的二氧化碳，然后通过减压的方式使二氧化碳解吸出来，从而实现二氧化碳的分离与提纯。变压吸附法具有工艺过程简单、产品纯度高、回收率高、没有“三废”污染、装置运行可靠、启动快等特点。但变压吸附工艺一般适用于原料气压力和二氧化碳分压较高的场合，对于压力和二氧化碳含量均较低的气源，若采用变压吸附工艺则需要将原料气增压，这势必增加能耗。

7.2 CO_2 的化学处理法

7.2.1 化学吸收法

对于二氧化碳分离与回收技术中，以化学溶剂吸收法研究的最多，也被认为最经济可行。二氧化碳的化学处理技术包含二氧化碳及其他物质（如各级醇胺、氨水或氨气、氢氧化钠等）间一种或更多的可逆反应已达成分离效果。化学吸收法分离回收 CO_2 的特点在于：①技术工艺成熟，应用广泛；②回收后 CO_2 纯度高，可达99%左右；③设备占地比较庞大，投资较大；④CO_2 回收成本相对较高。有关于未来化学吸收剂的研究进展，不仅在于开发出吸收容量高、低成本、吸收率佳、抗腐蚀性且不易有溶剂损失的吸收剂，如何寻求出一种低溶剂回收温度或是具有经济价值的添加剂，以再生循环使用吸收剂，来重复吸收二氧化碳，使得吸收剂更具经济价值，也是未来研究发展的方向之一。

7.2.2 化学吸附法

化学吸附是指吸附质分子与固体表面原子（或分子）发生电子的转移、交换或共有，形成吸附化学键的吸附。由于固体表面存在不均匀力场，表面上的原子往往还有剩余的成键能力，当气体分子碰撞到固体表面上时便与表面原子间发生电子的交换、转移或共有，形成吸附化学键的吸附作用。

化学吸附的机理可分3种情况：①气体分子失去电子成为正离子，固体得到电子，结果是正离子被吸附在带负电的固体表面上；②固体失去电子而气体分子得到电子，结果是负离子被吸附在带正电的固体表面上；③气体与固体共有电子成共价键或配位键。例如气体在金属表面上的吸附就往往是由于气体分子的电子与金属原子的d电子形成共价键，或气体分子提供一对电子与金属原子成配位键而吸附的。

吸附法系将含有二氧化碳的烟道气通过吸收塔，利用与吸附剂接触的方式达到去除二氧化碳的目的。常见的吸收剂有沸石、活性炭及分子筛等，其中以分子筛吸附最具有代表性。若从设备费、电费及蒸汽等支出费用等方面考虑，吸附法较适用于中小规模的二氧化碳吸收。

第8章　烟气中重金属的处理

重金属是指密度大于$5g/cm^3$的金属元素，常见的大气重金属污染元素包括汞（Hg）、铅（Pb）、镉（Cd）、砷（As）、铬（Cr）等。而其中大部分（75%～90%）的重金属离子包含在可吸入颗粒物（PM10）中，且颗粒越小，重金属含量越高。大气中的重金属污染离子一般以气溶胶、粉尘或蒸汽的形式通过呼吸作用、吞食系统以及皮肤接触等途径进入人体内。重金属离子一旦进入大气或生物体，其迁移转化过程一般只涉及不同价态之间的变化，而不能被分解消除；并且通过食物链易在人体内富集，这将会对人体或环境产生明显的毒害性。现已有大量流行病学研究显示，细颗粒物和重金属污染物有着严重的健康效应，其中包括提高死亡率和心血管、呼吸、过敏性等疾病的发病率。

8.1　烟气中重金属的来源

原材料中含有的重金属物质，高温焚烧后除部分残留于灰渣中之外，部分则会在高温下气化挥发进入烟气。部分金属物在炉中参与反应生成的氧化物或氯化物，比原金属元素更易气化挥发。这些氧化物及氯化物因挥发、热解、还原及氧化等作用，可能进一步发生复杂的化学反应，最终产物包括元素态重金属、重金属氧化物及重金属氯化物等。元素态重金属、重金属氧化物及重金属氯化物在尾气中将以特定的平衡状态存在，且因其浓度各不相同，各自的饱和温度亦不相同，遂构成了复杂的连锁关系。元素态重金属挥发与残留的比例与各种重金属物质的饱和温度有关，饱和温度愈高则愈易凝结，残留在灰渣内的比例亦随之增高。其中，汞、砷等蒸气压均大于7mmHg（约933Pa），多以蒸汽状态存在。高温挥发进入烟气中的重金属物质，随烟气温度降低，部分饱和温度较高的元素态重金属（如镉及汞等）会因达到饱和而凝结成均匀的小粒状物或凝结于烟气中的烟尘上。饱和温度较低的重金属元素无法充分凝结，但飞灰表面的催化作用会使其形成饱和温度较高且较易凝结的氧化物或氯化物，或因吸附作用易附着在烟尘表面。仍以气态存在的重金属物质，也有部分会被吸附于烟尘上。重金属本身凝结而成的小粒状物粒径都在1μm以下，而重金属凝结或吸附在烟尘表面也多发生在比表面积大的小粒状物上，因此小粒状物上的金属浓度比大颗粒要高，从焚烧烟气中收集下来的飞灰通常被视为危险废物。

8.2　烟气中重金属污染物的脱除

8.2.1　飞灰的固化技术

固化是稳定飞灰的性质，以达到安全化、减量化、资源化的目的。飞灰中含有重金属，必须经过特殊的处理才不会在填埋时渗出重金属，一般采用的是稳定化或固定化处理。固化与稳定化技术是国际上处理有毒、有害废物的主要方法之一。固化的方法主要有水泥固化、沥青固化、化学药剂固化、烧结固化和熔融固化等。经过固化的飞灰，如果能满足浸出毒性的标准，可以按普通废物进行填埋处理。

8.2.2　高温熔融处理法

熔融是利用燃料的燃烧热及电热两种方式，在高温的状况下，使飞灰中的有机物发生热分解、燃烧及气化，无机物熔融成玻璃质残渣的过程。飞灰产物的密度和机械强度经过高温熔融均得到提高，从而使其中的重金属得到稳定化。烧结是高温熔融处理飞灰的重要方法，影响处理效果的重要参数是压缩压力、烧结时间、温度。

8.2.3　化学稳定法

常规的固化技术存在着很多的问题，如废物经固化处理后其体积会有不同程度的增加，甚至有的会成倍的增加，并且随着对固化体中重金属的稳定性和浸出率的提高，在处理飞灰时需要使用更多的凝结剂，增加了处理费用，此外也存在着固化体的长期稳定性问题。针对这些问题，近年来国际上提出采用高效的化学稳定药剂进行无害化处理的概念，已成为重金属废物无害化处理领域的研究热点。例如投加 Na_2S、NaOH 等来稳定重金属，此外，溶解性磷酸盐、硫酸亚铁也可作为化学稳定剂，其中利用磷酸盐稳定垃圾焚烧飞灰，可防止重金属的浸出，可溶磷酸盐加入到熔融的飞灰中可促进其稳定性。利用药剂稳定化技术处理飞灰，同时实现了飞灰无害化和废物的少增容或不增容，从而提高了飞灰处理系统的总体效率和经济效益，增强了稳定化产物的长期稳定性，减少了最终处置过程中稳定化产物对环境的危害。

8.2.4　吸附法

吸附法处理是利用多孔性固体相物质对液体或气体中某一组分具有的选择吸附能力，使其富集在吸附剂表面，而从混合物中分离的过程。也就是通过加入吸附剂来除去烟气中的重金属。吸附法中常用的吸附剂有飞灰、活性炭、钙基吸附剂以及沸石材料等。

（1）活性炭

活性炭是一种非常优良的吸附剂，它具有物理吸附和化学吸附的双重特性。有研究显示活性炭负载氯化锌对未来的吸附能力，实验表明负载过氯化锌的活性炭对单质束具有很强的吸附性，因为汞可以被活性炭表面的活性物质氧化。

（2）钙基吸附剂

美国环保署研究采用钙基类物质进行汞的脱除，发现钙基类物质的汞脱除效率与燃煤或废弃物燃烧烟气中汞存在的化学形式有很大关系，研究结果表明钙基类物质如 $Ca(OH)_2$ 对 $HgCl_2$ 的吸附效率可达到 85%，碱性吸收剂如 CaO，同样也可以很好地吸附 $HgCl_2$，但是对 Hg 的吸附效率却很低。

（3）螯合剂及表面活性剂

螯合剂是重金属的稳定药剂，它可以与重金属离子结合形成稳定的、难溶于水的螯合物，从而能有效阻止重金属的浸出。其稳定重金属的效率比较高，所需要的螯合剂量少，经过处理后的飞灰或污水一般都可以达到国家的填埋或排放标准。蒋建国等将重金属螯合剂处理重金属的效果与无机稳定化药剂进行了实验比较，结果表明重金属螯合剂对多种重金属的捕集效率多在 99% 以上。常用的表面活性剂几乎没有束缚重金属的能力，而能固化重金属的螯合剂因缺乏疏水基团也无法对飞灰颗粒有效活化改性。张后虎等通过实验发现利用螯合型表面活性剂不仅能对垃圾焚烧飞灰进行表面活化改性，活化率高于95%，同时对飞灰中的重金属离子也具有很好地稳定螯合作用，达到了稳定化和资源化的双重效果。陈玉成等将螯合剂和表面活性剂结合起来除镉，有一定的效果。

8.2.5 催化氧化法

催化氧化法除汞最早是在1926年提出，人们研究发现汞和 O_2 能发生光化学氧化反应，后来研究人员又相继观察到氯化氢、水和二氧化碳等气体在紫外光的作用下均能与汞发生化学氧化反应，使得汞能够形成溶于水或易于脱除的化合物。该法能耗低、运营成本较少，且无二次污染，故具有较好的应用潜力。

第9章 陶瓷企业烟气处理实用工艺与设备

随着经济的发展，人们开始越来越注重环境问题，陶瓷行业在环保问题上已经不能像过去一样恣意任性了，一道道的环境保护政令如筛网一样对陶瓷企业进行优胜劣汰的抉择。业内专家普遍认为，随着技术的革新以及人们对环保的重视，更加严厉的环境保护政策必将在不久的将来决定陶瓷企业的去留。生存或者毁灭，各大陶瓷企业正在不断地努力改造或完善中。

9.1 双碱法脱硫工艺改进及脱硫塔分析

我国是一个燃煤大国，大量的燃煤和煤中较高的含硫量导致大量的二氧化硫排放。目前二氧化硫污染已成为制约我国经济、社会可持续发展的重要因素，控制其污染势在必行。

珠海旭日、白兔陶瓷有限公司宁红军、黄安民等在陶瓷企业现有脱硫工程实践基础上，以陶瓷企业烟气钠钙双碱法脱硫装置运行过程为研究对象，通过考察影响脱硫效率的因素，与有关的专业厂家合作，对传统双碱法烟气脱硫工艺进行了改进和优化，对脱硫塔及附属设施设计要点进行了分析，在陶瓷辊道窑和喷雾塔烟气脱硫工程中得到了较好的应用，可为陶瓷行业同类烟气脱硫工程实践提供指导和参考。

双碱法烟气脱硫技术是在石灰法基础上结合钠碱法的特点，采用纯碱启动，塔内钠碱吸收 SO_2、塔外钠盐与石灰再生，使得钠离子循环吸收利用。钠盐活性强，反应速度快，脱硫效率高，液气比低，可大大减少设备投资。脱硫液是溶解有 NaOH 的清液，脱硫系统管道和设备结垢堵塞现象较钙法脱硫有很大改善。但传统的双减法脱硫工艺中的脱硫液，主要是通过单级置换、沉淀及板框压滤进行处理，一方面 $Ca(OH)_2$ 置换 NaOH 效率较低，运行时需补充较多钠碱，增加脱硫成本；另一方面氧化浆液采用沉淀池进行固液分离，由于沉淀物成分复杂，沉淀池停留时间较长，很容易结垢结块，导致排泥系统堵塞无法运行，不利于脱硫系统连续运行及企业的生产管理。

9.1.1 双碱法脱硫原理

来自窑炉的烟气经烟道从塔底进入脱硫塔。在脱硫塔内布置若干层旋流板，旋流板塔具有良好的气液接触条件。从塔顶喷下的碱性溶液在旋流板上雾化使得烟气中的 SO_2 与喷淋的碱液充分吸收、反应。经脱硫洗涤后的净化烟气由烟囱排入大气。

双碱法烟气脱硫工艺主要包括吸收剂制备和补充系统、烟气系统、SO_2 吸收系统、脱硫石膏脱水处理系统和电气控制系统五个部分。

各部位具体反应方程式如下：

脱硫塔内：

$$2NaOH + SO_2 = Na_2SO_3 + H_2O \tag{9-1}$$

$$Na_2SO_3 + H_2O + SO_2 = 2NaHSO_3 \tag{9-2}$$

反应池内：

$$Ca(OH)_2 + Na_2SO_3 = CaSO_3 + 2NaOH \tag{9-3}$$

$$Ca(OH)_2 + 2NaHSO_3 = Na_2SO_3 + CaSO_3 \cdot 1/2\ H_2O + 1/2\ H_2O \tag{9-4}$$

有氧气的情况下还会有下列反应：

$$Ca(OH)_2 + Na_2SO_3 + 1/2O_2 + 2\ H_2O = 2NaOH + CaSO_4 \cdot 2H_2O \tag{9-5}$$

双碱法脱硫一般只有一个循环水池，NaOH、石灰与除尘脱硫过程中捕集下来的烟灰同在一个循环池内混合，在清除循环水池内的灰渣时，烟灰、反应生成物亚硫酸钙、硫酸钙及石灰渣和未完全反应的石灰同时被清除，清出的灰渣是一种混合物不易被利用而形成废渣。主要工艺过程是在清水池一次性加入氢氧化钠溶剂制成氢氧化钠脱硫液（循环水），用泵打入脱硫除尘器进行脱硫。三种生成物均溶于水。在脱硫过程中，烟气夹杂的烟道灰同时被循环水湿润而捕集进入循环水，从脱硫除尘器排出的循环水变为灰水（稀灰浆）。一起流入沉淀池，烟道灰经沉淀定期清除，回收利用，如交给制砖厂烧制环保型内燃砖等。上清液溢流进入反应池与投加的石灰进行反应，置换出的氢氧化钠溶解在循环水中，同时生成难溶解的亚硫酸钙、硫酸钙和碳酸钙等，可通过沉淀清除及回收利用，是制水泥的良好原料。脱硫液体采用外循环吸收方式，循环池内一次性加入碳酸钠制成脱硫液（循环水），用循环泵打入脱硫除尘器进行除尘脱硫。脱硫液体经过塔底流入再生池，与石灰浆液进行化学反应，反应后的液体流入沉淀池进行沉淀，然后把渣进行清理，废渣经过晾干后进行处理。再生上清液流入循环池，循环池内经再生和补充新鲜碱液的脱硫液还是由循环泵打入主除尘脱硫塔，经喷嘴雾化后与烟气充分接触，然后流入再生池，如此循环，循环池内脱硫液 pH 值下降到一定程度后则补充新鲜碱液，以恢复循环脱硫液的吸收能力。

洗涤水由溢流管大部分进入反应池，在反应池中加入过饱和石灰水进行 NaOH 再生，同时生成难溶解的亚硫酸钙、硫酸钙和碳酸钙等，并流入外循环沉淀池进行沉淀和澄清，灰渣经沉淀定期清除，回收利用，上清液溢流进入内循环池与新补充 NaOH 液一起经脱硫泵进入烟气脱硫塔进行脱硫。洗涤水另一部分直接进入内循环池，经补充 NaOH 后与沉淀溢流回来的 NaOH 溶液混合后，经脱硫泵进入烟气脱硫塔进行脱硫。

9.1.2 烟气脱硫工艺及对比

以企业辊道窑烟气脱硫为例，烟气量为 10000m^3/h。烟气处理选择了钠钙双碱法脱硫工艺，并根据实际情况对双碱法进行了改进，使之脱硫效率进一步提高。脱硫系统采用烟气收集统一处理，共用工艺水系统、氧化系统及废液废渣处理系统，工艺对比如下：

9.1.2.1 传统工艺

目前，因湿法脱硫具有高效、稳定、技术成熟等特点，常被作为首选的烟气脱硫工艺方案，其中较多采用石灰石-石膏法、双碱法和钠碱法。但由于石灰石-石膏法采用钙基脱硫剂吸收 SO_2 后，生成的亚硫酸钙和硫酸钙极易在脱硫塔及管道内发生结垢、堵塞现象，同时钙基脱硫速度较慢，需要较大的液气比，才能保证脱硫效率，能耗较大；钠碱法成本较高。因此，双碱法脱硫工艺在中小型燃煤锅炉中得到一定应用，传统双碱法脱硫工艺流程如图 9-1 所示。

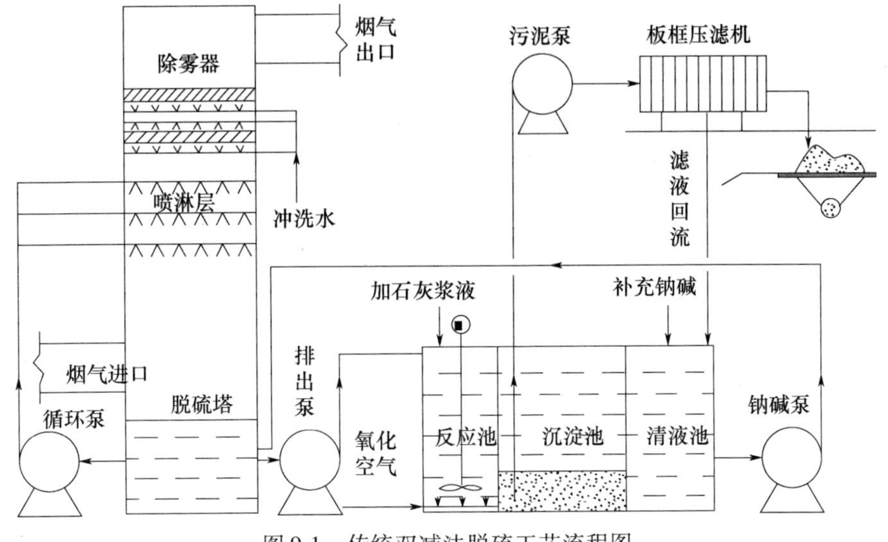

图9-1　传统双减法脱硫工艺流程图

从图9-1可知，传统双减法脱硫工艺主要由制浆系统、烟气系统、脱硫塔系统及废液废渣处理系统等组成。脱硫液主要是通过单级置换、沉淀及板框压滤进行处理。一方面$Ca(OH)_2$置换NaOH效率较低，运行时需补充较多钠碱，增加脱硫成本；另一方面氧化浆液采用沉淀池进行固液分离。由于沉淀物成分复杂，含有$CaSO_4 \cdot 2H_2O$、$CaSO_3 \cdot 1/2H_2O$、$NaSO_4$、$NaSO_3$、未溶解的$Ca(OH)_2$及粉尘等，沉淀池停留时间较长，很容易结垢、结块，导致排泥系统堵塞无法运行，只能采取外排沉淀池大量浆液进行人工清理疏通，不利于脱硫系统的稳定运行。脱硫废渣主要成分为$CaSO_4 \cdot 2H_2O$，采用板框压滤机单级脱水，存在进料口易堵塞、滤饼不易取出、处理量小、易破板、滤布消耗大、经常要人工清洗等缺陷，不利于生产管理。

9.1.2.2　改进工艺

针对传统双碱法脱硫工艺存在碱液置换效率低以及废液废渣处理缺陷等问题，对传统工艺进行改进，如图9-2所示。$Ca(OH)_2$置换NaOH的效率较低，一方面是因为$Ca(OH)_2$溶解度很低，0℃时溶解度仅为0.185mg/L，且随温度的升高溶解度下降，导致反应进行缓慢；另一方面是因为浆液成分复杂，反应物$Ca(OH)_2$和钠盐接触机会减少，传质受阻，反应缓慢。从图可知，改进型工艺将单级置换反应池改为三级，均布石灰浆液投加装置，浆液逐级溢流。反应池pH值控制在5.5~8.0之间，当pH值偏低时，增大石灰浆液相应管路阀门开度；反之，则减小阀门开度。另外，三级反应池均设置搅拌及氧化装置，浆液停留时间设计为1.5h，反应池通常设计为方形或圆柱形，高度3.0~4.0m之间，确保搅拌曝气均匀，反应物接触充分，反应及氧化更完全；还可防止产物和粉尘杂质等结垢结块，导致设备堵塞影响系统运行。氧化风机可按理论风量的1.8~2.5倍进行设计选型，确保石膏浆液充分氧化，同时对浆液也起到一定的搅拌混合作用，进而提高反应速率。由于反应池浆液成分复杂，考虑耐磨防腐等工况因素，氧化管路及石灰浆液管路采用玻璃钢材料，搅拌器轴及叶片为碳钢衬胶。

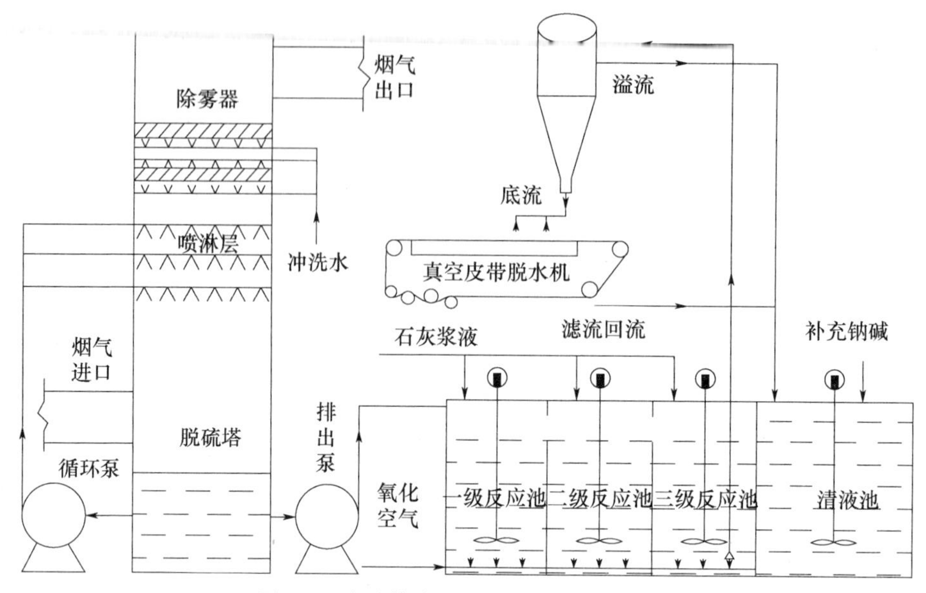

图 9-2　改进传统双减法脱硫工艺流程图

主要成分为 $CaSO_4 \cdot 2H_2O$ 的脱硫废渣，采用二级脱水工艺，浆液先经过旋流器进行一级脱水，提高浆液浓度，由旋流器底部落入真空皮带脱水机进行二级脱水，从而得到含水率较低的石膏；滤液流至清液池循环利用。清液池 pH 值控制在 5.0 ~ 7.0 之间，当 pH 值较低时，补充适量钠碱。脱硫废渣二级脱水与单级板框压滤机脱水相比，具有过滤效率高、洗涤效果好、控制水平高、使用维修方便等优点，给企业生产管理带来便利。图 9-3 为企业双减法脱硫工艺实物图。

图 9-3　企业双减法脱硫工艺实物图

9.1.3　脱硫塔系统

脱硫塔是湿法烟气脱硫系统中的核心设备，塔及塔内件的设计是否合理是脱硫系统能否长期高效运转的关键。脱硫塔塔体为大型钢结构壳体，主要由主体结构、喷淋层、除雾器及冲洗水系统、浆池、管道系统组成。塔壁上接管法兰，开孔、平台爬梯及人孔门较多，尤其是大开口的烟道进出口对塔体承力能力将产生较大影响，因此，脱硫塔系统喷淋层、除雾器及冲洗水系统、浆池等设计时应充分考虑烟气压力、浆液冲刷、塔体及其附件自身质量、风雪荷载、地震荷载等作用力影响。

9.1.3.1　主体结构

在该烟气脱硫工程中，根据自身情况选用两个大直径的喷淋塔，选用的塔具有内件少、结垢概率小、系统阻力小、运行维修成本低等特点。脱硫塔设 3 层平台，通过旋转爬梯可以到达各层脱硫塔平台，便于塔内件安装及后期维护检修。脱硫塔主塔规格为 $6.5m^2 \times 25m$，副塔规格为 $6.5m^2 \times 15m$，主塔和副塔之间连接部分为文氏喉管脱硫区，长 2m、宽 1.8m、高 1.5m。塔内设 3 层喷淋层，两层旋流板除雾器，配套三层冲洗水系统。为防止过流烟气扰动引起结构震颤，塔体外部采用 12 号槽钢卷弧进行结构补强，相邻槽钢间距为 3m，进出口烟道与塔体壁板对接处亦做适当补强。

9.1.3.2　喷淋层

脱硫塔喷淋层的设计，主要是喷淋层布置符合喷淋浆液的覆盖率，使吸收浆液与烟气能充分接触进行中和反应，以达到设计要求的脱硫效率。为避免烟气量增大或煤种变化引起 SO_2 含量超过设计值而导致脱硫效率下降的现象，喷淋层设上、中、下三层，两用一备，相邻喷淋层在竖直方向分 30°角错开布置，结构如图 9-4 所示。

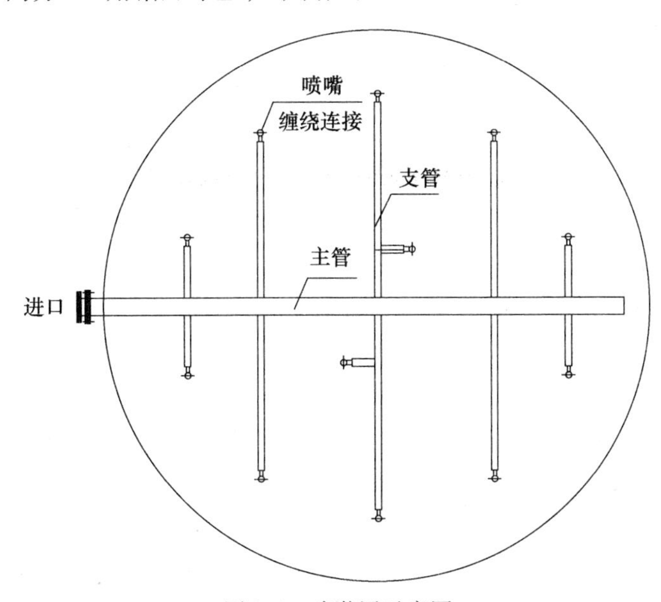

图 9-4　喷淋层示意图

从图 9-4 可知，喷淋层主要由主管、支管、喷嘴组成。主管和支管在脱硫塔端面内对称布置，形成一个管网系统，该系统能使浆液在脱硫塔内均匀分布。由于喷淋层管路的合理优化布置设计，保证了浆液能在整个脱硫塔断面上进行均匀喷淋，喷淋覆盖率可达 170% ~ 250%。综合考虑塔内防腐耐温耐压等苛刻工况条件，浆液喷淋管采用玻璃钢材料制作，整个管网分段加工，采用缠绕对接连接工艺。喷嘴为切线型空心锥喷头，碳化硅材质，设计时应根据压力、流量、喷射角度及喷淋覆盖率等因素选型。喷嘴进口与管路对接处较大缝隙用腻子封堵形成圆滑过渡，13～16层玻璃布缠绕固定，连接时应严防树脂流挂喷嘴内部固化后堵塞喷嘴。由于喷嘴进口直径相对喷淋管路要小很多，进口有一较长水平段，直接缠绕连接影响管道内浆液流通，且制作难度较大，连接不牢固，在管路与喷嘴之间连接一段长度20cm、直径与喷嘴进口直径相当的细管作为过渡，采用承插连接方式可避免此现象的发生。系统运行过程中，喷淋管内外分别受到高流速浆液和烟气的冲刷，很容易引起结构震颤，喷淋层下部需设置支撑梁。

9.1.3.3　除雾器及冲洗水系统

除雾器的主要作用是用来分离烟气所携带的粒径在15μm以上的浆液微滴，确保烟气的含水率在$75mg/m^3$以下进烟囱高点排放。目前较为常用的除雾器有平板式和屋脊式两种，该工程采用前者，其系统结构如图9-5所示。

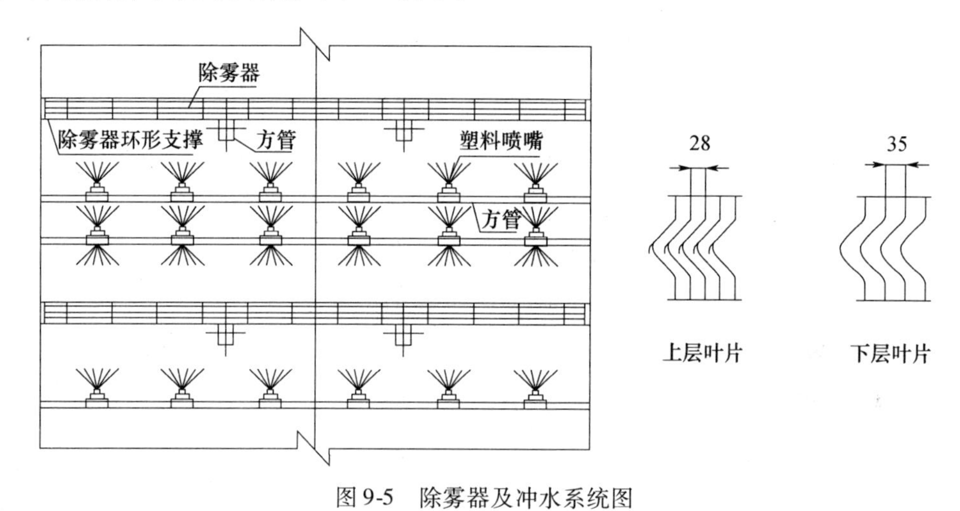

图9-5　除雾器及冲水系统图

从图9-5中可以看出，在脱硫塔内，除雾器分上下两级，采用厚度为1.2～2.0mm的挤拉玻璃钢波纹板组装而成。这样做的原因有两条：一方面便于安装检修，检修人员踩压在上面不致歪塌；另一方面，气体流过不致波动变形，同时节省树脂用量。下层除雾器波纹板间距较大，为3.5cm，主要去除烟气中较大液滴，属粗除雾；上层间距较小，为2.8cm，且波形板板片设有挡水槽，可进一步去除烟气中更为细小的液滴，属精除雾。除雾器下方设有环形板和方管支撑，环形板为圆环钢板，厚为1.2cm，宽度为10cm。为了防止浆液液滴粘在除雾器波纹板上结垢，影响烟气通道，造成系统阻力较大，在两层除雾器上下部位设有三层冲洗水层，材质为玻璃钢。根据工程经验和试验数据确定，除雾器的冲洗强度设计为$0.08m^3/hm^2$。冲洗管上设有多个塑料喷嘴，与管路内丝连接。喷嘴依据流量、压力、雾化粒径和角度进行选型，喷出的液滴直径在20～30μm之间，由下至上逐层冲洗，冲洗不宜过于频繁，否则会导致烟气带水量加重。根据经验，选择好冲洗压力和喷嘴角度至关重要，喷头入口压力0.2MPa，喷洒角90°，冲洗水管与除雾器的高差在0.5～0.6m之间，对清洗除雾器叶片内侧沉积物效果较好。

喷淋塔实物图如图9-6所示，其特点是采用湿式碱法喷淋，沉降烟气从底部进入，每层迂回平流，烟气中的SO_2经三级药液喷淋吸收后达标排放。图9-7为喷淋塔喷淋脱硫控制系统及在线监测系统图。

图 9-6　喷淋塔实物图

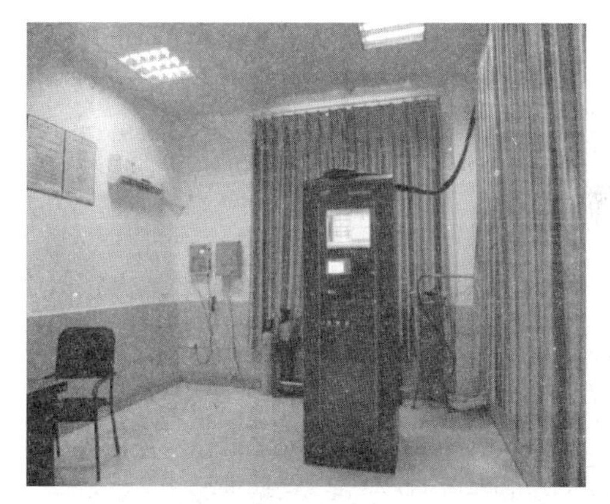

图 9-7　喷淋塔喷淋脱硫控制系统及在线监测系统图

9.1.3.4　浆池

该浆池设置在脱硫塔一侧，为 3 ~ 4m 深度，浆液停留时间设计为 4min。双碱法脱硫与石灰石或石灰法脱硫工艺相比，浆池沉积物较少，无需设置搅拌装置，但为防止前段除尘器出现异常，导致大量粉尘淤积到脱硫塔底部结成硬块，进而堵塞设备或管道，塔底设置一层冲洗水层。浆池设置 pH 计、隔膜压力变送器分别监测浆液 pH 值及液位，数据传输至 PLC 控制系统，并显示在操作画面上。

9.1.3.5　塔外浆液喷淋管

塔外浆液喷淋管要求管内耐磨耐腐蚀，目前大致有碳钢衬橡胶和玻璃钢两种，该工程采用前者。碳钢衬胶管道是一种以钢管道为骨架，内衬耐磨、防腐以及耐高温的橡胶作为衬里层，通过橡胶自身物理和化学性能从而降低了浆液对外部结构的冲击力、腐蚀等，大大延长了管路的使用寿命，目前使用较为广泛。施工时先将碳钢管道切割成 1.5 ~ 3.0 m 的管段，两端用法兰连接，管道现场组装定位后拆卸外送衬胶，衬胶完毕后返回现场重新组装。目前国内玻璃钢管多为插管手糊加强性连接，连接部受弯和喷浆时可能由震颤现象易引起疲劳开裂，使用有一定局限性，但随着技术的不断成熟，玻璃钢管道用于脱硫系统具有较好发展前景。

9.1.4 窑炉烟气的 SNCR 法脱硝

陶瓷行业对环境影响最大之一是窑炉中燃料燃烧后产生的废气，其中主要污染物是硫化物、氮氧化合物和氟化物等。

针对这些污染物，首先对煤气进行脱硫，降低燃料中的硫化物含量，使二氧化硫由 350mg/m^3 降至 100mg/m^3 以下；再采取在窑炉内 SNCR 脱硝和双碱法两级脱硫塔脱硫，使烟气达标排放。工艺流程如图 9-8 所示，实物图如图 9-9 所示，控制系统与在线监测系统如图 9-10 所示。使用煤气炉煤气比使用天然气的氮氧化物排放浓度要低 50 ~ 60mg/m^3。

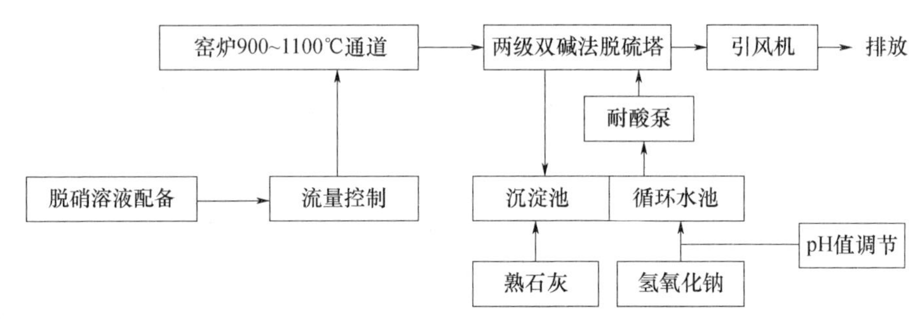

图 9-8 窑炉烟气的 SNCR 法脱硝工艺流程图

(a) 脱硝溶液的制备

(b) 脱硝溶液的分配及输送系统

(c) 稳压与流量控制系统

(d) 辊道窑内相应段脱硝溶液喷射系统

图 9-9 窑炉烟气的 SNCR 法脱硝工艺流程实物图

图9-10　窑炉内喷淋脱硝控制系统及烟气成分在线监测系统

操作方式：脱硝剂或尿素经溶液配制罐溶解后，制成20%浓度的脱硝溶液，再经水泵输送并过筛进入储存罐。通过高压低流量耐酸不锈钢泵将脱硝溶液送入流量控制系统进行分配，在辊道窑相应段内使用双流体喷射器雾化喷入窑炉内辊棒上下通道与窑内烟气中的氮氧化物反应还原为氮气排出。不同的脱硝剂含量在窑内的不同温度段脱硝效果见表9-1～表9-3。经地区环境保护监测站测试辊道窑废气排气筒排放废气情况见表9-4。

表9-1　脱硝效果比对汇总表（10%）

项　　目	10%尿素	10%氨水	10%脱硝剂
窑炉节数	17	15	17
温度（℃）	970～1000	830～860	970～1000
药剂用量（kg/h）	24	24	24
流量计读数（LPM）	0.4	0.4	0.4
处理前 NO_x 浓度（mg/m^3）	306	334	330
处理后 NO_x 浓度（mg/m^3）	220.93	230.1	167
处理效率	27.8%	31.1%	49.4%

表9-2 脱硝效果比对汇总表（15%）

项　　目	15%尿素	15%氨水	15%脱硝剂
窑炉节数	17	15	17
温度（℃）	970～1000	830～860	970～1000
药剂用量（kg/h）	24	24	24
流量计读数（LPM）	0.4	0.4	0.4
处理前 NO_x 浓度（mg/m^3）	311	328	336
处理后 NO_x 浓度（mg/m^3）	175.3	174.8	159
处理效率	43.6%	47.3%	52.7%

表 9-3　脱硝效果比对汇总表（20%）

项　目	20% 尿素	20% 氨水	20% 脱硝剂
窑炉节数	17	15	17
温度（℃）	970～1000	830～860	970～1000
药剂用量（kg/h）	24	24	24
流量计读数（LPM）	0.4	0.4	0.4
处理前 NO_x 浓度（mg/m^3）	306	334	330
处理后 NO_x 浓度（mg/m^3）	125.3	120.2	115
处理效率	59.1%	64%	65.1%

表 9-4　辊道窑废气排气筒排放废气检测情况

检测日期	监测点位名称及样品名称	排气筒高度	项目分析结果								
			氮氧化物（mg/m^3）	氮氧化物排放速率（kg/h）	二氧化硫（mg/m^3）	二氧化硫排放速率（kg/h）	烟尘（mg/m^3）	烟尘排放速率（kg/h）	烟气黑度（级）	氟化物（mg/m^3）	氯化氢（mg/m^3）
2014. ×. ×	FQ-21410H 辊道窑废气排气筒（处理后）	25m	121	1.66	7.5（Y）	0	8.16	0.11	<1	0.03（Y）	0.45（Y）
			122	1.53	7.5（Y）	0	8.43	0.11	<1	0.03（Y）	0.45（Y）
			116	1.52	7.5（Y）	0	9.43	0.12	<1	0.03（Y）	0.45（Y）
2014. ×. ×			124	1.60	7.5（Y）	0	9.22	0.12	<1	0.03（Y）	0.45（Y）
			119	1.86	7.5（Y）	0	6.50	0.10	<1	0.03（Y）	0.45（Y）
			124	1.81	7.5（Y）	0	9.24	0.14	<1	0.127（Y）	0.45（Y）
	标准极限		450	—	300	—	50	—	1	3.0	25
	达标情况		达标	—	达标	—	达标	—	达标	达标	达标
	执行标准		《陶瓷工业污染物排放标准限值》（GB 25464—2010）								

9.1.5　效果

（1）在吸收塔工艺设计中，塔入口烟尘含量一般应控制在 200 mg/m^3 以下。若粉尘含量过高，将会导致脱硫效率下降、石膏品质降低、除雾器易堵塞和结垢，影响系统运行。

（2）改进型双碱法脱硫工艺与传统工艺相比，具有碱液置换效率高、自动化程度高等优点，便于企业生产管理，具有一定的适用性。

（3）塔内所有外漏钢结构件均需做防腐处理，主要有衬乙烯基酯树脂鳞片胶泥、橡胶或合金。

（4）“十一五”至今该企业技术创新进行了多项节能减排、环保技术改造的工作。

① 低温快烧的工艺配方创新。外墙砖陶瓷生产工艺配方的烧成温度一直都是在 1250℃左右，烧成周期长达 60min。通过科学试验，配制出了低温快烧的节能配方。调整窑炉烧成的各项控制参数，加快烧成速度，缩短烧成周期，提高产品产量。产品的各种技术指标均符合国家标准规定。这项改革每年可节约 3500t 标煤，可减少 1540t CO_2 排放，30 多吨 SO_2 排

放和 4t 多的 NO_x 排放。

② 窑炉余热的多方利用。窑炉余热利用于喷雾干燥塔、点胶线、铺贴线、助燃风的改造，充分利用窑炉余热，通过冷却带的直接排出外界的约 250℃的热风，重新回收至急冷区，使温度升到 600℃左右，部分再抽出送往喷雾干燥塔干燥粉料，部分烟气则通过热交换输送到点胶线加热，窑炉尾冷余热部分抽回作助燃风和铺贴线使用。每年可节约 1 万吨标准煤，可减少 2 万吨 CO_2 排放，100 多吨 SO_2 排放和 10 多吨 NO_x 排放。

③ 垫板减薄。垫板是规格较小的外墙砖在烧成时的载体，过去的垫板厚达 11.5mm，每块垫板重 4kg，而垫板上承载的产品质量仅 2kg。加热制品至 1250℃同时也要把垫板加热至 1250℃，这浪费了宝贵的能源。通过多次试验，把垫板的厚度由 11.5mm 减薄到 6.5mm，质量降低 40%，节省了大量的能源。根据第三方评估和实测年节约标煤达 6 千多吨，可减少 1.2 万吨 CO_2 排放，60 多吨 SO_2 排放和 7t 左右的 NO_x 排放。

④ 瓷砖减薄等源头控制减排工程。产品综合能耗最低 241.8kgce/t 瓷，达到国家产品能耗先进值（300kgce/t）。每年可节约 3 万多吨的标煤、减少 6 万多吨 CO_2 排放、350 多吨 SO_2 排放和 40 多吨 NO_x 排放。花园式企业概貌如图 9-11 所示。

图 9-11　花园式工厂概貌

9.2　超低排放环保岛解决方案——针对建陶烟气治理

佛山赛因迪环保科技有限公司针对建陶行业烟气性质及排放特性，突破固有的技术模式，采用协同治理方法，采取一体化超低排放技术，打造全新的烟气治理环保岛，使得烟气治理能在长期低成本运行下达到最新的国家环保指标。

9.2.1　协同脱硫除尘一体化治理技术取代传统双碱法的优势

当前，陶瓷行业内的烟气处理环保装置基本上都是采用双碱法，其是以 NaOH（即烧碱）为第一碱吸收烟气中的 SO_2，以 $Ca(OH)_2$（即消石灰）作为第二碱，对吸收液进行置换再生。其反应原理如下：

（1）吸收反应

$$2NaOH + SO_2 \longrightarrow Na_2SO_3 + H_2O \tag{9-6}$$

（2）再生置换反应

$$Na_2SO_3 + Ca(OH)_2 \longrightarrow 2NaOH + CaSO_3 \cdot 1/2H_2O \downarrow \tag{9-7}$$

传统双碱法存在以下缺点：

（1）吸收塔易结垢堵塞

烧碱为强碱，加入少量即可使吸收塔浆液 pH 值升高，使吸收塔长期运行在 $pH>8$ 的碱性环境下。此外，双碱法缺少对浆液密度检测并控制的措施。在 $pH>8$，浆液相对密度 >1.2时，石膏溶解度过小，极易析出并在管壁、塔壁上结晶，干化成垢。双碱法一般在运行半个月后就会出现结晶现象。

（2）出口颗粒物超标

双碱法采用旋流板作为末端颗粒物控制措施。旋流板为老式的低效除雾器，除雾效率低，无法对颗粒物及雾滴进行有效捕集，且塔内结垢严重，烟气上升过程中携带垢粒逃逸，使出口颗粒物超标。

（3）出口 SO_2 超标

Na_2SO_4易溶于水，在浆液里大量累积后无法通过固液分离方式排出。硫酸根离子浓度过高，阻止 SO_2 的吸收，失去脱硫能力。

（4）运行成本过高

双碱法采用烧碱作为吸收剂，价格昂贵，需大量消耗。配备有相当规模的沉淀池，池子外露造成大量水分被蒸发。由于易结垢堵塞，管道、喷枪等经常需要清洗、更换，总体运行成本居高不下。

（5）造成二次污染

双碱法浆液在 Na^+、SO_4^{2-} 饱和后无法固液分离，只能采取整体换水的方式维持脱硫效率，置换的水对水环境造成严重二次污染。此外，双碱法水池外露，浆液中的 SO_2 及 HCl 逃逸进入空气中，造成大气二次污染。

协同脱硫除尘一体化治理技术是新一代烟气多污染物协同治理的超低排放技术。将脱硫、脱氟、除重金属、除尘等功能集成至一套系统中，多污染物去除过程之间相互影响，密不可分。

脱硫、脱氟等采用消石灰作为吸收剂，无需加入 NaOH。消石灰价格便宜，药剂成本低。脱硫、脱氟反应如下：

$$Ca(OH)_2 + SO_2 \longrightarrow CaSO_3 \downarrow + H_2O \tag{9-8}$$

$$2CaSO_3 + O_2 \longrightarrow 2CaSO_4 \downarrow \tag{9-9}$$

$$Ca(OH)_2 + 2HF \longrightarrow CaF_2 \downarrow + 2H_2O \tag{9-10}$$

在吸收塔内，烟气中的 SO_2、HF 与浆液中的 $Ca(OH)_2$进行化学反应，使浆液里的硫、氟和钙离子结合产生易于沉淀的 $CaSO_4$ 和 CaF_2，完成硫和氟的固定化。通过固液分离方式将 $CaSO_4$ 及 CaF_2 排出系统进行二次利用，使吸收塔能长期连续稳定工作。

除尘过程采用气流预均布、大面积浆液覆盖、加装高效除雾器等方式对粉尘及雾滴进行协同控制。喷淋浆液可将原烟气携带的微尘进行有效捕捉，并形成大颗粒雾滴；通过气流预均布使烟气分布均匀，各点流速趋于一致；加装高效除雾器对喷淋吸尘后烟气中的雾滴进行拦截，保证出塔烟气雾滴含量小于20mg/m^3。

9.2.2 工艺流程

如图9-12所示为佛山赛因迪环保科技有限公司设计的协同脱硫除尘一体化治理技术工艺流程图。该技术采用模块化设计，在未来环保升级时能改进并对接，主要由应急喷淋系统、吸收系统、浆液制备系统、工艺水系统、脱水系统、电气控制系统组成。

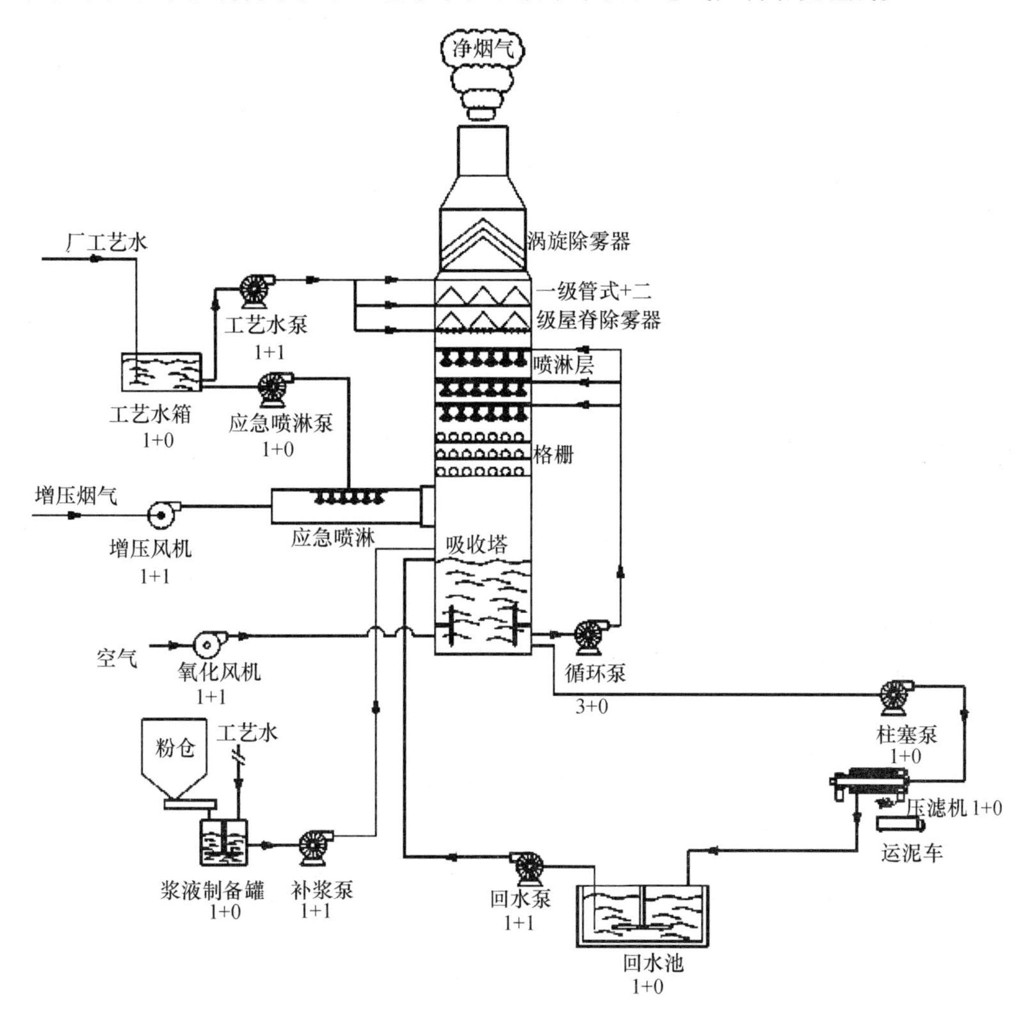

图9-12 协同脱硫除尘一体化治理技术工艺流程图

应急喷淋系统用于在停电、循环泵紧急停运时对入塔烟气进行降温，防止高温烟气破坏塔内非金属构件；

吸收系统包括吸收塔塔体、浆液循环泵、喷淋系统、除雾系统等几个部分。该系统可去除大部分SO_2、氟化物、氯化物、重金属、粉尘等，同时对烟气进行多级除雾，减少雾滴及其夹带的颗粒物；

浆液制备系统包括消石灰粉仓、浆液制备罐、浆液泵及连接各个设备的管道、阀门、清洗措施等，经过搅拌均匀的石灰浆液由泵送到湿式吸收塔；

工艺水系统用于补充蒸发、出口烟气携带以及冲洗用水；

脱水系统用于脱除 $CaSO_4$、$CaSO_3$、CaF_2等固体终产物，滤液返回循环使用；

电气控制系统采用DCS分布式控制系统，配有人机界面，操作人员可监控整个系统的运行情况，如液位、pH值、流量、压力、温度、差压、密度等的过程参数。

9.2.3 工艺过程实物图

协同脱硫除尘一体化治理技术关键实物图如图9-13～图9-19所示。

图9-13 成型车间布袋除尘系统

图9-14 干燥窑收尘系统

9.2.4 烟气处理测试结果

针对使用佛山赛因迪环保科技有限公司提供的协同脱硫除尘一体化治理技术，对未处理前与处理后的烟气中的成分进行测试。从表9-5中可以看出，经过处理后烟气中的颗粒物、二氧化硫以及氮氧化物的含量都大大降低，并远低于国家规定的浓度限值。

图 9-15　协同治理设备 DCS 分布式控制系统

图 9-16　辊道窑脱硝设备

图 9-17　原料车间除尘系统

图 9-18　原料车间脱硝系统

图 9-19　原料车间脱硝 CEMS 在线监控系统

表 9-5　检测结果

检测项目		结果			国标排放浓度限值
		未处理前检测	处理后第一次检测	处理后第二次检测	
颗粒物	折算浓度（mg/m^3）	92.2	16.5	14.6	30
	排放速度（kg/h）	4.7	0.67	0.68	—
二氧化硫	折算浓度（mg/m^3）	227	8	10	50
	排放速度（kg/h）	11	0.34	0.47	—
氮氧化物	折算浓度（mg/m^3）	71	38	41	180
	排放速度（kg/h）	3.6	1.6	1.9	—

9.2.5　技术特色

（1）吸收塔构造先进：①喷淋层具有极大的覆盖面积，确保原烟气粉尘被喷淋雾滴充分捕集，污染物去除效率高；②塔内气液接触区增加多层气流预均布装置，对烟气进行整流，确保吸收及除雾区截面上各点烟气流速均匀，避免除雾区因流速局部过高而产生的雾滴逃逸现象；③对系统的 pH 值、密度、液位、温度等进行全方位的在线监控及实时反馈控制，使系统在稳定的工况下运行，防止了因浆液性质波动而引起的结垢堵塞；④吸收塔与浆池一体，密封无挥发，占地面积小。

（2）拥有专利技术——性能增效装置，防止浆液沿壁面逃逸，提高污染物去除效率。

（3）采用大流量空心锥雾化喷嘴，气液接触充分，不易堵塞。

（4）较低的空塔流速可以增加吸收时间，同时可以减少气液夹带，降低后续工艺对除雾和除尘的负荷。

（5）除雾器用于除去烟气中的雾滴、颗粒物及重金属，可加装烟气换热器（GGH）对出塔烟气进行升温，消除因水蒸气排放而引起的白烟现象。

（6）采用数字信息化控制，自动化程度高，控制精准。

（7）采用消石灰作污染物吸收剂，运行成本低，效果好。

（8）维护费用低，维护简单方便，一般一年做一次维护即可。

（9）采用污染物协同控制理念，在未来环保升级改造、增加项目时，系统都能继续使用和对接。

9.3　络合吸收还原（CAR）脱硝技术

络合吸收还原（CAR）脱硝技术是采用络合吸收剂对低温尾气中的 NO_x 进行吸收还原脱除，主要应用于三个领域：① 低温窑炉尾气脱硝：温度在 50℃以下，经脱硫后再用 CAR 脱硝；② 化工工艺废气：硝酸生产废气、有机物硝化工艺废气；③ 金属表面处理废气：电镀退镀废气、铝合金氧化处理废气。

9.3.1　CAR 脱硝工艺流程

CAR 脱硝工艺流程如图 9-20 所示。

9.3.2　CAR 脱硝优缺点分析

（1）优点

① 属于尾气脱硝，不对产品质量产生任何影响；

② 该方法在低温下运行，反应条件温和，易于操作和管理；

③ 该工艺装置既可以单独安装和运行，也可以与脱硫装置串联使用，既可以实现脱硝，又可以强化脱硫，实现二氧化硫和氮氧化物两指标同时达标。

（2）缺点

该方法在脱硝过程中，有一定数量脱硝废水产生，需经处理后再回用。

9.3.3　烟气处理测试结果

烟气处理测试结果见表 9-6。

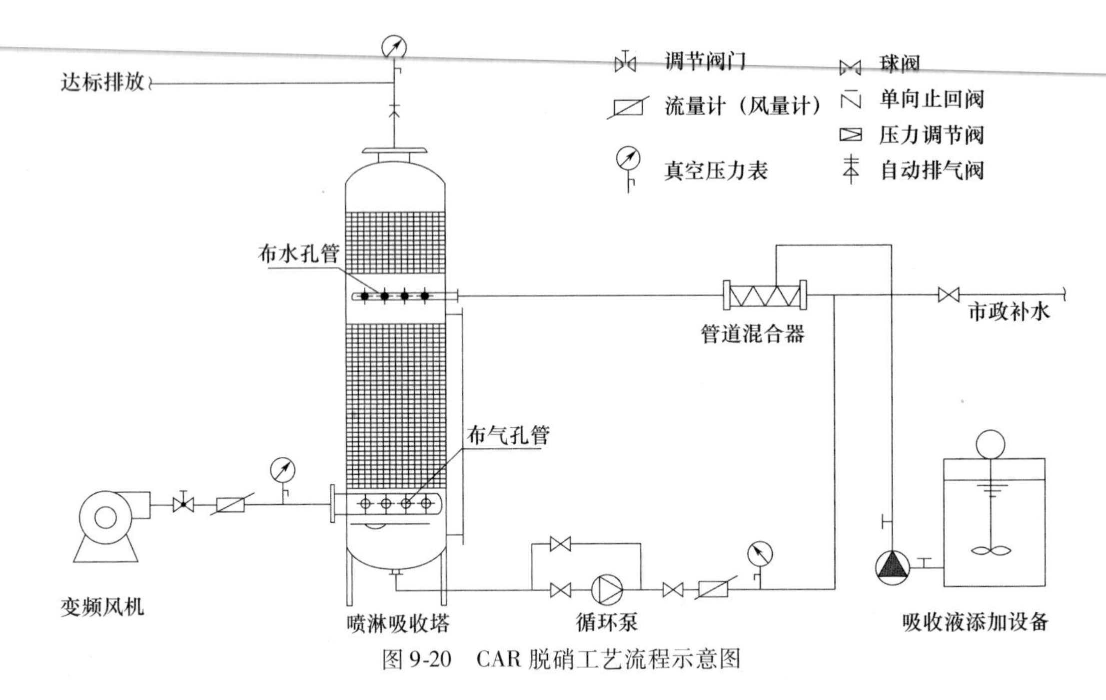

图 9-20　CAR 脱硝工艺流程示意图

表 9-6　烟气处理测试结果

测试项目	企业	某玻璃有限公司	某玻璃制品有限公司
	烟气流量（Nm^3/h）	160000	15000
氮氧化物浓度	处理前（mg/Nm^3）	1200	1500
	处理后（mg/Nm^3）	小于 400	小于 300

9.4　陶瓷行业烟气多种污染物协同控制技术与装备项目实例

江苏科行环保科技有限公司一直致力于建材行业脱硝、除尘及重金属等污染物治理技术的研发工作，近些年对陶瓷行业的大气污染物排放情况及现有环保设备进行了调研和技术探索，将已有的专利技术进行了创新与研发，成功研制出一套适用于我国陶瓷行业的多种污染物协同控制技术与装备，主要包含 SNCR 脱硝与湿式除污技术及装备。特别适用于建筑陶瓷工业烟气 NO_x、粉尘及重金属等多种污染物的脱除，并于 2015 年 9 月在广东蒙娜丽莎新型材料集团有限公司首次投入运行。同年 11 月经北京某环保技术检测中心检测，各项指标均远低于国内陶瓷行业排放标准，关键技术填补了国内空白，且在技术上可行，经济上合理，适合我国陶瓷行业发展现状，在国内陶瓷行业市场的推广前景广阔。

9.4.1　项目研究目的

随着空气环境污染压力的不断加剧，国家对建筑陶瓷工业大气污染物的排放标准必将收严。因此，实现陶瓷行业多种污染物协同、高效、自动化控制治理，是我国建筑陶瓷行业大气污染物减排治理的发展方向。

本项目研究的主要目的：

（1）开发出一套适用于建筑陶瓷行业烟气多种污染物协同控制的技术与装备。

（2）解决当前陶瓷行业环保装备技术落后、运行故障率高、减排效果差的问题。

（3）实现陶瓷行业 NO_x 与粉尘协同控制，填补国内陶瓷行业铅（Pb）、镉（Cd）、镍（Ni）以及氟化物（F）、氯化物（HCl）、SO_3 等污染物脱除技术的空白。

（4）提高陶瓷行业环保治理技术自动化程度，改善生产现场外观整洁度。

（5）促进整个陶瓷行业大气污染物治理技术装备的革新与升级。

9.4.2　项目技术领域及主要内容

多种污染物协同控制技术与装备由 SNCR 脱硝技术与湿式除污技术两大部分组成，涉及大气污染物防治领域。技术内容涉及多个方面，其中 SNCR 脱硝技术包括脱硝还原剂存储系统、还原剂输送计量系统、喷射系统；湿式除污技术包括气流分布装置、阳极系统、阴极系统、喷淋清洗系统、高压电源装置、灰水处理系统、电气控制系统等，主要从以下几方面进行研究。

9.4.2.1　SNCR 脱硝技术研究内容

（1）还原剂选择及改性。通过研究不同因素对常用还原剂（氨水及尿素溶液）脱硝活性的影响，选择陶瓷热风炉烟气脱硝用还原剂。通过实验研究还原剂的改性技术以拓宽还原剂低温脱硝温度窗口，满足热风炉温度较低的工况条件。

（2）通过改进、优化还原剂输送计量调控系统，以实现微量氨水稳定精细化调控与计量。

（3）通过 CFD 流场模拟技术，了解和掌握热风炉工况，合理优化喷枪安装位置、布置形式及还原剂雾化形式，提高还原剂均匀混合、高效覆盖的效果。

（4）采用“双联双控”控制技术，实现还原剂的喷射量跟随 NO_x 浓度波动，实时精细化调节，降低运行成本。

（5）采用模块化设计，减轻现场安装工作量，提高系统稳定性与效率，缩短安装、供货周期。

9.4.2.2　湿式除污技术研究内容

（1）通过分析陶瓷窑炉烟气成分，对比电场内部阳极板、阴极线的可用材料，合理选择适用材质，确保设备长期、可靠运行。

（2）采用活动固阳极板组合技术，解决阳极板与壳体壁板之间防腐层难修复的难题，确保壳体不发生腐蚀。

（3）采用热风旋流式正压保护装置，清除除污器绝缘瓷套内壁粘附的水雾颗粒，增强高压瓷套的绝缘性能，保证除污器的稳定运行。

（4）采用独特结构阳极板，实现均匀水膜，避免形成杈状，提高除尘效率。

（5）研发在线喷淋监测分级补偿技术。采用顶部可拆卸式在线压力监测喷枪喷射技术，并通过底端分级雾化补偿，实现喷枪运行状态的实时监测和在线检修，保证阳极板底部不结垢水膜全覆盖。

9.4.3　项目主要结构及特点

9.4.3.1　SNCR 脱硝系统主要结构

SNCR 脱硝系统主要由还原剂制备存储系统、循环输送计量调控系统、分配系统、喷射系统及电气控制系统组成。

（1）还原剂制备存储系统

还原剂制备存储系统包括氨水储罐、氨水稀释罐，主要用于氨水存储及稀释配制。储罐材料可采用不锈钢制作，立式结构，装有液位计。另外还包括氨水卸载泵、氨水输送泵、废液排出泵以及相关的仪表阀门，如图 9-21 所示。该系统具有占地面积小、氨水集中管控、有效减少危险源、输送管路短、稀释配制方便等特点。

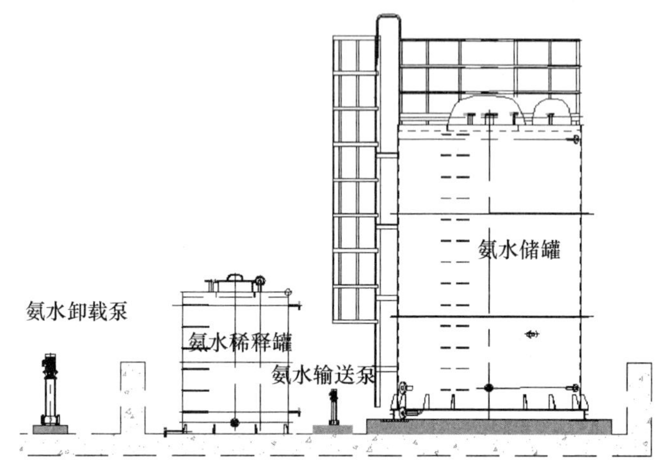

图 9-21　还原剂制备存储系统图

（2）循环输送计量调控系统

如图 9-22 所示，是专为还原剂的持续循环和计量调控而设计的装置。主要包括柱塞计量泵、流量变送器、背压阀组、脉冲阻尼器、电动球阀、用于控制压力的控制阀和压力传送器以及压力表和压力开关等组件，主要用于氨水输送计量与调节，带整体基座。

（3）分配系统

如图 9-23 所示，分配模块主要由流量调节阀、压力表、转子流量计等组成。分配模块用于控制热风炉每个喷射区的还原剂流量，分配系统就近布置在热风炉附近的平台上。喷枪采用独立的流量和压力控制系统，通过调整喷枪氨水的流量及压缩空气的压力，实现灵活可调的分配效果。

（4）喷射系统

如图 9-24 所示，喷射系统由喷枪、压缩空气罐、调压阀等组成。每一个喷射器组件都具有适合的尺寸和特性，保证达到必须的 NO_x 减排所需的流量和压力。喷射器全部用不锈钢制造，喷嘴头和冷却护套一般是“3/4”管材，具有耐高温、分散度高、雾化效果好的特点。

（5）电气控制系统

SNCR 烟气脱硝控制系统依据确定的 NH_3/NO_x 摩尔比来提供所需要的还原剂流量，初始 NO_x 浓度和烟气流量的乘积产生 NO_x 流量信号，此信号乘上所需 NH_3/NO_x 摩尔比就是基本氨气流量信号，根据烟气脱硝反应的化学反应式，氨和 NO_x 进行反应。摩尔比在现场测试操作期间决定并记录在还原剂流量控制系统的程序上。所计算出的还原剂流量需求信号送到控制器并和真实还原剂流量的信号相比较，所产生的偏差信号经过多级反馈调控来修正，实现及时准确控制。

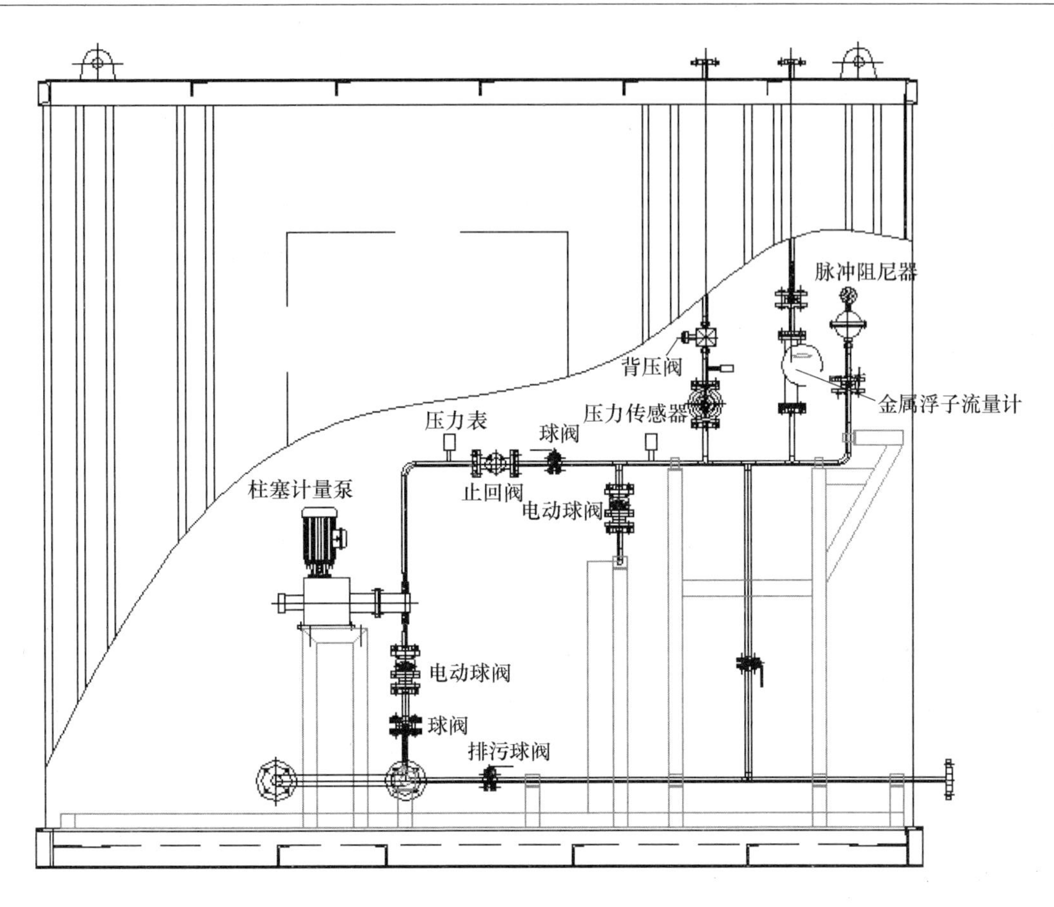

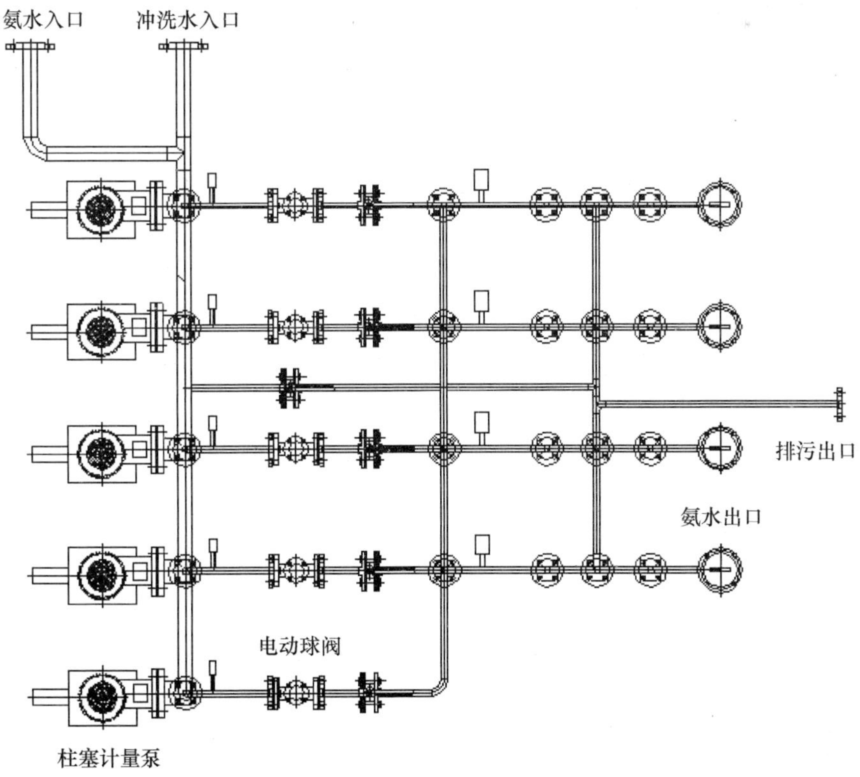

图9-22　循环输送计量模块图

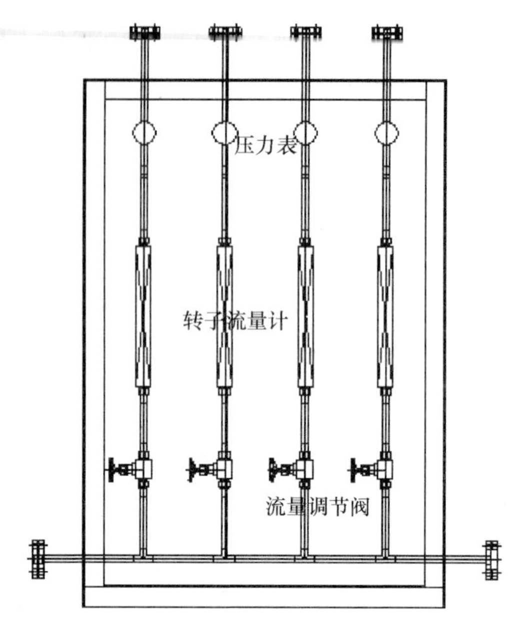

图 9-23　分配模块图

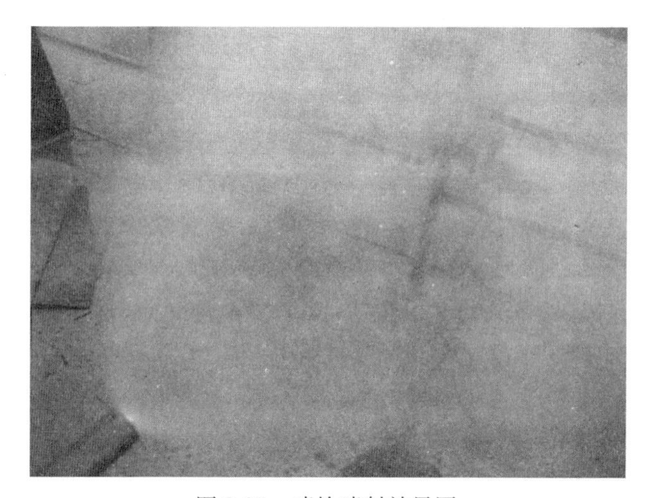

图 9-24　喷枪喷射效果图

此外，通过计算机与各电气元件之间的相互通信与控制，可实现如下功能：

① 显示 SNCR 整套系统流程图及运行状况；

② 实时显示/记录排放 NO_x、氧浓度、流速等烟气工况条件；

③ 实时显示/记录喷氨流量与柱塞计量泵的频率变化曲线图；

④ 各种故障的实时显示和历史记录；

⑤ 智能化控制：自动泄压保护系统功能，自动配制氨水，自动调节喷氨量等智能化控制。

9.4.3.2　湿式除污器系统主要结构

湿式除污器由进口封头、气流分布装置、阳极系统、阴极系统、喷淋系统、高压电源装置、壳体、出口封头、集液斗、灰水处理系统、电气控制系统等部分组成。

具体结构如图 9-25 所示：

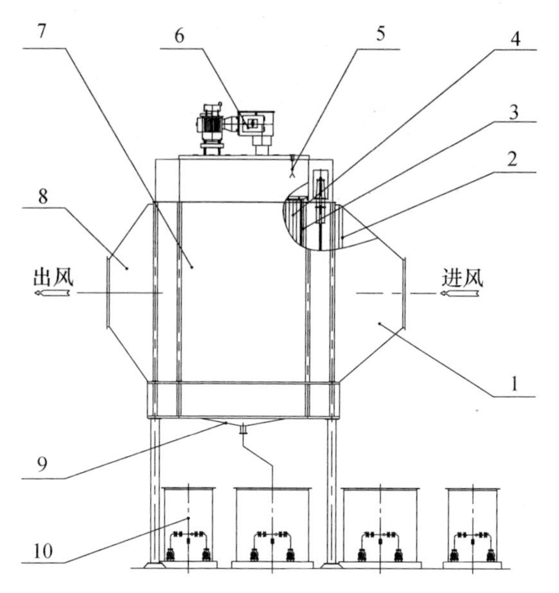

1—进口封头；2—气流分布装置；3—阳极系统；4—阴极系统；5—喷淋系统；
6—高压电源装置；7—壳体；8—出口封头；9—集液斗；10—灰水处理系统

图9-25　湿式除污器系统主要结构图

（1）进口封头

进口封头的作用是将处理的气体均匀地导入电场区。

（2）气流分布装置

气流分布均匀性是提高除尘效率的先决条件。气流分布装置一般安装在进口封头内，其作用是使进入电场横断面的气体均匀分布，如图9-26所示。

图9-26　气流分布装置

（3）阳极系统

阳极板（图9-27）是湿式除污器的主要部件，承担除污器的粉尘、液滴及其他颗粒的收集工作。它主要由阳极悬挂装置、阳极板、限位装置等部件组成。

图 9-27　阳极板结构示意图

（4）阴极系统

阴极系统是湿式除污器的核心部件之一，是电晕放电的部件。它主要由阴极吊挂、上横梁、上下框架、阴极线、绝缘子加热装置等部件组成，阴极线示意图如图 9-28 所示。

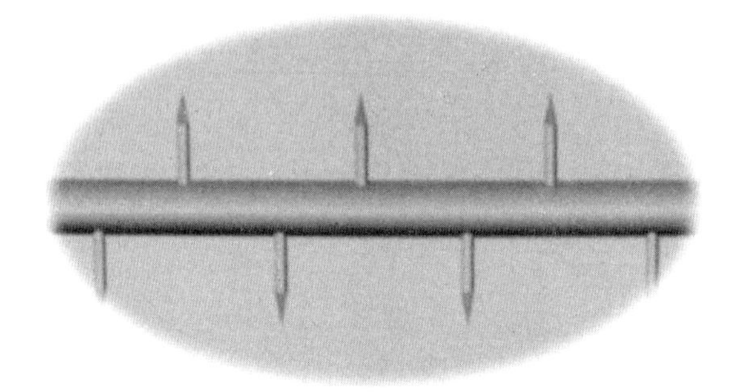

图 9-28　阴极线示意图

（5）喷淋系统

喷淋系统主要负责将阴极系统和阳极系统上附着的粉尘清洗下来，并确保阳极板表面形成一定厚度的水膜。它主要由喷淋清洗装置、进水管网、供水装置等组成，如图 9-29 所示。

图 9-29　喷淋系统图

（6）高压电源装置

高压电源装置的作用是产生高压直流电向电极系统供电，是高效除尘的根本保证。主要由高压电源、高压控制柜、隔离开关、阻尼电阻等部分组成。

（7）壳体及出口封头

壳体的作用是诱导含尘气体进入高压电场，支撑阴阳极系统及喷淋清洗系统，形成与外界环境隔离的独立收尘空间。它一般由立柱、底梁、顶梁、侧板、端板、管撑、内部走台、人孔门、活动支承等组成。出口封头的作用是将处理的气体均匀地导出电场区。

（8）集液斗

集液斗主要起承接积灰及浆液的作用。它主要由立柱、集液斗、检修门、密封装置等组成。

（9）灰水处理系统

湿式除污器排出的粉尘一般呈灰水混合的浆液状。灰水处理系统负责将浆液进行浓缩相、水分离，浓相浆液送入厂区污水处理系统，分离出来的水通过循环水箱、水泵再次进入除污器喷淋清洗系统进行循环喷淋。

（10）电气控制系统

电气控制系统是湿式除污器的大脑，控制着湿式除污器的收尘、清灰、排灰等工作程序。它主要由上位机、低压控制柜、机旁控制箱等组成。

通过计算机与各电气元件之间的相互通信与控制，实现如下功能：

① 显示湿式除污器整套系统流程图及运行状况；

② 实时显示/记录排放粉尘、氧浓度、温度等烟气工况条件；

③ 实时显示/记录循环水量、补水量、外排水量，并自动形成运行曲线图；

④ 自动显示/记录各加热器的工作温度、除污器进出口压差、补水泵和循环水泵的工作压力等运行数据；

⑤ 自动显示/记录外排水和循环水的 pH 值；

⑥ 自动显示/记录高压电源一、二次电压和电流的数值，并自动绘制运行曲线图；

⑦ 各种故障的实时显示和历史记录；

⑧ 智能化控制。根据外排水和循环水 pH 值的变化自动控制碱液掺入量，自动控制补水泵的启停，根据循环水箱、补水箱的液位自动调节补水量等智能化控制。

9.4.4　主要性能参数与指标

该项目充分考虑了当前建筑陶瓷烟气排放现状、特点及现有治理水平，有针对性地设计了一套适用于建筑陶瓷行业烟气超低排放，以及多种污染物协同控制的技术与装备，可对陶瓷热风炉及窑炉烟气进行脱硝、除尘及重金属脱除。其技术性能指标见表 9-7。

表 9-7　技术性能指标表

序号	技术内容	性能参数与指标	备　　注
SNCR 脱硝性能参数与指标			
1	NO_x 脱除率	≥60%	—
2	NO_x 目标排放值	≤80mg/Nm^3	窑炉、热风炉汇总烟气排放
3	氨逃逸率	≤10ppm	—

续表

序号	技术内容	性能参数与指标	备　　注
4	20%氨水	≤20kg/h	每台塔，以4000型热风炉脱硝为例，初始 NO_x 浓度为150mg/Nm³
5	稀释水	≤60kg/h	
6	耗电量	≤20kW/h	
7	设备运行率	≥99%	—
湿式除污器性能参数与指标			
1	出口粉尘排放浓度	≤5mg/Nm³	入口浓度≤40mg/Nm³
		≤10mg/Nm³	入口浓度80mg/Nm³
2	微细颗粒物PM10、PM2.5和石膏颗粒去除率	≥80%	—
3	铅（Pb）、镉（Cd）、镍（Ni）等重金属去除率	40%～70%	部分浓度过低的污染物处理效率降低
4	氟化物及氯化物等污染物去除率	≥50%	最终排放均小于3mg/Nm³
5	烟气中 SO_2 去除率	≥30%	指经脱硫后的烟气
6	烟气中水雾滴去除效率	≥60%	—
7	运行阻力	≤200Pa	—
8	设备运行率	≥99%	—
9	耗水量	7.95t/h	—
10	循环水量	35 t/h	—
11	外排水量	7.95t/h	—
12	碱耗量	≤12.5kg/h	—
13	耗电量	≤ 116.9kW/h	—

9.4.5 技术特点及适用范围

9.4.5.1　SNCR脱硝技术特点

（1）集中自动化中控室控制，系统根据实际 NO_x 浓度自动调控喷氨量，操作简单。

（2）还原剂集中存储、供应，满足多台热风炉或窑炉脱硝使用，满足安全管理需要，降低投资成本。

（3）模块化设计、供货，工期短，现场美观，不影响正常生产。

9.4.5.2　SNCR脱硝技术适用范围

SNCR技术适用于陶瓷行业各种规格型号的热风炉（如水煤浆炉、链排炉等）烟气脱硝，最佳使用温度范围为850～1050℃。

9.4.5.3　湿式除污器技术特点

（1）同湿法脱硫完美结合，解决石膏雨、蓝烟酸雾环境问题，粉尘排放可达

5mg/Nm^3。

（2）去除50%左右湿法脱硫后续烟气中的铅（Pb）、镉（Cd）、镍（Ni）等重金属以及氟化物（F）、氯化物（HCl）。

（3）在现有烟气排放末端改造，设备运行阻力低，无需增加或改造引风机。

（4）彻底解决传统布袋除尘器糊袋问题，不需要频繁更换布袋。

（5）设备内无运动部件，运行故障低。

9.4.5.4 湿式除污器适用范围

陶瓷行业喷雾干燥塔及窑炉配套湿法脱硫后续烟气除尘，硫氧化物、重金属及其化合物、氟化物及氯化物等污染物的脱除。

9.4.6 项目研究过程

为了实现NO_x、粉尘、重金属等多种污染物协同脱除效果，且要保证系统自动、高效、稳定、经济运行，该项目主要从以下几方面研发与设计。

9.4.6.1 SNCR脱硝部分

（1）整体工艺方面的设计，对热风炉进行SNCR脱硝，再将脱硝后的烟气与窑炉汇总烟气汇总引入湿式除污器中，对烟气多种污染物进一步深度净化，最后排放到大气中。

（2）多台热风炉共用一个氨区及循环输送计量系统，氨区主要用于氨水存储及稀释配制，每个热风炉单独配套分配喷射系统。

（3）选择20%浓度的氨水作为还原剂，并研究还原剂改性措施以提高还原剂低温脱硝活性，满足热风炉工况条件。

（4）通过采用脉冲阻尼器、背压阀、流量调节阀、流量变送器等设备，采用自主的多级调控技术，实现微量氨水稳定精细化计量与调控。

（5）通过CFD流场模拟技术，了解热风炉内温度分布情况、风速分布等特点，确定了喷枪安装位置、布置形式及还原剂雾化形式，达到还原剂均匀混合、高效覆盖的效果。

（6）采用“双联双控”控制技术，实现还原剂随NO_x浓度波动及时准确调节。

（7）采用模块化设计，减少现场安装工作量，保证工程质量和效率，有利于提高系统稳定性与效率，缩短安装、供货周期，节约成本等。

9.4.6.2 湿式除污器部分

（1）通过分析陶瓷窑炉烟气成分，对比电场内部阳极板、阴极线的可用材料，合理选择适用材质，确保设备长期、可靠运行。

（2）采用动固阳极板组合技术，解决阳极板与壳体壁板之间防腐层难修复的难题，确保壳体不发生腐蚀。

（3）采用热风旋流式正压保护装置，清除除污器绝缘瓷套内壁粘附的水雾颗粒，增强高压瓷套的绝缘性能，保证除污器的稳定运行。

（4）采用独特结构阳极板，实现均匀水膜，避免形成杈状，提高除尘效率。

（5）在线喷淋监测分级补偿技术。采用顶部可拆卸式在线压力监测喷枪喷射技术，并通过底端分级雾化补偿，实现喷枪运行状态的实时监测和在线检修，保证阳极板底部不结垢水膜全覆盖。

9.4.7 技术原理

9.4.7.1 SNCR 脱硝技术原理

在炉膛中（850～1050℃）喷入还原剂尿素［$CO(NH_2)_2$］或氨水（NH_4OH），在有部分氧存在的条件下，发生以下反应过程。

$$4NH_3 + 4NO + O_2 \longrightarrow 4N_2 + 6H_2O \tag{9-11}$$

温度进一步升高，则可能发生以下的反应。

$$4NH_3 + 5O_2 \longrightarrow 4NO + 6H_2O \tag{9-12}$$

当温度低于 800℃时，NH_3 与 NO 的反应速度很慢；当温度高于 1050℃时，反应式（9-12）会逐渐起主导作用；当温度高于 1300℃时，NH_3 转变为 NO 的趋势会变得明显。

9.4.7.2 湿式除污器技术原理

湿式除污器是利用强电场，使固体和液体悬浮粒子与气体分离的一个气体净化系统。在它的电极系统中通上高压直流电，在极间产生强大的电场，使周围的气体发生电离，产生大量的电子和正负离子。当含尘烟气及水雾进入电场后，粉尘及微细液滴在这些电子和离子的作用下，将以极快的速度荷电并在电场力的作用下迅速趋向与其极性相反的电极，最后放出电荷并吸附到电极上。由于湿法脱硫工艺产生的水雾，使粉尘凝聚、增湿，粉尘和水雾在电场中荷电，一起被收集，水雾在收尘极板上形成水膜，水膜使极板保持干净。喷淋清洗装置喷出具有一定压力的水雾至电极表面，加速含尘液滴顺着阴阳电极的表面向下流入集液斗，最终排入沉淀池，而净化的气体通过烟囱排入大气。

湿式除污器的工作基本过程主要分三个阶段：① 进入湿式除污器内的粉尘粒子及水雾粒子荷电；② 荷电尘粒及液滴移动并沉积；③ 喷淋清洗装置清洗电极表面使粉尘脱落（即清灰）。如图 9-30 所示。

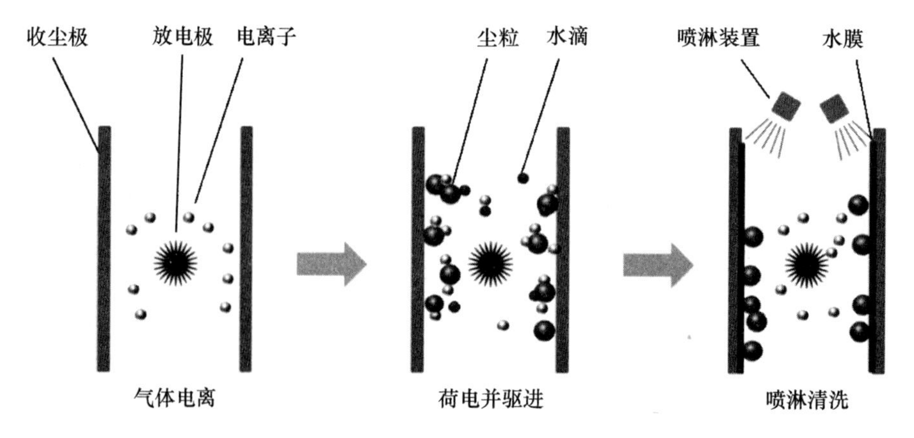

图 9-30　湿式除污器工作原理图

9.4.8 技术路径及工艺流程

9.4.8.1 总体技术路径

该项目多种污染物协同控制技术路径过程如下：对每台热风炉进行SNCR脱硝，将脱硝后的烟气与窑炉烟气汇总引入到湿式除污器中进行除尘以及重金属及其化合物、氟化物、氯化物等污染物的脱除，达到多种污染物协同处置的效果。总体技术路径布置图如图9-31所示。

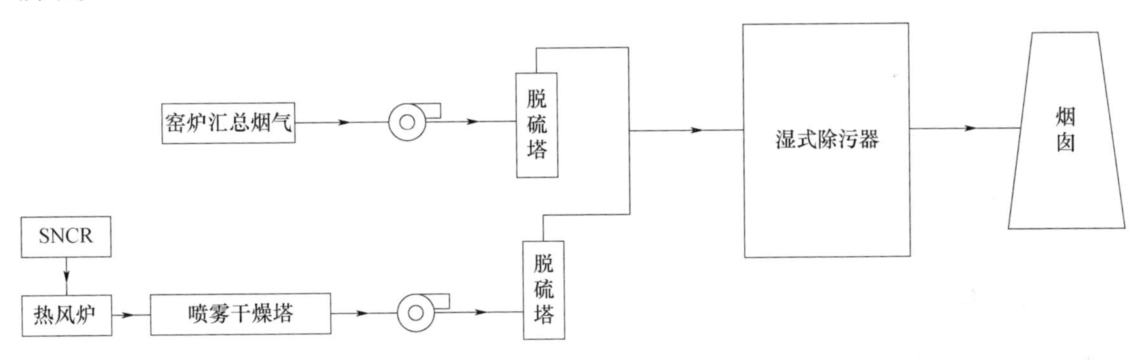

图9-31 总体技术路径示意图

9.4.8.2 SNCR脱硝工艺流程

氨水通过输送泵从氨水储罐计量输送，与工艺水按一定比例进行稀释配制，并进入到氨水稀释罐，氨水稀释罐通过管道连接到对应的循环计量模块，该模块内设置的柱塞计量泵（多用一备）为脱硝系统还原剂提供输送动力，并进行喷射流量调整，同时设置压力、流量检测仪表，实现自动控制和检测；经过计量的还原剂被管道输送到热风炉处分配模块，每个分配模块对应一个热风炉，分配模块将氨水均匀分配到每支喷枪中，压缩空气通过主管气源连接到压缩空气储罐，经调压后通过盘管向每支喷枪供应压缩空气，压缩空气将氨水雾化喷入热风炉内。通过在线监测反馈的NO_x浓度，PLC自动化控制调整氨水喷射量，满足减排控制需要。以4台热风炉为例的SNCR脱硝工艺流程图如图9-32所示。

9.4.8.3 湿式除污器工艺流程

将6条窑炉、2台喷雾干燥塔烟气经过湿法脱硫后，汇合到集烟室内，在集烟室和烟囱之间增设湿式除污器，烟气经过湿式除污器进行多种污染物脱除后，经烟囱排入大气。湿式除污器工艺流程图如图9-33所示。

9.4.9 实施步骤及现状测试调研

为较好地开展设计工作，项目组成员对现有窑炉烟气工况及粉尘特性进行较彻底的检测和调研，完成项目实际运行参数与污染物排放情况检测调研及资料收集，见表9-8。

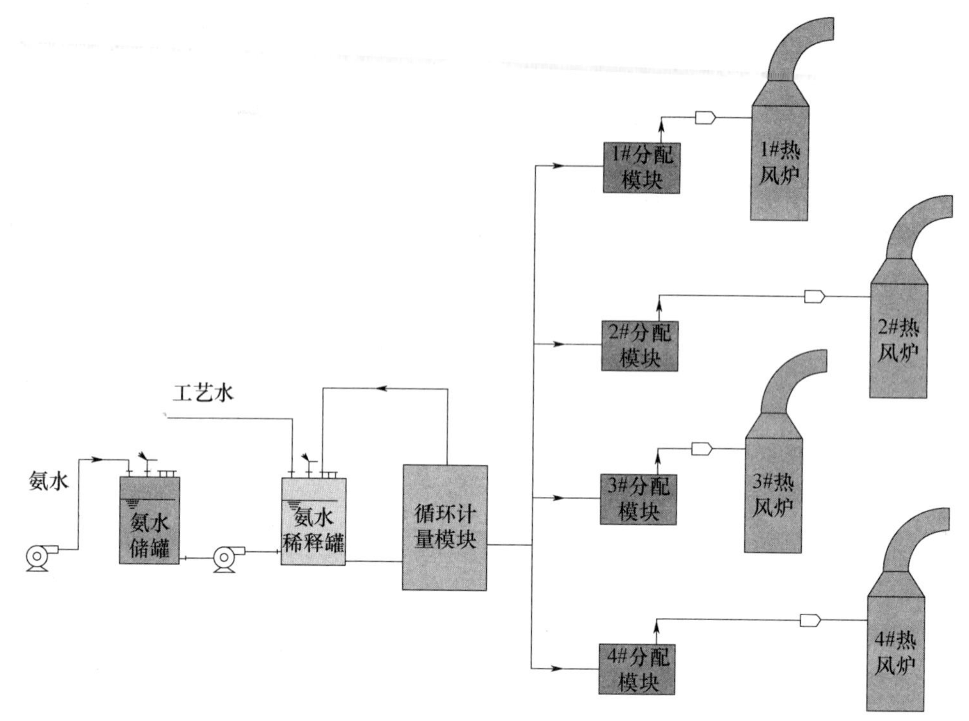

图 9-32　SNCR 脱硝工艺流程示意图

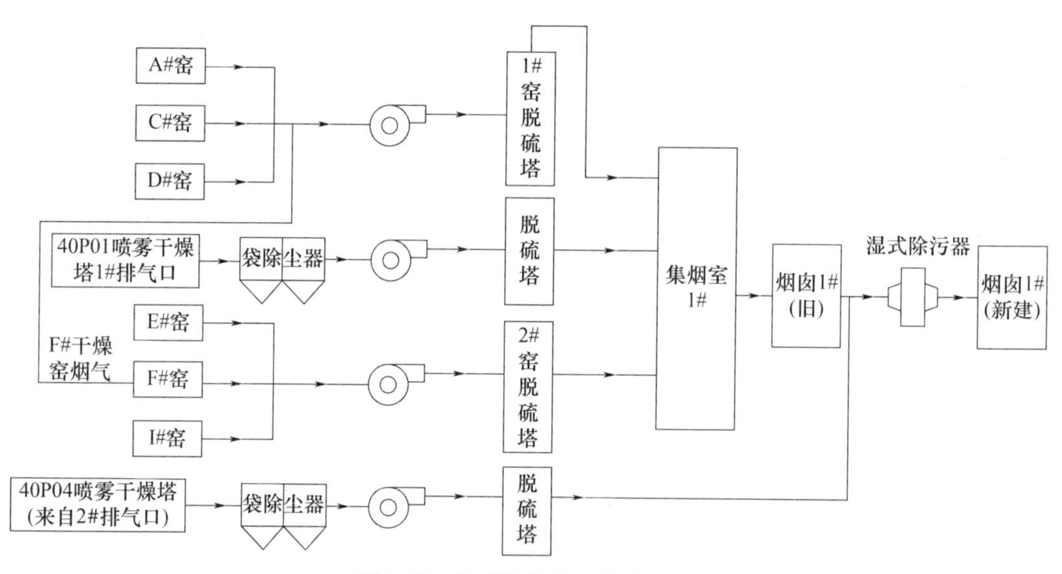

图 9-33　湿式除污器工艺流程图

表 9-8　项目实施步骤表

序号	工　作　内　容	起始及完成时间
1	市场调研及总体方案讨论	2014 年 × 月 ~ 2014 年 × 月
2	前期实验研究，方案可行性分析	2014 年 × 月 ~ 2014 年 × 月

续表

序号	工　作　内　容	起始及完成时间
3	确定总体方案设计	2014 年 × 月 ~ 2014 年 × 月
4	子项分工，进行图纸设计	2014 年 × 月 ~ 2015 年 × 月
5	组织生产	2015 年 × 月 ~ 2015 年 × 月
6	现场安装施工、调试	2015 年 × 月 ~ 2015 年 × 月
7	完善方案、图纸及技术文件	2015 年 × 月 ~ 2015 年 × 月
8	申请新产品鉴定	2015 年 × 月 ~ 2015 年 × 月

表 9-9、表 9-10 为设计前检测污染物情况。

表 9-9　设计前实测烟气初始情况（脱硫前）表

检测位置	NO_x 浓度（mg/Nm^3）	粉尘浓度（mg/Nm^3）	SO_2 浓度（mg/Nm^3）	O_2 浓度（%）
40P01 喷雾塔布袋除尘出口	105 ~ 160	20 ~ 50	30 ~ 50	16.5 ~ 17.2
40P04 喷雾塔布袋除尘出口	120 ~ 160	20 ~ 50	30 ~ 50	16.5 ~ 17.2
6 条窑脱硫塔入口	80 ~ 100	50 ~ 100	300 ~ 500	15.8 ~ 16.4
1#排放口烟囱	110 ~ 130	30 ~ 50	20 ~ 40	16.2 ~ 17

表 9-10　设计前重金属等污染物初始情况（脱硫前）表　（mg/m^3）

分析项目 / 采样位置	硫化氢	二氧化硫	氟化物	氯化氢	铅	铬	汞	镍
煤制车间煤气烟道	154	—	—	0.78	—	—	—	—
喷雾干燥塔出口	—	41	3.65	5.37	ND	0.026	0.00026	0.0037
窑炉汇合后烟道	—	427	6.89	43.38	0.315	0.160	0.00042	0.099

注：实氧状态下的结果；ND 表示未检测出来。

通过采集陶瓷喷雾干燥塔及窑炉烟气中的粉尘，并对粉尘进行了激光粒度分析，分析结果表明：喷雾干燥塔烟气中粉尘粒径大部分分布在 1 ~ 10μm 范围内，而窑炉烟气粉尘颗粒主要分布在 10 ~ 100μm 范围内，有少部分在 1 ~ 10μm 之内。同时，对窑炉烟气中的粉尘进行了 X 射线荧光光谱（XRF）分析，结果表明：粉尘的成分中主要含有 S、Ca、Mg、F 等元素，其中 S 和 Ca 含量最高，折算成 SO_3 及 CaO 所占质量比分别为 57% 及 25%。具体结果如图 9-34、图 9-35 和表 9-11 所示。

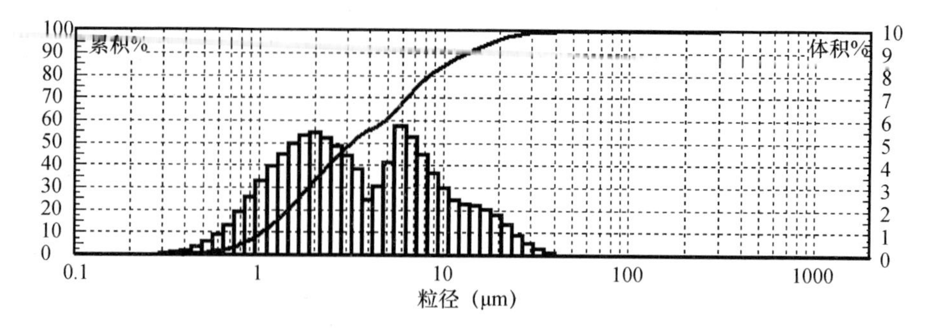

粒径(μm)	体积%	累积%	粒径(μm)	体积%	累积%	粒径(μm)	体积%	累积%
0.114	0.000	0.000	1.648	5.018	24.883	23.770	1.359	98.115
0.131	0.000	0.000	1.883	5.347	30.230	27.163	0.932	99.048
0.149	0.000	0.000	2.152	5.439	35.668	31.041	0.535	99.583
0.171	0.000	0.000	2.460	5.241	40.909	35.472	0.281	99.863
0.195	0.000	0.000	2.811	4.849	45.758	40.536	0.137	100.000
0.223	0.000	0.000	3.212	4.459	50.217	46.323	0.000	100.000
0.254	0.000	0.000	3.670	3.841	54.058	52.935	0.000	100.000
0.291	0.000	0.000	4.194	2.483	56.541	60.492	0.000	100.000
0.332	0.041	0.041	4.793	3.087	59.628	69.127	0.000	100.000
0.380	0.100	0.141	5.477	4.134	63.761	78.995	0.000	100.000
0.434	0.209	0.350	6.259	5.792	69.553	90.272	0.000	100.000
0.496	0.364	0.714	7.153	5.263	74.816	103.159	0.000	100.000
0.567	0.578	1.292	8.174	4.498	79.314	117.885	0.000	100.000
0.648	0.891	2.184	9.340	3.687	83.001	134.713	0.000	100.000
0.740	1.341	3.525	10.674	2.993	85.994	153.943	0.000	100.000
0.846	1.941	5.466	12.198	2.458	88.452	175.919	0.000	100.000
0.966	2.616	8.082	13.939	2.260	90.712	201.032	0.000	100.000
1.104	3.304	11.387	15.929	2.199	92.911	229.730	0.000	100.000
1.262	3.947	15.333	18.202	2.064	94.974	262.524	0.000	100.000
1.442	4.532	19.865	20.801	1.782	96.756	300.000	0.000	100.000

图 9-34　喷雾干燥塔烟尘粒径分析结果

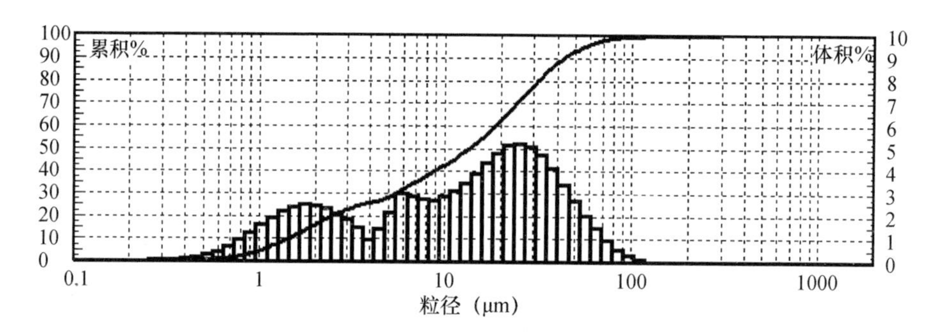

粒径(μm)	体积%	累积%	粒径(μm)	体积%	累积%	粒径(μm)	体积%	累积%
0.114	0.000	0.000	1.648	2.418	12.447	23.770	5.145	68.990
0.131	0.000	0.000	1.883	2.517	14.964	27.163	5.256	74.246
0.149	0.000	0.000	2.152	2.497	17.461	31.041	5.115	79.361
0.171	0.000	0.000	2.460	2.345	19.807	35.472	4.750	84.111
0.195	0.000	0.000	2.811	2.103	21.909	40.536	4.173	88.284
0.223	0.011	0.011	3.212	1.849	23.758	46.323	3.442	91.726
0.254	0.027	0.037	3.670	1.517	25.275	52.935	2.714	94.441
0.291	0.051	0.088	4.194	0.973	26.248	60.492	2.063	96.504
0.332	0.074	0.162	4.793	1.455	27.702	69.127	1.506	98.010
0.380	0.093	0.255	5.477	2.140	29.842	78.995	0.982	98.992
0.434	0.122	0.376	6.259	3.026	32.868	90.272	0.567	99.560
0.496	0.180	0.557	7.153	2.905	35.773	103.159	0.288	99.848
0.567	0.286	0.842	8.174	2.755	38.528	117.885	0.152	100.000
0.648	0.448	1.291	9.340	2.732	41.260	134.713	0.000	100.000
0.740	0.675	1.966	10.674	2.867	44.127	153.943	0.000	100.000
0.846	0.968	2.934	12.198	3.106	47.233	175.919	0.000	100.000
0.966	1.297	4.231	13.939	3.481	50.714	201.032	0.000	100.000
1.104	1.633	5.864	15.929	3.914	54.628	229.730	0.000	100.000
1.262	1.947	7.811	18.202	4.388	59.016	262.524	0.000	100.000
1.442	2.218	10.029	20.801	4.829	63.845	300.000	0.000	100.000

图 9-35　辊道窑烟尘粒径分析

表9-11　窑炉烟气粉尘主要成分分析结果

组分	SO_3	CaO	MgO	F	SiO_2	ZnO	Na_2O	Al_2O_3	Fe_2O_3	K_2O	其他
比例（%）	57	25	7.4	5.4	1.3	0.7	0.7	0.6	0.4	0.4	1.1

9.4.10　总体方案及图纸设计

在调研的基础上，项目组进一步明确项目方案和研究目的，项目组成员及时沟通，召开项目研讨会，布置各项目组成员具体的任务。根据已经基本确定的方案内容进行理论计算，确定氨区的布置、氨水输送泵的选型、氨水储罐的设计、循环输送计量系统的工艺设计、喷枪的选型等，绘制SNCR脱硝总体工艺流程图、氨区土建图、钢结构系统图、模块生产图等；根据已经基本确定的方案内容进行理论计算，确定湿式除污器规格的选型、喷嘴选型、补水量、外排水量、碱耗量、各类泵的选型、新建烟囱直径和高度计算、各类部件材质的选择、绘制湿式除污器总体工艺流程图、水系统布置图、进出口烟道布置图、烟囱布置图等。

根据总图进行各专业系统的工作图设计。

9.4.10.1　SNCR脱硝图纸设计

（1）SNCR工艺布置图，在厂区现有的平面布置图的基础上，布置各个系统的安装位置图。

（2）SNCR工艺流程图，设计整套系统所有的设备、仪表、阀门及管路的走向连接图。

（3）土建系统图，主要为氨区储罐、氨水泵、废液池、围堰等设施的土建基础图。

（4）钢结构图，设计支撑氨区顶棚的钢支架等工作图。

（5）生产模块图，模块设备、仪表、阀门及管路的安装顺序及相关尺寸等工作图。

（6）电气控制系统，控制电路、安全报警等工作图。

（7）计算机辅助设计与实际检测，确定喷枪布置方案。

9.4.10.2　湿式除污器图纸设计

（1）湿式除污器工艺布置图，根据现场空间确定湿式除污器平面布置，并以此来布置各个系统的安装位置图。

（2）机务设备图，主要为湿式除污器本体、水系统、高压电源、进出口烟道、烟囱等制作图。

（3）湿式除污器工艺流程图，设计整套系统所有的设备、仪表、阀门及管路的走向连接图。

（4）土建系统图，主要为湿式除污器本体、各类水泵、各类水箱、进出口烟道支架、烟囱等设施的土建基础图。

（5）钢结构图，设计除污器本体、进出口烟道的钢支架等工作图。

（6）设备、电气、仪表、阀门及管路的安装顺序及相关尺寸等工作图。

（7）电气控制系统，控制电路、安全报警等工作图。

（8）计算机辅助设计，确定导流板、布风板和辅助喷淋方案。现场布置位置图如图9-36所示。

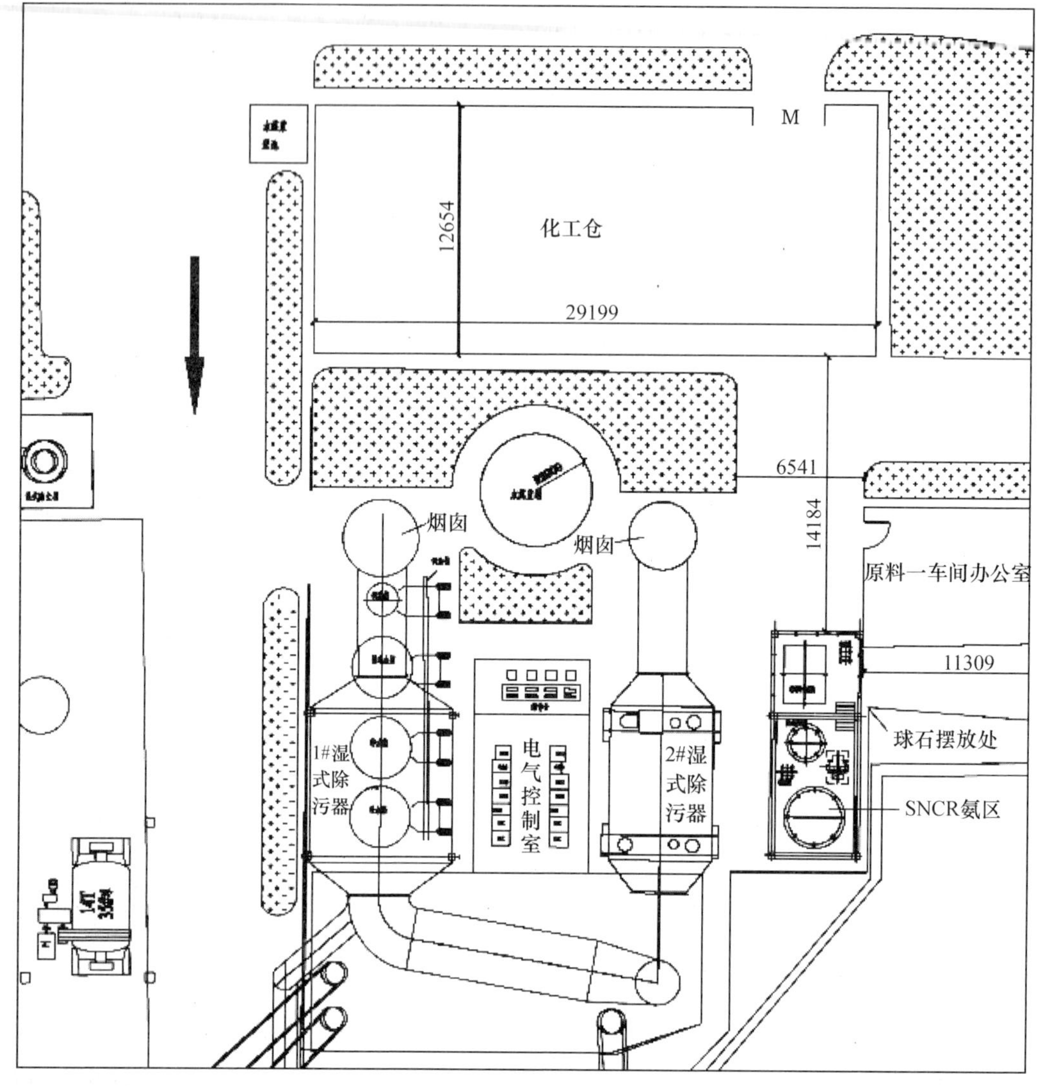

图 9-36　现场布置位置图

9.4.10.3　安全说明

（1）氨区安全设计说明

项目中SNCR技术使用还原剂为20%氨水。20%浓度氨水，不燃，火灾危险性分类为戊类，属于腐蚀品，其危险货物编号为82503，UN编号为2672。无色透明液体，属于8.2类碱性腐蚀品，易分解放出氨气。根据《建筑设计防火规范》（GB 50016—2014），设计时将浓度为20%的氨水按戊类火灾危险性进行执行。设计采用地上结构，并配置围堰和废液排出泵，围堰内总容积大于最大存储容量。氨水易挥发，为了防止氨水挥发形成爆炸性气氛，设计时按《石油化工储运系统罐区设计规范》SH/T 3007—2014中“5. 常压和低压储罐区”进行设计。设计中配备了人孔、排污口、通气口并设置呼吸阀。

考虑氨水存储的温度和可能的泄漏挥发，在储罐区设置了喷淋系统，以保证氨水存储温度，并可在有微量泄漏时喷淋稀释，并就近设置了洗眼器、防护服等安保预防措施。

（2）湿式除污器安全说明

在除污器入口设置CO可燃气的气体检测仪，并同高压电源连锁。设置电动蝶阀连锁，当出现故障或安全问题时，可快速将烟气切除。

9.4.11　装配调试及运行

该项目所有部件在生产制造过程中，均严格按照国家标准规范进行生产制造，所供设备的原材料及外购配套件，均是有合格证的正规大厂和大公司的优质产品。并在其购入后，经科行环保检验认可后方用于生产和装配。对设备外观进行了防护与美化工作，并对某些电气元件和仪表进行了升级以确保质量。质保部加强了对金属构件制作、表面处理及焊缝质量的管理，规范了相应技术要求及检查标准，使SNCR脱硝系统及湿式除污器的外观、内在质量进一步提高。

SNCR脱硝系统及湿式除污器在调试运行阶段，调试人员严格按照项目任务书和企业标准的要求，进行各项性能指标和技术参数的检测，并将调试过程、记录、相关的运行数据等整理成书面资料；同时，部分研发设计人员亲临现场指导、参与调试，对出现的问题及时沟通，协商解决办法，确保设备运转平稳、各项参数达到设计要求。最终排放运行记录及测试结果见表9-12～表9-15。

表9-12　40P01喷雾干燥塔SNCR脱硝调试数据

标干风量（Nm^3/h，18% O_2）	初始NO_x（mg/m^3，18% O_2）	氧含量（%）	氨水浓度（%）
42785.00	152.00	17.00	5.00
目标NO_x排放浓度（mg/m^3）	脱硝效率（%）	理论计算喷氨量（L/h）	实际喷氨量（L/h）
121.60	20.00	13.73	18.10
114.00	25.00	27.33	30.00
106.40	30.00	33.54	34.80
98.80	35.00	41.02	42.00
91.20	40.00	49.05	56.00
83.60	45.00	58.86	65.40
76.00	50.00	68.20	73.20
68.40	55.00	77.25	82.00
60.80	60.00	91.56	97.20
53.20	65.00	107.91	112.00
45.60	70.00	132.05	138.00
38.00	75.00	152.05	160.00

表 9-13　40P04 喷雾干燥塔 SNCR 脱硝调试数据

标干风量（Nm^3/h，18% O_2）	初始 NO_x（mg/m^3，18% O_2）	氧含量（%）	氨水浓度（%）
41256.00	137.00	17.20	5.00
目标 NO_x 排放浓度（mg/m^3）	脱硝效率（%）	理论计算喷氨量（L/h）	实际喷氨量（L/h）
109.60	20.00	11.94	15.10
102.75	25.00	23.75	27.60
95.90	30.00	29.15	33.60
89.05	35.00	35.65	41.00
82.20	40.00	42.63	49.00
75.35	45.00	51.15	60.40
68.50	50.00	59.27	68.20
61.65	55.00	67.14	77.00
54.80	60.00	79.57	92.20
56.70	65.00	105.69	106.00
48.60	70.00	120.98	128.00
40.50	75.00	136.10	140.00

表 9-14　湿式除污器运行数据

项目	单位	设计参数	实际运行	备注
设计电负荷	kW	239.7	—	—
运行电耗	kW	116.9	65	详见功率消耗表
高压电源电压	kV	60	32～35	—
高压电源电流	mA	1400	650～699	—
外排废水量	t/h	7.95	1.5（3）	采用内部循环砂滤系统，进一步节水
循环水量	t/h	35	34.35	—
补充水量	t/h	7.95	1.5（3）	等同于外排水
碱耗量	kg/h	12.5	9.17	—

表 9-15　调试期间总排放口参数

9 月	颗粒物			SO_2			NO_x		
	实测（mg/m^3）	折算（mg/m^3）	天排放（t/d）	实测（mg/m^3）	折算（mg/m^3）	天排放（t/d）	实测（mg/m^3）	折算（mg/m^3）	天排放（t/d）
9	6.36	6.36	0.08	2.30	2.30	0.01	6.60	6.60	0.06
10	4.88	4.75	0.11	2.22	2.06	0.05	61.25	55.17	2.90
11	5.17	4.89	0.01	14.41	13.01	0.03	140.69	127.83	0.33

续表

9月	颗粒物			SO_2			NO_x		
	实测（mg/m^3）	折算（mg/m^3）	天排放（t/d）	实测（mg/m^3）	折算（mg/m^3）	天排放（t/d）	实测（mg/m^3）	折算（mg/m^3）	天排放（t/d）
12	4.51	2.95	0.01	16.10	10.51	0.04	136.66	89.22	0.37
13	4.46	2.98	0.01	18.72	12.51	0.05	137.81	92.01	0.38
14	4.45	2.94	0.01	22.82	15.05	0.08	140.38	92.62	0.46
15	4.49	2.91	0.02	29.41	19.09	0.12	140.57	91.22	0.56
16	4.46	2.87	0.02	30.57	19.66	0.12	137.32	88.52	0.53
17	4.45	2.84	0.02	30.99	19.56	0.11	144.99	92.40	0.54
18	4.53	3.01	0.02	26.46	17.53	0.11	152.51	101.33	0.62
19	4.53	2.92	0.02	36.82	23.70	0.15	150.22	96.84	0.59
20	4.51	2.88	0.02	30.39	19.38	0.12	144.44	92.11	0.57

9.4.12　工业运行与后续检测

该项目于2015年6月进厂安装，在广东蒙娜丽莎新型材料集团有限公司的4个热风炉（其中另外两台为2#排烟口）及6条窑上投入使用，经监测，各项指标均远低于国内陶瓷行业排放标准，整套设备运行稳定，减排效果显著。项目在调试完成后正常运行，同主机同步率100%，随时可根据主机（喷雾干燥塔、窑炉）的启动停止情况同步开停，湿式除污器可根据粉尘浓度要求进行灵活调整控制（电流电压和冲洗水频率）。第三方检验数据表见表9-16和表9-17。

表9-16　汇总烟气污染物排放数据表

序号	测试项目	单位	湿式除污器装置	
			入口	出口
1	烟气温度	℃	60	59
2	烟道截面积	m^2	6.7	12.5
3	烟气中氧含量	%	16.7	17
4	烟气中含水量	%	16	13
5	标况烟气流量	m^3/h	188231	192049
6	颗粒物浓度	mg/m^3	32	5
7	除尘效率	%	84	
8	氮氧化物（以NO_2计）排放浓度，SNCR脱硝开启前	mg/m^3	—	114
9	氮氧化物（以NO_2计）排放浓度，SNCR脱硝开启后	mg/m^3	—	42
10	脱硝效率	%	63.2	

续表

序号	测试项目	单位	湿式除污器装置	
			入口	出口
11	二氧化硫浓度	mg/m^3	16	4
12	林格曼烟气黑度	级	—	1
13	氟化物	mg/m^3	5.6	2.1
14	氯化物	mg/m^3	0.76	ND
15	铅及其化合物	mg/m^3	0.014	ND
16	镉及其化合物	mg/m^3	9.7×10^{-4}	5.0×10^{-4}
17	镍及其化合物	mg/m^3	0.037	0.021
18	林格曼烟气黑度	级	—	0
19	氨逃逸（NH_3）	ppm	1.1	0.3

注：以上污染物检测浓度均为18%基准氧折算后的浓度。

表9-17　喷雾干燥塔单独烟气检测

检测位置	脱硝开启前（mg/m^3）	脱硝开启后（mg/m^3）	脱硝效效率（%）
40P01喷雾干燥塔出口	128	36	71.9
40P04喷雾干燥塔出口	117	42	64.1

注：以上污染物检测浓度均为18%基准氧折算后的浓度。

该项目在正式运行后，为减少工艺水消耗，在科行环保与蒙娜丽莎共同努力下，利用原有水煤浆储罐改造成循环水储罐，通过增加砂滤设备，对湿式除污器循环水进行初级除渣水处理，减少新加水用量，将原实际运行中3.85t/h的排水量减少约1/3，达到进一步降低项目运行成本的目的。为保证系统的正常运行，在运行中由蒙娜丽莎品管部和环保部定期对湿式除污器水质进行取样检测，鉴于检测项受限，主要对氯离子、硫酸根离子和悬浮物进行检测。取样检测数据见表9-18。

表9-18　运行过程中水质检验情况

检测日期	测量项目			备注
	氯离子（mg/L）	硫酸（mg/L）	悬浮物（mg/L）	
2015.×.×				（前面已试运行1d），还没有连接砂滤
2015.×.×	19	20	5	—
2015.×.×	73	1180	9	—
2015.×.×	128	1940	4	—
2015.×.×	122	1680	9	—
2015.×.×	107	1860	20	—
2015.×.×	86	1230	13	—
2015.×.×	96	1040	16	—

续表

检测日期	测量项目			备注
	氯离子（mg/L）	硫酸（mg/L）	悬浮物（mg/L）	
2015. ×. ×	93	1720	14	—
2015. ×. ×	94	1800	16	—
2015. ×. ×	87	1940	—	—
2015. ×. ×	154	1710	—	—
2015. ×. ×	139	1850	—	外排水过砂滤
2015. ×. ×	153	2070	—	外排水过砂滤
2015. ×. ×	202	2720	42	砂滤停止
2015. ×. ×	164	2740	21	砂滤停止
2015. ×. ×	225	3070	13	砂滤正常
2015. ×. ×	292	3600	24	砂滤正常
2015. ×. ×	312	4420	19	砂滤正常
2015. ×. ×	405	5380	27	砂滤正常
2015. ×. ×	425	6100	17	外排水
2015. ×. ×	141	1340	11	更换水煤浆罐水
2015. ×. ×	185	2930	10	砂滤正常
2015. ×. ×	439	4390	13	—
2015. ×. ×	250	4670	17	外排水
2015. ×. ×	31	420	—	—
2015. ×. ×	47	190	24	—
2015. ×. ×	196	4100	28	—
2015. ×. ×	125	1840	24	—
2015. ×. ×	259	5010	—	—
2015. ×. ×	32	220	—	外排水
2015. ×. ×	31	1400	40	—
2015. ×. ×	123	70	45	—
2015. ×. ×	12	70	17	—
2015. ×. ×	128	2720	—	—
2015. ×. ×	22	1390	—	—
2015. ×. ×	43	10	—	外排水

从表9-18中可看出，除污器将烟气中的氯化物和硫氧化物进行了有效治理。进入水中的诸多污染物，在通过后期的砂滤和厂区的水处理系统，经过进一步中和、沉淀、清淤等处理，将水中污染物彻底以废渣的形式清理出去，实现废弃污染物的集中处理，外排水经处理后作为厂区循环用水。

9.4.13 项目的创新点

科行环保在陶瓷行业脱硝及湿式除污技术的研发过程中，通过不断地吸收、优化与创新，解决了大量的技术难题、积累了丰富的经验，并将科行环保现有多项核心专利技术，通过技术创新成功地应用于我国陶瓷行业，累计申请专利12项，已获授权专利11项，其中发明专利1项，并已发表论文5篇。

由于应用的行业不同、工况条件不同以及所需达到的减排要求不同，本技术与装备不能直接套用其他行业现有的技术，这大大增加了技术开发与应用过程中的困难。经过试制及工业运行过程中对工艺、结构、控制方面的不断改进与创新，科行环保最终取得了多项关键技术的突破与创新，综合SNCR脱硝部分的创新性和湿式除污器部分的创新性，主要创新点如下。

9.4.13.1 氨水精细化稳定计量技术

根据陶瓷热风炉实际工况条件，脱硝所需氨水量过小，导致精细化稳定计量困难，且热风炉烟气中的NO_x随时都在波动，氨水用量也就随之发生变化，难以准确调节氨水的输送量。科行环保通过改进氨水循环输送计量调控工艺结构，设计了一套“微量氨水精细化稳定计量调控系统”，结构如图9-37所示。

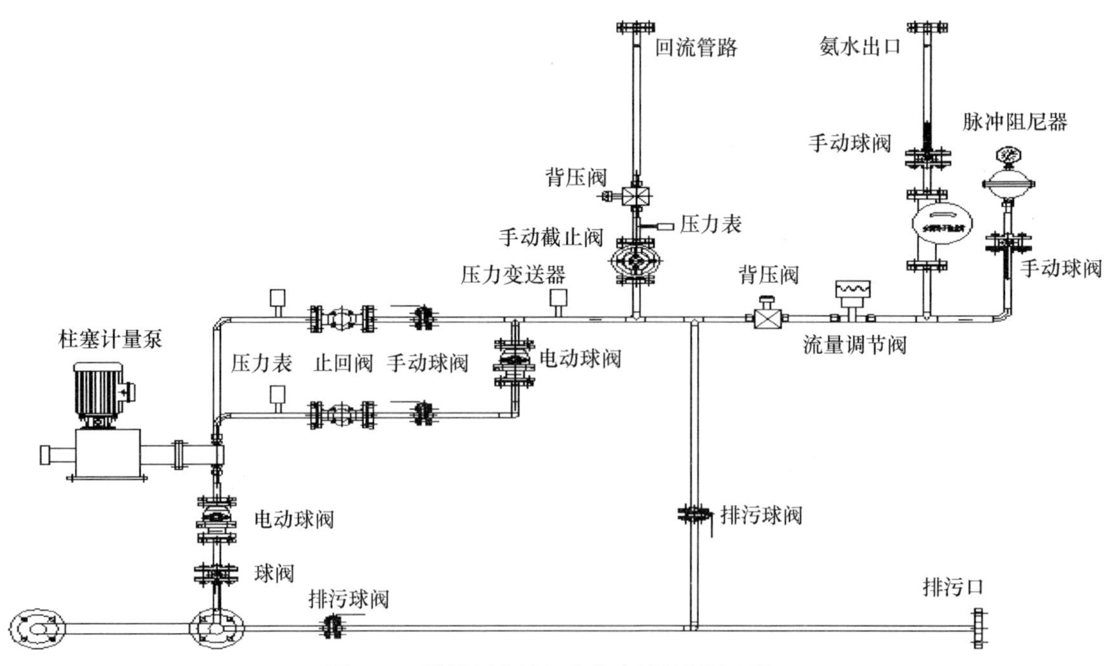

图9-37 微量氨水精细化稳定计量调控系统

通过变频柱塞计量泵、脉冲阻尼器、流量变送器、背压阀及流量调节阀联合控制，实现了微量氨水稳定输送及精细化调控，且可根据实际用量需求自动调节流量大小，解决了微量氨水无法稳定、精细化调控的问题，有效控制了运行成本。

系统工作过程具体为：氨水从氨水入口进入输送计量系统，经过手动球阀、电动球阀，然后在柱塞计量泵的传送下再经过止回阀、手动球阀、背压阀、流量调节阀及金属管浮子流量变送器，最终输送到后续的分配模块。流量调控主要经历三级调控过程：

第一级为柱塞计量泵的粗调过程，主要通过调节泵的频率来调节流量，但无法做到精确调控。

第二级为回流管路上的背压阀与脉冲阻尼器的调控，当流量过大管路压力超过背压阀设定的压力时，背压阀自动开启，将多余的氨水重新回流到泵的入口管路，起到泄压回流的作用，为流量调节阀的精确调控提供良好的工作环境。

第三级为流量调节阀与流量变送器的精细调控过程，主要通过流量变送器反馈信号给流量调节阀，及时控制流量调节阀的开度来精确调控流量，可以实现精确调控及计量。

另外，主管路上的背压阀、回流管路上的背压阀及脉冲阻尼器的联合使用可确保氨水管路压力的稳定，改善了柱塞计量泵的工作环境，使管路的压力及流量的波动接近零。通过以上三级调控过程，最终实现微量氨水精细化稳定计量调控效果。

9.4.13.2　“双联双控”喷氨调控技术

热风炉 SNCR 技术应用中，喷射量的调控是关键点。针对当前行业部分试验工程中不计量喷射量，无自动调控的现状，开发出适用于陶瓷热风炉 SNCR 使用的控制技术。“双联双控”喷氨调控技术，解决了 NO_x 反馈值与喷氨量之间存在时间延迟的问题，同时也解决了喷氨量不能随着 NO_x 浓度波动及时准确调节的问题。“双联”分别指计量泵的频率信号与实测和要求 NO_x 浓度信号的关联以及调节阀与流量计信号和计算氨耗量的关联；“双控”分别指流量计的信号控制柱塞计量泵频率的调控、流量计信号同调节阀来调控流量。通过以上逻辑的关联和相关信号的监控，实现喷氨量实时跟随 NO_x 波动和调整。

9.4.13.3　动固组合式阳极板支撑技术

由于湿式除污器壳体壁板内侧防腐层需要定期修复，而除污器壳体壁板与电场内部最边部阳极板的间距一般为 100mm 左右，且阳极板支座固定在除尘器框架上无法移动，人员无法进入检修。

针对以上问题，科行环保通过采用动固组合式阳极板支撑机构，将靠近壳体壁板的几排阳极板由原来的固定于阳极吊挂梁方式改为可移动式结构，实现壳体边缘的阳极板左右移动的功能，方便了检修人员对壳体进行防腐层修补。当防腐层修补完毕后，移动滑动机构，将阳极排移动到原有吊挂位置，并将之放下，恢复原状即可。

该技术改变了行业内阳极板和阴极线固定于吊挂梁无法移动的弊端，解决了除污器壳体维护空间受限制的难题，从而延长了除污器的运行寿命，同时结构简单，阳极排移动方便，如图 9-38 所示。

9.4.13.4　旋流式绝缘子热风吹扫技术

湿式除污器绝缘瓷套内壁结露会引起爬电，导致除污器无法正常工作。常规绝缘瓷套热风吹扫的设计如图 9-39 所示，但瓷套呈喇叭状，热风进入瓷套内，流经面逐渐变大，热风的流速就渐渐变小，需要大量的热空气才能使瓷套下部保持正压状态，增加了不必要的外界空气和运行电耗。

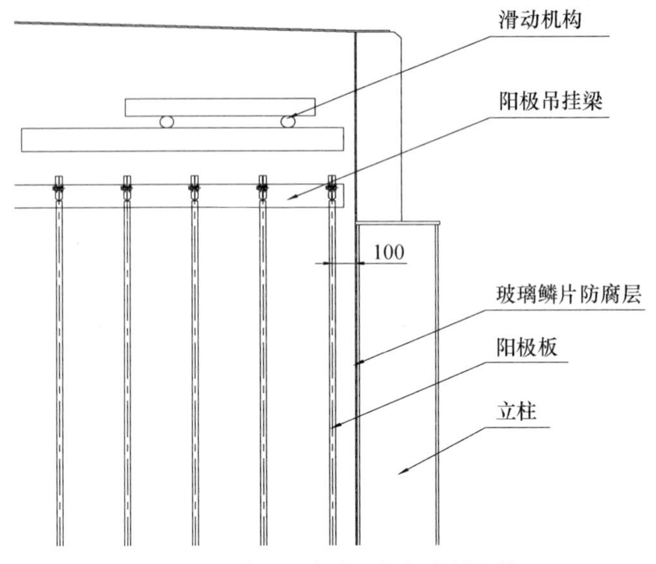

图 9-38　动固组合式阳极板支撑机构

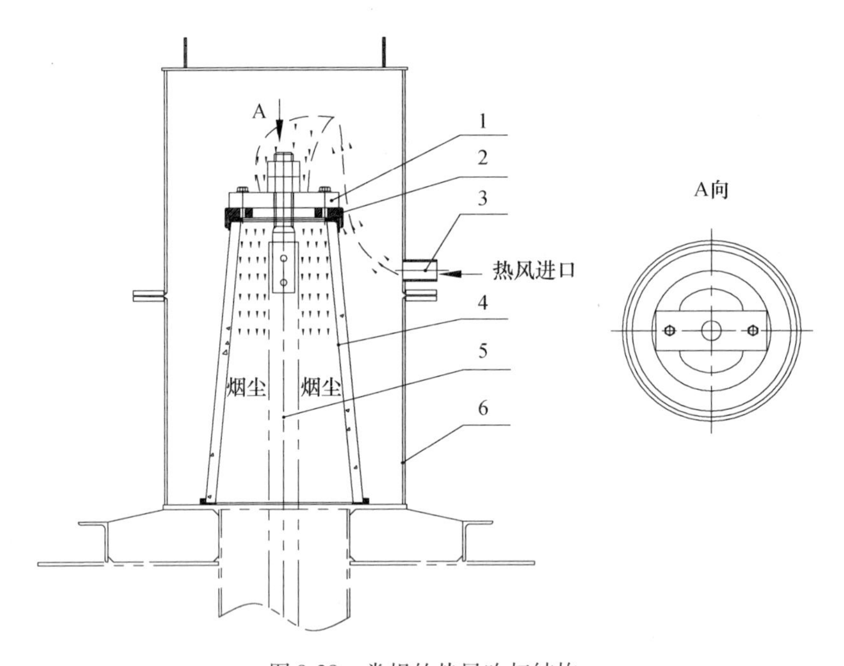

图 9-39　常规的热风吹扫结构

1—压板；2—盖板；3—热风吹入口；4—瓷套；5—放电极吊板；6—支撑部绝缘子箱

针对以上问题，在常规的热风吹扫结构的基础上进行了改进与创新，即取消盖板上的圆孔，在压板和盖板对应位置开 4 个 $\phi 89$ 的孔，在开孔上焊接 90°弯管，4 个弯管按一定的角度依次布置，如图 9-40 所示。绝缘子室外部经加热升温过的热空气进入绝缘子室内部后，在压力作用下通过弯管流入瓷套内。由于弯管顺着一个方向布置，使进入瓷套内部的热风产生切向旋流，热风充分与瓷套内壁接触，从而彻底清除瓷套内壁粘附的水雾颗粒。

通过采用螺旋切向进入瓷套内部方式，加强了瓷套内壁吹扫的力度，瓷套内部的水雾颗粒吹扫更干净，减少了热空气用量，降低了运行电耗。

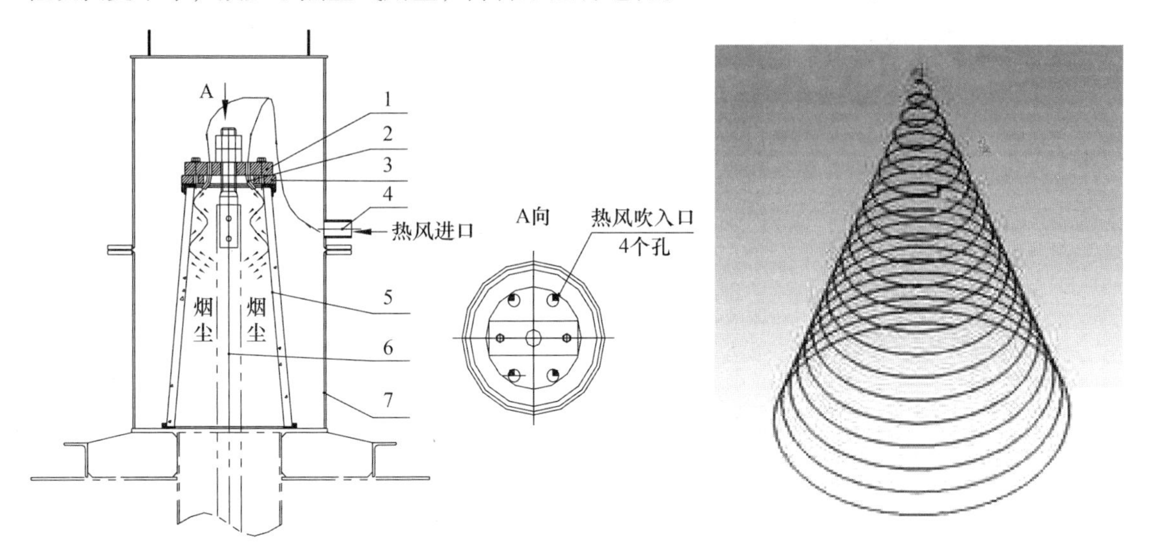

1—压板；2—螺旋管；3—盖板；4—热风吹入口；5—瓷套；6—放电极吊板；7—支撑部绝缘子箱

图9-40 旋流式绝缘子热风吹扫结构

9.4.13.5 喷淋在线监测及分级补偿技术

当前湿式除污器喷淋系统如图9-41所示，在壳体侧上部伸入若干根喷淋管，喷淋管置于阴、阳极系统上方1000mm左右高度，喷淋管上若干个喷嘴对准阴、阳极系统进行喷淋冲洗。在运行过程中，喷淋水需要循环利用，而循环水中含有一定的粉尘颗粒物，易造成喷嘴堵塞或损坏，使阳极板和阴极线无法形成均匀水膜，从而影响顶部水喷淋效果，且很难判断出是否发生喷嘴堵塞。

图9-41 喷淋系统测堵系统

在湿式除污器顶部按喷嘴水喷淋分布半径开孔，并设置连接法兰的套管，将单个喷枪从开孔处伸入电场内部进行喷淋，将焊接在喷枪管上的封板与套管的法兰连接。当需要拔出喷枪检查喷嘴堵塞和磨损情况时，松开连接法兰上的紧固螺栓，拔出喷枪即可。每个喷枪与顶部进水主管通过不锈钢软管连接，并设置可显示水流动的水表。当进水主管内的喷淋水经过水表、不锈钢软管从喷枪上的喷嘴流出时，可以从水表的旋转指针中看出水的流动情况，从而判断该喷嘴是否有水从中喷出，实现了喷枪运行状态的实时监测及在线检修的功能，如图9-42所示。

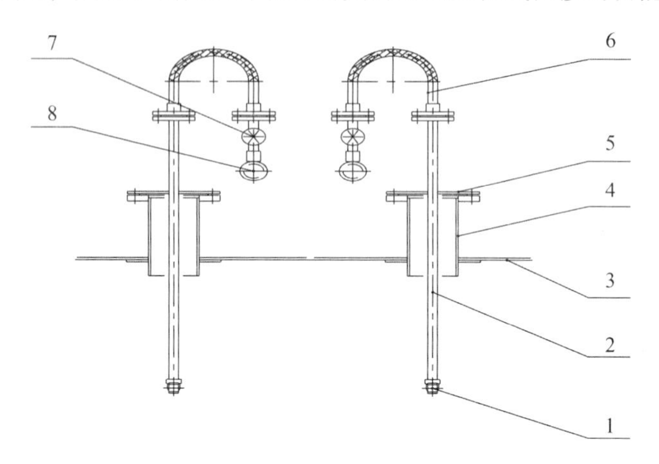

1—喷嘴；2—喷枪管；3—湿式除污器顶盖；4—套管及法兰；5—封板；6—不锈钢软管；7—水表；8—主水管

图9-42　顶部喷淋示意图

为了解决阳极板长度过长后，底端易结垢以及水膜均匀性不好的难题，在阳极板侧下方纵向设置辅助喷淋装置，如图9-43所示，工作时该喷淋装置对阳极板下端进行喷淋，使阳极板表面下部形成均匀水膜，优化除污效果。另外，由于湿式除污器入口的烟气中含有一定量的颗粒物，在与进口气流分布板接触后会积附在气流分布板的表面形成积垢，时间一久，易造成气流分布板腐蚀，影响除污器气流分布效果。

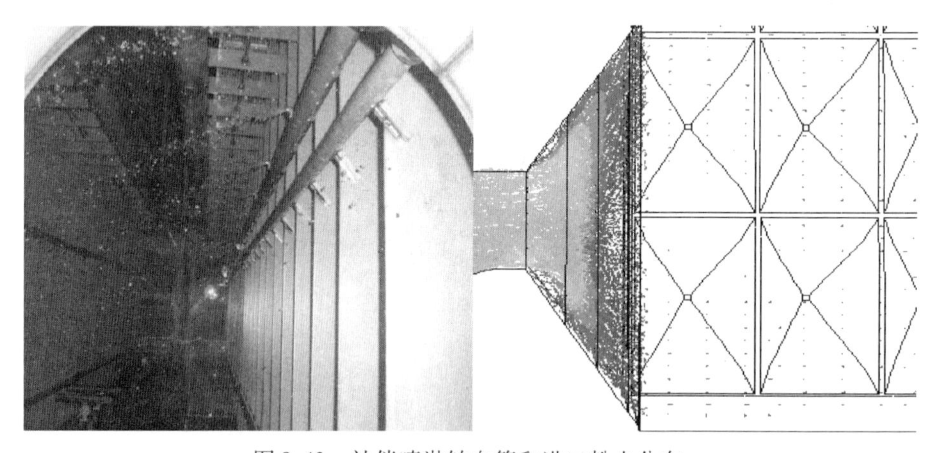

图9-43　补偿喷淋转向管和进口粉尘分布

在进口气流分布板一侧加装喷淋清洗装置，定期对气流分布板进行喷淋清洗，保持气流分布板表面清洁无污。

阳极板侧下方纵向设置的辅助喷淋装置和进口气流分布板一侧喷淋清洗装置均处于气流分布板与阳极板之间的检修通道处，通过优化，将以上两个喷淋装置结构改为可旋转喷淋的一根喷淋管。当正常工作时，喷淋装置上的喷嘴对准阳极板下部进行辅助喷淋，强化阳极板表面的水膜均匀性，当需要对湿式除污器进口气流分布板进行喷淋冲洗时，自动旋转喷淋管的喷淋方向，使喷淋管上的喷嘴在一定时间内能够对准气流分布板由上而下进行喷淋冲洗。该技术的特点为：

① 喷枪设置在除污器顶部，可在线更换喷嘴，不影响主机运行；从除污器顶部水表可在线实时监测喷嘴的工作状况，便于及时检修和更换堵塞或损坏的喷嘴；

② 在阳极板下端设置辅助喷淋装置，使阳极板下部始终保持均匀水膜，增强电场除污效果，也避免阳极板底部结垢的发生，并能减缓阳极板的锈蚀，延长阳极板使用寿命；

③ 进口气流分布板增加喷淋清洗装置，可以使气流分布板表面始终保持清洁无垢；

④ 将阳极板下端辅助喷淋装置与进口气流分布板喷淋清洗装置合二为一，简化了喷淋清洗装置结构，达到了一管多功能的喷淋清洗作用。

9.4.14 试点项目研究过程中遇到的难题及解决方法

9.4.14.1 SNCR 脱硝技术难点与解决方法

难题一：还原剂的选择与改性

常用的 SNCR 脱硝还原剂有氨水和尿素，两种还原剂各有特点，选择何种还原剂及多高浓度的还原剂尤为重要，这直接关系到 SNCR 脱硝系统能否高效、稳定、经济运行。对于部分热风炉，温度窗口无法达到最佳效果时，需实施还原剂改性。本项目的 SNCR 脱硝系统应用于陶瓷工业热风炉烟气脱硝，这就需根据热风炉工况条件来进行判断分析。

解决方法：

通过研究不同还原剂脱硝反应温度窗口的对比、不同浓度氨水对脱硝效率的影响以及不同氨氮摩尔比（NSR）对脱硝效率的影响来选择最适用于陶瓷热风炉烟气脱硝的还原剂（图 9-44）和最佳还原剂浓度。

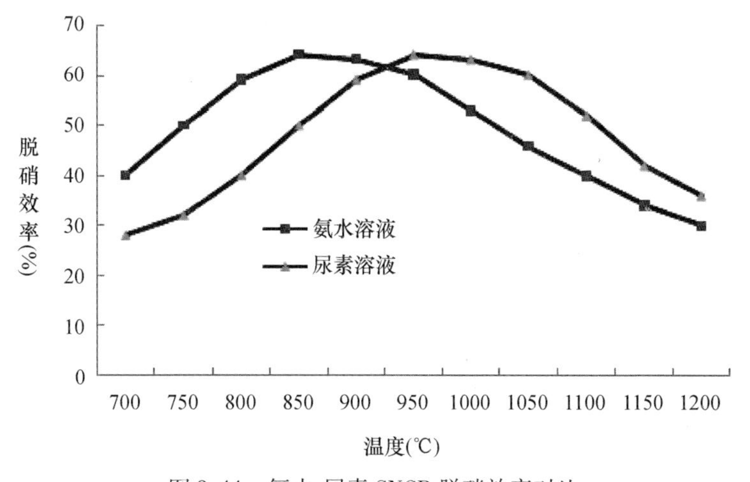

图 9-44 氨水-尿素 SNCR 脱硝效率对比

通过实验得出，相比尿素溶液而言，氨水的低温脱硝效率较高，而其中当氨水浓度为 5% 时，脱硝效率最高，如图 9-45 所示，在氨氮比（NSR）为 1.6 时即达到了 64% 的脱硝效率。因此，根据陶瓷热风炉的工况条件及排放要求，该项目选择 20% 的氨水作为还原剂，并将氨水稀释到达要求后再进行喷射，以满足喷枪雾化及分散分布的要求。

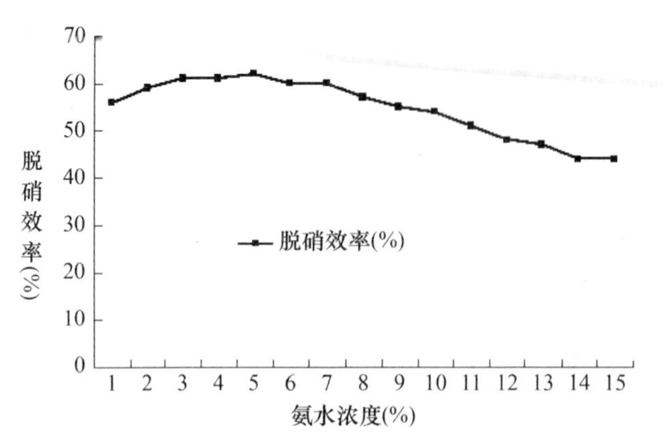

图 9-45　不同浓度氨水对脱硝效率的影响

通过对还原剂改性的研究，以确保能满足不同工况温度热风炉的 SNCR 脱硝需要。在研究中发现，K^+离子和 Na^+离子均具有一定的扩展温度窗口的作用。当热风炉工况温度偏低时可通过添加改性剂稳定脱硝效率。图 9-46 为添加碳酸钾或碳酸钠对氨水脱硝温度的影响图，其主要作用是在低温下增加了 OH^-基团的含量，改善了 SNCR 低温段（800℃以下）脱硝效果，使得低温下 SNCR 反应得以发生，适应了热风炉烟气温度较低的工况条件。由于改性剂选择范围较广，该项技术仍需继续研究和比对，以找寻更有效果的改性方案。

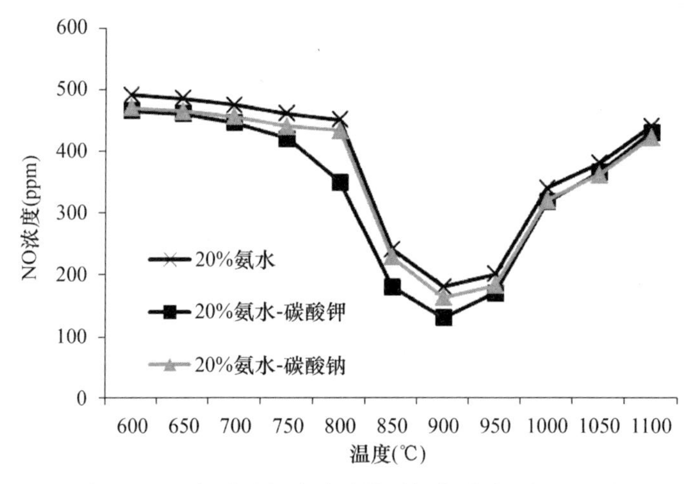

图 9-46　添加碳酸钾或碳酸钠对氨水脱硝活性的影响

（K_2CO_3：25ppm　NH_3：500 ppm　NO：500 ppm　O_2：3%）

难题二：热风炉烟气工况条件的确定与还原剂喷射位置的选择

热风炉内烟气工况条件复杂，难以确定还原剂喷射布置方式。热风炉是燃料燃烧的主要场所，热风炉内的温度分布、还原剂与烟气的混合程度在热风炉内的浓度分布等因素都对热风炉内 SNCR 反应的脱硝效果有影响。因此了解热风炉内的烟气速度、温度分布、NO_x 分布等参数，是合理选定还原剂喷枪的布置方式，提高 SNCR 反应脱硝效果的必要工作。

解决方法：

该研究基于湍流流动模型，对热风炉进行了数值模拟，得出了热风炉内温度、速度和

NO_x 浓度分布等参数，同时对还原喷射的布置方式提出了建议。通过前期温度、氨氮摩尔比（NSR）对 SNCR 脱硝效率的影响，并配合 CFD 流场模拟技术，了解了热风炉内温度、速度和 NO_x 浓度分布，确定了喷枪安装位置布置形式及还原剂雾化形式，达到还原剂均匀混合、高效覆盖的效果，如图 9-47 所示。

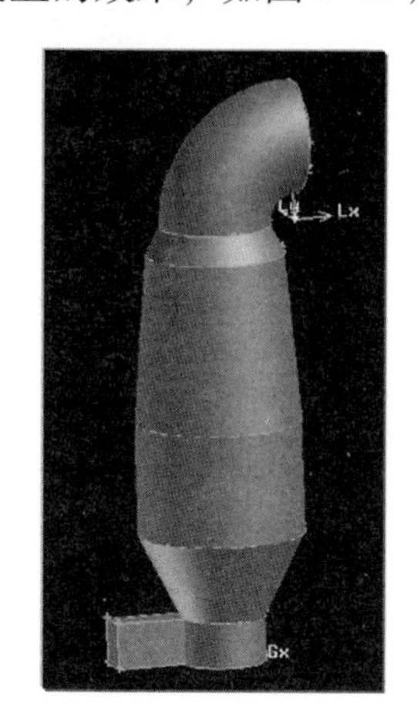
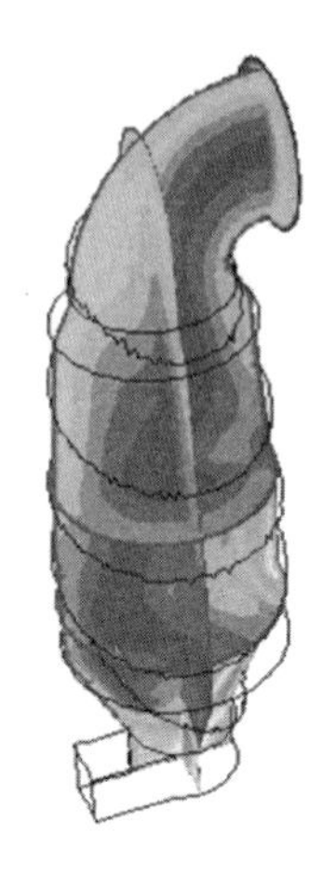
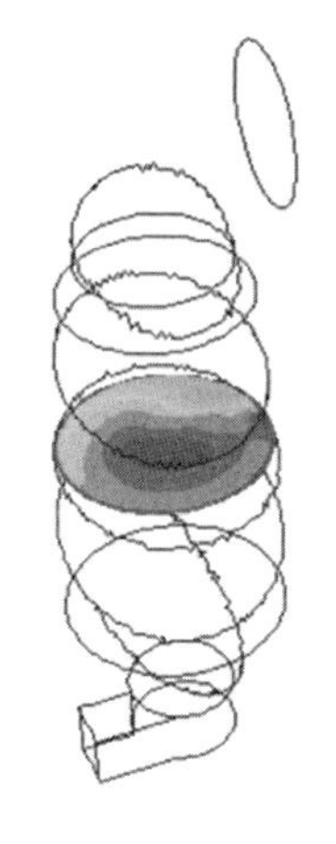
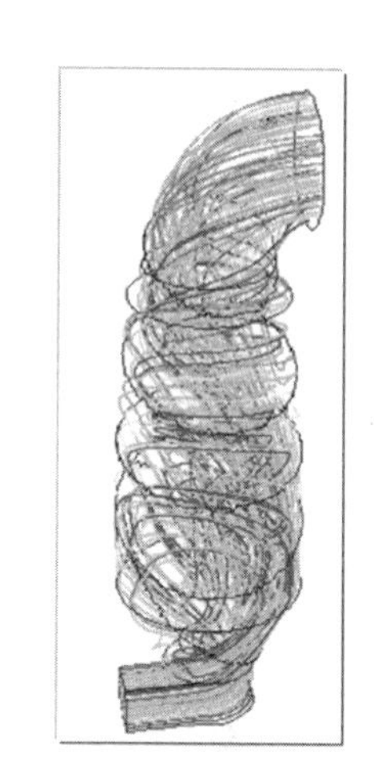

图 9-47 CFD 流场模拟图

难点三：热风炉 NO_x 浓度波动较大，难以根据 NO_x 浓度的波动来及时准确控制喷氨量

一般而言，每个陶瓷厂均有多台热风炉，每台热风炉与 SNCR 氨区的距离各不相同，烟气量各不相同，NO_x 浓度各不相同，且每台热风炉产生的 NO_x 浓度也会随着工况的变化而发生改变，特别是喷雾塔需要换料时，NO_x 的变化更大，这就给 SNCR 脱硝控制带来了极大的困难，面临的问题主要有：因 NO_x 检测位置与喷氨位置距离不同而导致的反馈延迟时间的确定；NO_x 波动较大时，如何保证氨水喷射量迅速调整，实现氨水喷射量随 NO_x 的波动而自动调整。

解决方法：

采用“双联双控”控制技术，解决了 NO_x 反馈值与喷氨量之间存在时间延迟的问题，同时也解决了喷氨量随着 NO_x 浓度波动及时准确调节。“双联”分别指柱塞计量泵的频率信号与出口 NO_x 浓度信号的关联以及流量变送器信号与计算氨耗量的关联；“双控”分别指流量变送器的信号控制柱塞计量泵频率的调控、流量变送器控制流量调节阀来调控流量。其控制逻辑图如 9-48 所示。

SNCR 烟气脱硝控制系统依据确定的 NH_3/NO_x 摩尔比来提供所需要的还原剂流量，摩尔比是在现场调试期间来确定并记录在还原剂流量控制系统的程序上。所计算出的还原剂流量需求信号送到控制器并和真实还原剂流量的信号相比较，所产生的误差信号经比例加积分动作处理去定位还原剂流量调节阀。根据设计的脱硝效率，依据 NO_x 浓度模型和设计中要求的最大的氨逃逸率，SNCR 控制系统根据计算出的还原剂流量需求信号去定位调节阀，并根据调试期间的结论选择最优化的喷枪组合，找到最佳的喷氨量。

根据以上控制原则，并通过不断地试验、分析与优化，终于研制出了一套可以分别独立调节各个热风炉 NO_x 排放值的系统，实现了氨水喷射量随工况 NO_x 变化及设定排放的 NO_x 值的变化而精确快速地变化，稳定控制了出口 NO_x 排放值，大大减少了氨水的用量，降低了运行成本，且先后开发了“手动控制”“定量控制”及“定排控制”三种控制方式：

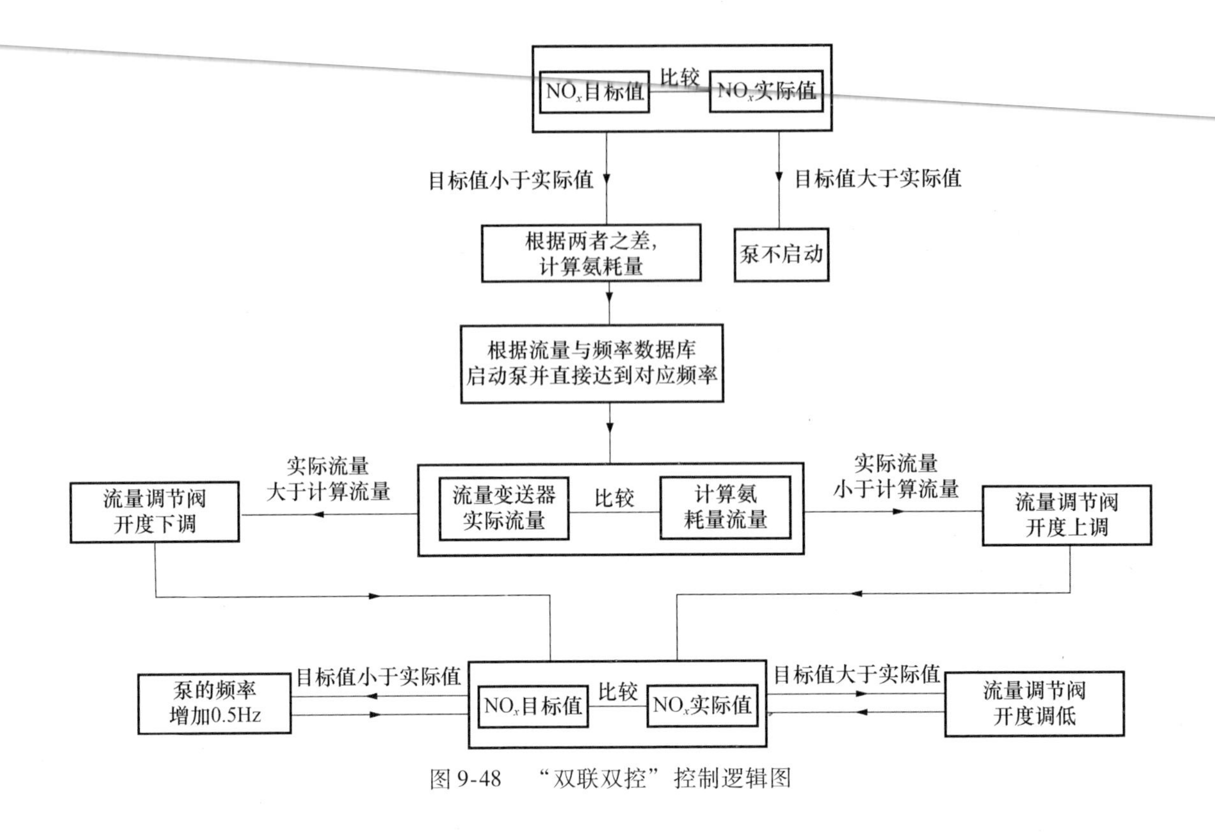

图 9-48 “双联双控”控制逻辑图

（1）手动控制方式

通过输入泵的频率来调节喷氨量，这种控制方式特点是氨水流量稳定，适用于 NO_x 初始浓度较稳定，对 NO_x 排放浓度没有明确要求，也可作为喷氨量与 NO_x 脱硝率相关的试验研究；对于工况不稳定，对 NO_x 排放值要求精确控制的情况具有其局限性。

（2）定量控制方式

通过输入喷氨量的流量值，变频柱塞计量泵自动调节自身频率，来达到设定的流量。这种方式可实现任意流量控制，但也不能根据 NO_x 浓度变化自动调节流量，脱硝率会有较大波动。

（3）定排控制方式

这种控制方式则突破了以上两种控制方式的局限性，只需输入排放 NO_x 值，变频计量泵便可自动调节频率来达到目标 NO_x 值，即使初始 NO_x 发生变化，泵也可以自动调节频率以调节喷氨量来维持排放 NO_x 值。

难题四：陶瓷厂现场可用空间较小，设备布置与安装较困难。

目前，国内大多陶瓷厂缺乏整体规划，后期陆续的各种建设导致场地非常拥挤，很少有多余的空间增加新的设备，而 SNCR 整套系统包含了大量的仪表、阀门及管道，对于安装精度要求较高，若全部在现场进行安装，将会导致现场安装时间及占用空间大大增加，且由于现场工作环境的各种干扰，容易造成仪表等设备损坏率上升、安装精度不高等问题。

解决方法：

为了解决以上问题，通过不断优化结构设计，将设备进行了归类、模块化设计，主要将还原剂输送系统、还原剂稀释系统、还原剂循环计量系统、还原剂分配系统等模块化，主要是根据各种仪表阀门的安装要求集成化安装，特别是电磁流量计、混合器等，前后都需要有充足的距离，同时需要有较高的安装精度。模块化设计可以减轻现场的安装工作量和降低对现场人员的要求，工程的精细化有利于提高系统稳定性与效率，缩短安装、供货周期，节约成本等。

9.4.14.2 湿式除污器技术难点与解决方法

难题一：如何提高湿式除污器高可用率

陶瓷窑炉的一大特点是春节期间大修，其他运行期间无特殊情况不得停产。湿式除污器作为陶瓷窑炉和喷雾干燥塔的烟气治理终端设备，出现故障需要停机检修时，将会对整个陶瓷生产线的正常运行造成重大影响。因此，保证湿式除污器的高可用率，在主机设备运行期间即使湿式除污器出现某个零部件发生故障也不能影响到湿式除污器的运行显得尤为重要。

解决方法：

（1）提高设备在线检修功能

“喷淋在线监测及分级补偿技术”中的其中一个功能就是可以在线更换喷嘴；水系统管道各类检测仪表设置旁路，当仪表出现故障或需更换时，水切换到旁路管道，检修或更换完毕后再恢复到仪表控制方式，不影响除污器的正常运行。

（2）关键设备或易损件设备增加备用件

当运行设备出现故障时，备用件可立即切换投入使用，不影响除污器的正常运行。如各类水泵均为一用一备、热风吹扫风机为一用一备。

（3）采用耐腐蚀性能好的材料，延长设备使用寿命

设计更合理的检修方案。如考虑到烟气中含有腐蚀性成分，且烟气中水分和液滴较多，内部喷嘴、阴极线、水管路均采用316L不锈钢材质，阳极板采用导电玻璃钢材质，壳体、烟道、烟囱采用不锈钢或普通钢板加防腐层。

难题二：稳定阳极板防腐及水膜均布，稳定除尘效率

（1）喷淋水在阳极板表面向下的流动过程中，由于表面张力及机加工平面度偏差问题，通过阳极板表面时会趋向于形成“小水珠”，阳极板过长，水膜易分叉形成线状，到达阳极板底端时无法形成均匀水膜。这样水流冲洗不到的地方导致尘粒的累积，并逐渐形成“枝桠状”灰垢，如图9-49所示，积灰范围和厚度逐渐增加，不及时清理，会导致阳极板和放电极失效。

（2）湿法脱硫出口烟气中被带出的液滴含有多种物质，部分物质尤其是氯离子对采用316L不锈钢的阳极板具有腐蚀作用，易造成阳极板锈蚀。

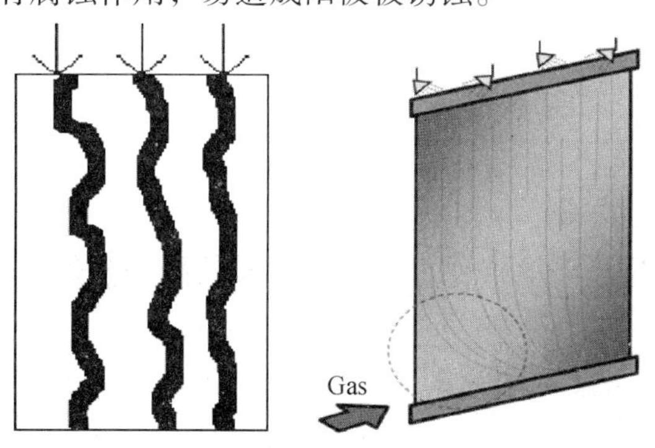

图9-49 “枝桠状”水线与“断流”

解决方法：

（1）采用改性导电的环氧树脂、碳纤维、氧化硅纤维为主体，在两侧表面覆盖不锈钢丝的导电玻璃钢制作的平板式阳极板。改性导电的环氧树脂、碳纤维、氧化硅纤维为主体的平板阳极板具有耐腐蚀性好、导电性强、强度高、质量轻等优点。阳极板试验分析数据见表9-19。

表9-19　阳极板试验分析数据表

序号	项目	单位	数据
1	材质	—	C－FRP
2	表面比电阻率	Ω	≤180
3	体积电阻率	Ω·cm	≤580
4	巴氏硬度	HBa	≥50
5	密度	g/cm^3	约1.8
6	树脂热变形温度	℃	105
7	拉伸强度	MPa	≥164
8	拉伸模量	GPa	≥12.8
9	弯曲强度	MPa	≥30
10	弯曲模量	GPa	≥8.7
11	氧指数	%	≥30

（2）阳极板宽度约800mm，两个上下竖直边制作成圆形空心柱，以增强阳极板的整体强度。

（3）在导电玻璃钢板的中下部表面加一层3mm厚、上下宽度约10mm的垫层，垫层与阳极板表面紧密粘结。该垫层的作用是当阳极板长度过长时，上端均匀水膜越到下端，越易出现枝状的分叉，不能形成均匀水膜。此时在阳极板的中下端设置3mm厚的垫层，将形成线形流淌的水进行拦截阻流再均布，使之再次形成均匀水膜，增强阳极板水膜均匀效果，如图9-50所示，提高了除尘器的除尘效率。

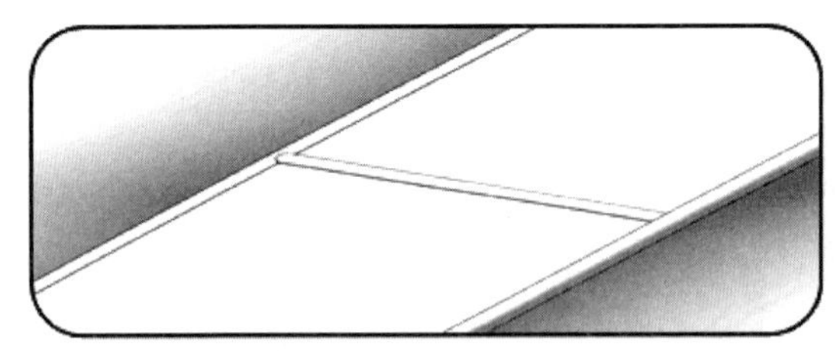

图9-50　水膜再均布阳极板图

（4）采用补偿喷淋技术，保证阳极板底部水膜不断流，并及时清理阳极板积灰，维持阳极板全水膜覆盖，并降低阳极板的腐蚀。

9.4.15　国内外同类研究及技术对比

该项目所涉及的多种污染物协同控制技术与装备在国内陶瓷行业为首次应用，且根据调研信息反馈，国外陶瓷行业也没有类似的协同控制技术与装备。目前，国内陶瓷行业主要采用简易的 SNCR 脱硝装置进行脱硝，采用布袋除尘器或水浴除尘器进行除尘。

现将该项目中涉及的 SNCR 脱硝技术与国内陶瓷行业现有的简易 SNCR 脱硝技术进行对比分析，将湿式除污技术与国内陶瓷行业现有的布袋除尘技术和水浴除尘技术进行对比分析。

9.4.15.1　SNCR 脱硝技术对比分析

虽然不同行业的 SNCR 脱硝技术工作原理基本相同，但其工艺、结构及适用条件却存在较大的差异，传统的 SNCR 脱硝技术在水泥、中小锅炉等行业已有较成熟的应用，其脱硝效率可达 50% 以上，但无法满足陶瓷行业使用工况条件。当前国内少部分陶瓷企业热风炉已采用了非常简易的 SNCR 脱硝装置进行脱硝，但运行效果较差，自动化程度低，还原剂耗量无法自动控制，导致运行成本增加。该技术与国内陶瓷行业现有的简易 SNCR 脱硝技术对比情况见表 9-20。

表 9-20　与国内陶瓷行业现有的简易 SNCR 脱硝技术对比

项　　目	该项目 SNCR 脱硝技术	简易 SNCR 脱硝技术
脱硝效率	≥60%	40% ~50%
还原剂	氨水	尿素溶液
自动化程度	高	无
还原剂喷射控制	根据 NO_x 浓度变化而自动调整	喷射量需受到阀门调整
运行费用	0.057 元/m^2 陶瓷	无法统计
投资费用	稍高	较低
对陶瓷砖质量的影响	无	过量喷射后有影响

9.4.15.2　湿式除污技术与布袋除尘技术、水浴（水幕）除尘技术对比分析

当前，部分陶瓷企业在烟气治理中采用布袋除尘器，有些扬尘点取得较好的除尘效果，如无腐蚀性气体、烟气中湿度较小的散点扬尘点。对于陶瓷喷雾干燥塔和窑炉后面设置的布袋，受烟气中含水率、焦油类物质和温度变化的影响，寿命较短，据调研的部分区域厂家反映 3 个月需更换一批布袋，高质量的布袋也很难维持半年以上。布袋除尘器使用得不正常，布袋后粉尘浓度超过 50mg/Nm^3。

当前还有部分陶瓷企业在烟气治理中采用水浴（水幕）除尘器，该除尘器除尘效率低、耗水量大，将逐步被淘汰。性能对比见表 9-21。

表 9-21　与水浴（水幕）除尘器性能对比表

项　　目	单位	湿式除污器	布袋除尘器	水浴除尘器
粉尘排放浓度	mg/Nm^3	≤5	≤20	≤50
运行阻力	Pa	≤200	≤1500	≤300
运行成本	—	需要消耗水、电、碱液	需要消耗电、压缩空气	需要消耗水、电
主要易损件维护费用	—	采用防腐蚀较好的材料可以达到 15 年不更换	布袋不足 1 年更换一次，维护费用高	易损件少，维护费用较低

续表

项　目	单位	湿式除污器	布袋除尘器	水浴除尘器
对微细颗粒（含 PM2.5）脱除率	%	≥80	对脱硫前端烟气脱除率可以达 80% 以上，对脱硫后端烟气无作用	对烟气中微细颗粒脱除率可以达到 40% 左右
脱硫后续液滴脱除率	%	≥60	无作用	无作用
脱硫后续结晶物及气溶胶脱除率	%	≥80	无作用	无作用
重金属脱除率	%	≥40	作用不明显	作用不明显
对脱硫作用	—	有辅助脱硫作用	对脱硫效率无作用	作用不明显

对于陶瓷窑炉烟气粉尘的治理，湿式除污器比当前少数项目使用的布袋除尘或是水浴（水幕）除尘器具有更强的工况适应性，通过设计优化窑炉粉尘排放，能适应更严格环保标准。

9.4.16　质量保证措施

对于该项目所涉及的设备，厂方严格按 ISO 9001 质量体系组织生产，主要通过以下几种措施来保障产品质量。

9.4.16.1　通过质量监检来保障

（1）科行环保向客户提供的脱硝装置等配套件外的所有零部件均在工厂生产车间内加工完成，不外协和分包。因此，设备的整个制造过程均在工厂完善的质保体系监控之下，设备的质量、工期都可得到有效保证。

（2）科行环保提供给客户的设备均符合国家质量标准和行业标准，提供的设备符合投标文件承诺和投标文件规定的技术要求、性能参数及配套范围。

（3）制造和装配所供设备的原材料及外购配套件，保证均是有合格证的正规大厂和大公司的优质产品。并在其购入后，要经科行环保检验认可后方能用于生产和装配。因此，在正确地安装、调试和试车、保养的前提下，科行环保有充分的信心和把握承诺：在设备的质量保证期内对所供设备在设计、制造或选用材料和配套件的缺陷而发生的任何不足或故障全部负责。

（4）在正确地安装、调试和试车、保养的前提下，科行环保承诺整机设备保证达到设计性能，承诺质保期为一年。

9.4.16.2　通过管理来保障质量

为确保投标设备的制造质量，该厂严格遵守北京恩格威认证中心 ISO 9001 质量体系，加强工厂质量管理，从投料制造到部件装配实行全过程的质量控制。

（1）设计质量保证。科行环保是专业从事节能、环保设备研制开发的高新技术企业，具有强大的技术支撑体系，秉承国内外先进的设计理念，能引领国内先进技术潮流。

（2）材料、设备等采购过程控制。用于产品生产的原材料将在合格的分承包方进行，并提供材质证明书。投入生产过程的原材料必须是经检验合格的，不合格的原材料杜绝投入生产。型材、板材表面应无锈蚀、无裂纹、无气泡和明显麻点，对特殊材料应进行理化复查，并保存记录。焊条、焊丝应有合格证书及检验记录。检验人员应进行验证。

（3）生产过程控制。科行环保严格按招标单位要求加工制作，采用CAD计算机辅助设计。所有焊缝坡口的开设、焊条的选用、焊缝的检验严格按照《建材机械钢焊接件通用技术条件》（JC/T 532—2007）执行。

所有外购件都选用国内外质量较好的产品，做到每一个环节都严把质量关。严格按图纸的工艺规程执行，对主要零部件实行首检、巡检和终检，并做好记录。

对工序间出现的不合格产品不得转入下道工序。

担任操作的焊工必须持有焊工合格证书。所有对接焊缝必须焊透，所有对接（需要时）应按工艺要求必须有坡口的焊接准备。

施焊前应对主要构件的坡口、焊接间隙量和错边量进行检查，在焊接连接处轧屑（轧制氧化皮）油脂、锈蚀应清除干净，焊缝外行尺寸应严格按图样和工艺规定执行。操作者应做好自检，检验员做好专检，并做好记录。

车间对选用的焊条型号、焊接设备、电流、工具、烘焙温度、时间进行检查并记录。对焊接设备必须每隔两天检查一次，并做好记录。记录内容反映设备处于正常或异常状态。

型材切割后，露在外面的断面应磨出光滑的平面。对钢板切割应保证直线度、垂直度。

分件发运产品件出厂前进行组对拼装试验。测直线度、大小口尺寸、安装孔距，测量长度、宽度和对角线，并做好记录。

灰斗板单片拼装试验。测高度、上下口尺寸、安装孔距，并做好记录。

生产车间按工艺要求做好配对件及试组对件的标志。

除锈、油漆严格按工艺规程进行。检查内容应包括油漆合格证、规格、除锈质量和油漆厚度。

包装按工艺规定要求进行控制。

（4）现场安装控制。现场施工安装严格执行国内及国外现行的各个专业施工规范、标准及规定和工程图纸进行，公司内部认真推行施工过程中的“三检制”检查制度和人、机、料、法、环等各个环节控制，同时积极配合好甲方或监理公司对施工工作进行监督、指导，做好工程的各个检查点、关键工序以及重要分部等的验收工作，确保工序合格率达到100%，优良率到达90%以上。

（5）其他。质量管理人员应加强焊接和产品外观质量的检验控制。焊缝标注尺寸用焊缝检验尺测量，并对焊缝外观进行100%目测质量。染色渗透10%，重要部件10%射线检验。质量员应对错漏检负责，并做好预防控制，严格把好检验关。

在工艺加工过程中，应强化工艺纪律，加强自检、首检、巡检和终检，预防质量事故的发生，出现不合格应按规定程序坚决隔离，防止混用。全部的检查、检验及实验均应有记录表。

通过以上质量保证措施，使得该项目的陶瓷行业多种污染物协同控制技术及装备在设计、生产、安装、调试及运行各环节得到充分的保证。

9.4.17　效果

由于陶瓷生产工艺、燃料、原料及釉料的原因，陶瓷窑炉烟气组分较为复杂。烟气中的

NO_x、粉尘、氟化物、氯化物、重金属及其化合物等污染物给环境造成危害。目前，建筑陶瓷行业整体环保治理水平较落后、自动化程度偏低，多数窑炉环保治理措施较为初级，实际治理效果不理想。

随着国家对环保工作的重视，陶瓷行业环保治理将更为紧迫。科行环保在蒙娜丽莎项目中使用的热风炉 SNCR 技术和烟气湿式除污器技术，在治理 NO_x 和粉尘的基础上，可同时减排 SO_2、SO_3、氟化物、氯化物和重金属等多种污染物。系统实现自动化控制和运行，具有操作简便、运行维护人员少和运行成本低等优势。有效解决了陶瓷行业多种大气污染物治理的难题，湿式除污关键技术率先在陶瓷行业应用，填补了国内陶瓷行业超低粉尘治理和多种污染物协同治理上的技术空白。陶瓷行业多种污染物协同控制技术在国内处于领先水平。项目中所有设备设计和工程实施，具有可移植可复制的特性，可较好的适应国内陶瓷企业应用，具有较好的推广价值。

多种污染物协同控制技术与装备仍然是行业内需要继续深入研究的课题，还有不少问题需要更好解决，也有不少技术措施可以进一步优化。

9.5 建筑陶瓷烟气一站式净化技术与装备项目实例

佛山华清智业环保科技有限公司（以下简称“华清环保”）成立于 2005 年 2 月，前身是中国科学院广州能源研究所佛山环保项目部，是应佛山陶瓷行业第一轮整治提升而生的专业环保工程公司，服务了蒙娜丽莎、鹰牌、金意陶、能强、金科、汇亚、强辉、欧美等众多陶瓷企业。2008 年，佛山又进行了新一轮的环保治理，华清环保又服务了众多陶瓷企业，其中，蒙娜丽莎集团将 21 个排放口整合成 3 个排放口的整厂环保工程都由华清环保承接，并在南海区陶企中率先安装大气污染源排放在线监控设备，走在行业前列，各项排放指标达到 GB 9078—1996 及地方政府要求。

2008 年，华清环保通过招投标成为杭州诺贝尔集团环保供应商，一直服务至今。诺贝尔集团是中国建陶企业中环保投入最大、项目最全的，华清环保有幸全程参与，并成功完成全国第一批除氟脱硫工程项目。

十多年来，特别是《陶瓷工业污染物排放标准》（GB 25464—2010）颁布实施以来，华清环保承接的环保工程有：压机布袋收尘、喷雾塔布袋除尘、抛光打磨收尘、釉线打磨滤筒收尘、喷雾塔炉内喷脱氮剂、窑炉除氟脱硫、湿法脱硫系统管道、安装、防腐保温、生产废水处理系统、生活污水处理系统等，以及半干法除氟脱硫除尘消白烟、各类布袋除尘器滤料、除氟脱硫循环水处理实验等，华清环保成为国内少数拥有陶瓷企业全产业链环保治理能力的环保公司。

华清环保在此基础上，成功研发出一种适用于我国建筑陶瓷烟气治理一站式净化技术与装备，主要包括新型高效布袋除尘器、新型陶瓷 SNCR 脱硝、双碱法脱硫、清洗塔循环水处理等技术与装备，能让标准要求的 9 项污染因子全天候持续稳定达标。

建筑陶瓷烟气治理一站式净化技术与装备试点示范项目于 2014 年 11 月在蒙娜丽莎集团股份有限公司首次投入运行。2015 年 5 月 19 日经佛山市南海区环境监测站检测，各项指标完全达到标准未修改前限值要求（以干基氧含量 8.6% 折算）。运行一年后，又于 2015 年 11 月 30 日，经中国广州分析测试中心检测，各项指标仍能完全达到标准未修改前限值要求（以干基氧含量 8.6% 折算），充分说明该示范项目的可行性，关键技术填补了国内空白，并且在技术上可行，经济上合理，适合我国建筑陶瓷行业发展现状，在国内建筑陶瓷行业市场的推广前景十分广阔。

9.5.1　项目研究目的

有“史上最严”之称的新环保法实施将近一年，有些地方环保部门用按日计罚等新手段硬措施查处了一批污染企业，对违规排放的企业起到警示作用，如佛山市率先在国内成立了环保警察，出动无人机，成立国内首支环境服务总队等。但因为公众期待因环保法明显提升了，随着空气环境污染事件频发，国家对建筑陶瓷工业大气污染排放标准收严势在必行。因此，实现建筑陶瓷行业9种污染物协同、高效、自动化控制治理，是行业污染物减排的必然趋势。

本项目研究的主要目的：

（1）开发出一套适用于建筑陶瓷行业烟气治理一站式净化技术与装备，并快速推向市场。

（2）解决当前建筑陶瓷行业治理水平落后、地域差异较大、运行成本高、治理效果差的突出问题。

（3）实现真正意义上的全面持续稳定的达标技术路线，填补国内建筑陶瓷行业二氧化硫、颗粒物、氮氧化物、重金属及其化合物、氟化物等9项污染因子治理技术的空白。

（4）提高建筑陶瓷行业环保治理技术智能化程度和科学水平，优化装备工业设计，改善现场环境与整洁度。

（5）促进建筑陶瓷行业大气污染物治理技术装备的创新与升级。

9.5.2　项目技术领域及主要内容

建筑陶瓷烟气治理一站式净化技术与装备由辊道窑除尘（协同去除重金属及其化合物）、双碱法脱硫，喷雾干燥塔热风炉SNCR脱硝、布袋除尘、双碱法脱硫，汇总烟气清洗等部分组成，涉及大气污染防治领域。其技术内容涵盖多个方面，其中SNCR脱硝技术包括还原剂制备系统、存储系统、计量分配系统、喷射系统等，涉及喷枪的选型、喷射角度、智能联控等；新型高效布袋除尘技术关键包括滤袋的选型；双碱法脱硫技术包括可在线检修系统、智能控制系统、防堵喷嘴选型等；清洗塔水处理技术包括自动加药系统等，本项目主要从以下方面进行研究：

9.5.2.1　新型陶瓷SNCR脱硝技术研究内容

（1）还原剂的选择。还原剂的选择与存储要加以研究，以满足热风炉的脱硝需求。

（2）受喷雾干燥塔烟气中NO_x含量本不太高的影响，管道直径小，做好还原剂的准确计量与分配。

（3）研究适用于陶瓷行业特点的喷枪，计算好喷射角度。

（4）设定脱硝警界数据，通过物料衡算软件计算，智能控制分配阀门大小，以节约运行成本。

9.5.2.2　辊道窑高效布袋除尘技术研究内容

（1）辊道窑烟气成分、特点分析，试验各种滤料材质，选出合适的滤料。

（2）笼骨的制造新工艺，既有效利用滤袋的过滤面积，又确保其垂直度，不受横喷吹影响。

（3）除尘器的多级预警及智能控制系统。

（4）微细黏性粉尘的有效规避技术。

（5）除尘器的外观工业设计。

9.5.2.3　喷雾干燥塔布袋除尘技术研究内容

（1）烟气中颗粒物浓度分析。

（2）高频率开停塔、洗塔时含湿量大对滤袋的材质、选型影响。

（3）高频率开停塔、洗塔时含湿量大对笼骨的材质、选型影响。

9.5.2.4　双碱法脱硫技术研究内容

（1）可不停塔的在线检修循环水喷淋系统。

（2）选择合理的空塔流速、液气比。

（3）选择合适的雾化喷嘴，保证雾化效果。

（4）避免碱颗粒二次污染导致排放口颗粒物超标影响。

9.5.2.5　清洗塔水处理技术研究内容

（1）循环水微量加药的自动控制。

（2）系统智能化控制与切换。

（3）系统的排泥方式与再生。

（4）脱硫循环液反应机理与成分分析。

9.5.3　项目的主要结构及特点

9.5.3.1　新型陶瓷 SNCR 脱硝主要结构

SNCR 脱硝系统按照工艺流程，由以下几个分系统组成：尿素溶液制备系统、尿素溶液计量、分配系统，喷射系统。

9.5.3.2　辊道窑高效布袋除尘器主要结构

主体由箱体、袋室、灰斗、进出风口四大部分组成（图 9-51），并配有支柱、走梯、栏杆、压缩空气管路系统、清灰控制机构（图 9-52）等。

图 9-51　高效布袋除尘器

图9-52　清灰控制机构

9.5.3.3　双碱法脱硫主要结构

双碱法脱硫系统由吸收塔、喷淋系统、除雾系统、循环浆液系统、加药系统等组成（图9-53）。

图9-53　双碱法脱硫系统

9.5.3.4　清洗塔及其水处理主要结构

清洗塔及其水处理系统主要由清洗塔、喷淋系统、除雾系统、反应池、絮凝沉淀池、曝气池、清水池、事故池、自动加药系统、智能控制系统等组成（图9-54）。

图9-54　清洗塔及其水处理系统

9.5.4 主要性能参数与指标

本项目充分考虑了当前建筑陶瓷烟气排放现状、特点及现有治理设施与水平，有针对性地设计了一套适用于建筑陶瓷行业烟气全面达标成套技术与装备，可有效去除多项污染物，确保稳定达标排放。其技术性能指标见表9-22（干基氧含量18%）。

表9-22 与水浴（水幕）除尘器性能对比表

序号	技术内容	性能参数与指标	备注
一、喷雾干燥塔布袋除尘器性能参数与指标			
1	入口温度	<150℃	
2	除尘效率	99.99%	
3	进口粉尘浓度	8000~12000mg/m³	
4	出口粉尘浓度	≤15mg/m³	国标限值30mg/m³
5	滤袋材质	PTFE+PTFE覆膜	
6	漏风率	≤2%	
7	设备压差	≤1500Pa	
8	喷吹气源压力	0.3~0.5MPa	
9	设备运行率	≥99%	
10	过滤风速	≤1m/min	
二、辊道窑布袋除尘器性能参数与指标			
1	过滤风速	≤1m/min	
2	进口粉尘浓度	50~300mg/m³	
3	出口粉尘浓度	≤10mg/m³	国标限值30mg/m³
4	滤袋材质	PTFE+PTFE覆膜	
5	漏风率	≤2%	
6	设备压差	≤1500Pa	
7	喷吹气源压力	0.3~0.5MPa	
8	设备运行率	≥99%	
三、辊道窑脱硫性能参数与指标			
1	进口二氧化硫浓度	≥400mg/m³	
2	出口二氧化硫浓度	≤30mg/m³	国标限值50mg/m³
3	脱硫效率	≥90%	
4	氟化物、氯化物去除率	≥80%	
5	塔内流速	3m/s	
6	液气比	≤3L/m³	
7	塔内压力损失	≤800Pa	
8	年运行	8000h	
9	烟气塔内停留时间	3.5s	
10	耗电量	≤115kW/h	
11	循环水量	120m³/h	

续表

序号	技术内容	性能参数与指标	备注
四、喷雾干燥塔SNCR脱硝性能参数与指标			
1	进口 NO_x 浓度	≤400mg/m³	
2	目标 NO_x 排放浓度	≤150mg/m³	国标限值180mg/m³
3	氨逃逸率	≤6ppm	
4	NO_x 去除效率	≥60%	
5	30%尿素	≤12Kg/h	
6	耗电量	≤11kW/h	
7	设备运行率	≥99%	
五、清洗塔性能参数与指标			
1	清洗塔材质	316L	
2	喷淋层	3层	
3	除雾器	1层	
4	烟气流速	3m/s	
5	液气比	≤3L/m³	
6	停留时间	3.5s	
7	水处理成本	0.85元/m³	

9.5.5 技术特点及适用范围

9.5.5.1 辊道窑高效布袋除尘技术特点

（1）选用特殊滤料，满足窑炉烟气特点，收尘效果好，并有效协同去除重金属粉尘。

（2）设置多重预警装置，有效预防结露，确保设备有效稳定运行。

（3）模块化设计、加工与安装，漏风率极低，施工方便快捷，外观采用钻石形凸出结构，美观大气。

（4）采用行喷式除尘结构，滤袋长达6000mm，既节约空间，又能达到收尘目的。

（5）不受空间所限，可设置在平台上，多重安全保护，并加盖可移动式雨棚。

（6）独特的笼骨头设计，既提高了滤袋的有效使用面积，又确保喷吹压力的均匀分布。

9.5.5.2 辊道窑高效布袋除尘适用范围

适用于建筑陶瓷行业辊道窑烟气除尘、除重金属粉尘。

9.5.5.3 喷雾干燥塔高效布袋除尘技术特点

（1）选用特殊的滤料，与烟气接触部位均选用304不锈钢材质，花孔板选用316L材质，提高使用寿命。

（2）无旁通，不受喷雾干燥塔开停塔、频繁洗塔影响，疏水性5级，确保全天候稳定达标。

（3）独特的笼骨头设计，既提高了滤袋的有效使用面积，又确保喷吹压力的均匀分布。

（4）自动化控制，可在线检修。

9.5.5.4　喷雾干燥塔高效布袋除尘适用范围

适用于建筑陶瓷行业喷雾干燥塔收尘（各种型号规格、使用各种不同燃料）。

9.5.5.5　喷雾干燥塔 SNCR 脱硝技术特点

（1）结合场地特点，选用 30% 尿素为还原剂，占地面积小，溶药方便，无安全隐患。

（2）"智能联控"，导入物料衡算软件，根据末端 CEMS 适时监测的 NO_x 浓度自动调控喷尿素量，精准加药，节约成本，操作简单。

（3）设置预警系统，设定设备开停浓度范围，既保证达标排放，又节约成本。

（4）脱硝还原剂集中存储、溶解、计量分配，满足多台热风炉脱硝需求，可按热风炉开停数量自动控制，降低投资成本，又兼顾运行成本。

9.5.5.6　喷雾干燥塔 SNCR 脱硝适用范围

适用于建筑陶瓷行业喷雾干燥塔热风炉烟气脱硝（各种型号规格、使用各种不同燃料），最佳使用温度为 900℃ ±50℃。

9.5.5.7　双碱法脱硫技术特点

（1）计算合理的设计参数，结合烟气特点，塔体选用 316L 不锈钢。

（2）所有喷淋系统均实现在线检修，方便实用。

（3）采用特殊喷头，有效防堵塞。

（4）设置高效除雾器，捕捉大颗粒的水滴，节约用水，降低碱颗粒随烟气带出而导致排放口颗粒物超标的概率。

（5）设备运行稳定，故障率极低。

9.5.5.8　双碱法脱硫适用范围

适用于建筑陶瓷行业辊道窑、喷雾干燥塔烟气脱硫（各种型号规格、使用各种不同燃料）。

9.5.5.9　清洗塔水处理技术特点

（1）有效清洗因喷雾干燥塔、辊道窑脱硫后烟气汇总中的碱颗粒，降低排放口烟气中的雾滴。

（2）设置自动加药装置，精准控制，劳动强度低。

（3）脱硫循环液因温度过高损失部分水分，需定期添加新鲜水，本系统独立循环，替代新鲜水，降低 75% 的成本。

（4）智能控制，操作便捷，稳定运行。

9.5.5.10　清洗塔水处理适用范围

适用于建筑陶瓷行业辊道窑、喷雾干燥塔热风炉烟气脱硫（各种型号规格、使用各种不同燃料）后，深度处理脱硫循环液，确保最终排放口颗粒物达标排放。

9.5.6　项目研究过程

为了实现颗粒物、二氧化硫、氮氧化物等 9 项污染因子的全面治理，而且要保证系统自动、高效、稳定、经济运行，本项目从以下多个方面研发与设计。

9.5.6.1　辊道窑高效布袋除尘部分

（1）整体工艺方面的设计，对辊道窑烟气中的颗粒物进行收集处理，在前期小试验除尘器接入烟气后的运行对比中，充分了解辊道窑烟气的特点，选择合适的滤料，经收尘后接入脱硫塔、清洗塔进行后期治理，达标后排放。

（2）辊道窑从开窑起到年底检修前，会持续运行，收尘设备的稳定性尤为重要，避免滤袋不结露或糊袋。

（3）布袋除尘器收集的粉尘通过螺旋输送机自动运送到收集袋中，避免二次扬尘。

（4）采用独有的模块化设计，减轻现场安装工作量，提高系统稳定性与效率，整体一次性吊装，外观简洁大气。

（5）采用独特的笼骨头设计，既有效利用滤袋的有效过滤面积，又利于行喷吹压力的均匀分配，减少笼骨晃动，降低滤袋间碰撞概率，提高滤袋使用寿命。

（6）设置多级预警系统，设定最佳运行温度范围，超出最高温时开启冷风阀以降低烟气温度，低于最低温时启动自动加热系统，确保不因低于露点而结露或糊袋，同时，运行故障时有声光电报警装置，所有动作均由 PLC 智能控制。

（7）采用行喷吹式结构，圆形滤袋长达 6m，每一个滤袋中心的上方都有一个喷吹口，确保喷吹效果。同时，在烟气进口设置完善的导风装置，科学有效引导气流。

（8）通过试验和计算，选择了较低的过滤风速。

9.5.6.2　喷雾干燥塔布袋除尘部分

（1）结合喷雾干燥塔运行工况特点，开停塔、洗塔频率高，烟气中含硫较高、湿度较大，对滤袋、笼骨、箱体腐蚀性强，滤料选择十分重要。

（2）政府环保部门明确要求不能有旁通，大部分旋风除尘设备已拆除，烟气中粉尘浓度高，温度高，大颗粒物较多，对收尘设备的质量要求高，漏风率要十分低。

（3）采用独特的笼骨头设计，既有效利用滤袋的有效过滤面积，又利于行喷吹压力的均匀分配，减少笼骨晃动，降低滤袋间碰撞概率，提高滤袋使用寿命。

（4）设置多级预警系统，设定最佳运行温度范围，超出最高温时开启冷风阀以降低烟气温度，低于最低温时启动自动加热系统，确保不因低点露点而结露或糊袋，同时，运行故障时有声光电报警装置，所有动作均由 PLC 智能控制。

（5）通过试验和计算，选择了较低的过滤风速。

9.5.6.3　喷雾干燥塔 SNCR 脱硝部分

（1）整体工艺方面的设计，对喷雾干燥塔热风炉进行 SNCR 脱硝，再将脱硝后的烟气引入布袋除尘器收尘、湿法脱硫塔脱硫，再进入清洗塔，经处理后达标排放。

（2）多台喷雾干燥塔热风炉共用一套尿素溶解、存储和循环输送计量分配系统，每台热风炉配置单独的分配喷射系统。

（3）选择 30% 浓度的尿素溶液作为脱硝还原剂，并研究还原剂改性措施来提高还原剂脱硝活性，满足热风炉运行工况条件。

（4）通过采用电动调节阀、球阀、止回阀、流量调节阀、针形阀、流量变送器等设备，采用自主研发的多级控制技术，实现小气量、微量尿素精准化计量与分配。

（5）自主开发 SNCR 脱硝物料衡算软件，应用 SNCR 脱硝的“智能联控”技术，将末端 CEMS 监测 NO_x 浓度数据导入物料衡算软件，设定开停警界运行区间，精准控制和计量还原剂喷射量，适时控制运行成本。

（6）通过试验和计算，确定喷枪安装位置和喷射角度，达到还原剂均匀混合、热风炉圆形截面全覆盖的效果。

（7）采用模块化设计，将分配柜就近设置在热风炉边的平台上，减少占地面积，保证工程质量和效率，提高系统稳定性，无需土建，节约投资成本。

9.5.6.4　双碱法脱硫部分

（1）试验和计算合理的空塔流速、液气比，结合烟气特点，塔体选用316L不锈钢。

（2）喷淋系统在塔体外围，用活动法兰固定，设置备用喷淋层，可在不停塔状况下进行在线检修，方便实用。

（3）采用碳化硅陶瓷喷头，雾化效果好，完整覆盖塔体截面，增加气液接触面积，有效防堵塞，提高脱硫效率。

（4）设置高效除雾器，捕捉大颗粒的水滴，节约用水，降低碱颗粒随烟气带出而导致排放口颗粒物超标的几率。

（5）设备运行稳定，故障率极低。同时循环喷淋液水泵有备用，确保稳定运行。

9.5.6.5　清洗塔水处理部分

（1）试验和计算合理的空塔流速、液气比，结合烟气特点，塔体选用316L不锈钢。

（2）有效清洗因喷雾干燥塔、辊道窑脱硫后烟气汇总中的碱颗粒，降低排放口烟气中的雾滴。

（3）设置自动曝气装置，采用微型螺旋输送机及皮带输送机进行自动添加PAC、PAM、石灰等药剂，PLC智能精准控制，降低劳动强度。

（4）脱硫循环液因温度过高损失部分水分，需定期添加新鲜水，本系统独立循环，替代新鲜水，降低75%的成本。

（5）清洗塔循环水处理系统全程PLC智能控制，操作便捷，稳定运行。

9.5.7　试点示范项目前期调研与分析

在前期研发与实验基础上，于2014年×月×日与广东蒙娜丽莎新型材料集团有限公司（后更名为蒙娜丽莎集团股份有限公司）签订试点3#排放口烟气综合治理合同（含7条辊道窑、3座喷雾干燥塔），要求9项污染因子全天候持续稳定达标。为更好地开展设计工作，项目组成员对拟试点项目喷雾干燥塔、辊道窑烟气工况、成分、特性等进行较彻底的检测与调研，完成项目实际运行参数与污染物排放情况检测调研与资料收集。具体情况见表9-23～表9-25。

表9-23　设计前烟气情况　（mg/m^3）

设备与工况	O_2	颗粒物	SO_2	NO_x	备注
喷雾干燥塔处理前	16.5～18.5	8000～12000	50～150	450～650	—
喷雾干燥塔处理后	16.5～18.5	30～100	≤50	≤300	简易SNCR
辊道窑未处理前	16.0～17.5	30～150	300～400	200～350	—
辊道窑处理后	16.0～17.5	30～150	≤50	200～350	无脱硝
塔、窑汇总后排放口	16.5～18.5	30～80	≤50	200～300	—

注：执行原GB 25464—2010标准，按氧含量8.6%折算。

表9-24　辊道窑烟气设计前重金属等污染物情况　　(mg/m^3)

设备与工况	Cd	Pb	Ni	氟化物（以F计）	氯化物（以Cl计）
辊道窑烟气处理前	0.0011	0.0256	0.1131	3.688	—
辊道窑烟气处理后	0.0009	0.0124	0.0138	0.452	—
喷雾塔脱硫后	—	—	—	0.217	—
烟气汇总后排放口	0.0009	0.0124	0.0878	0.669	—

注：执行原GB 25464—2010标准，按氧含量8.6%折算。

表9-25　2014年南海区环境监测站检测数据　　(mg/m^3)

季度	采样位置/炉窑型号	烟气排放量	烟（粉）尘排放浓度	二氧化硫排放浓度	氮氧化物排放浓度	监测时间
一季度	1座喷雾塔和6条辊道窑（处理后）	105911	106	55	332	2014.3.20
二季度	1座4000型喷雾塔（处理前）	33051	19974	49	68	2014.5.8
	1座喷雾塔和6条辊道窑（处理后）	99634	28	22	137	
	（A、C、D）辊道窑（处理前）	32506	76	602	250	
	（E、F、I）辊道窑（处理前）	30640	72	576	259	

注：1. 2014年第一季度监测颗粒物、氮氧化物未达标。
2. 2014年第二季度监测全部达标。
3. 季度监测只对适时采样数据有效，但持续稳定达标具有极大的挑战性。

烟气污染物不达标的原因分析及应对措施见表9-26。

表9-26　烟气污染物不达标的原因分析及应对措施

污染物	不达标原因分析	应对措施
颗粒物	1. 窑炉和喷雾塔烟气集中排放，执行较严的30mg/m^3标准，而且窑炉和喷雾塔的氧含量有差异，导致换算值存在较大差别。 2. 原布袋除尘器的滤芯过滤精度不够。 3. 布袋除尘器旁通阀门泄漏。 4. 脱硫循环水含较多悬浮物，随烟气排放。 5. 布袋除尘器箱体漏风率过高。 6. 管道积灰未及时清除	1. 增设排烟口，将窑炉和喷雾塔烟气分开治理，执行不同排放标准。 2. 更换更高效的滤袋，选用PTFE覆膜滤料。 3. 重新制作不锈钢的布袋除尘器，并检测漏风率，设置多级预警系统。 4. 割除所有旁通或加装电动闸阀防泄漏。 5. 布袋除尘器后的烟管更换为不锈钢材质，布袋除尘器如有故障，需及时清洗。 6. 改善循环水水质，去除水中的颗粒物，利用电导率与温度控制调整水中的盐分，避免随烟气析出（可考虑更换脱硫工艺，选用半干法脱硫，不产生污水，可省掉污水处理设施。两种脱硫工艺优劣比较附后）
铅、镉、镍及其化合物	主要来自窑炉没有专门的设备治理（如重金属粉尘含量超标三倍以上可入刑，或经比对脱硫塔前后的数据，计算出去除效率，必须考虑增设布袋除尘器）	1. 湿式脱硫塔对低浓度的金属粉尘除尘效率极低，根本无法除去窑炉烟气中的金属粉尘。 2. 通过配方调整，严控铅、镉、镍含量。 3. 增设窑炉烟气布袋除尘器，一方面降低粉尘含量，另一方面可基本去除重金属粉尘（高效布袋除尘器的过滤效率可高达99.9%）

试点示范项目基本情况见表 9-27。

表 9-27　现有 3 个排放口分布情况

辊道窑		喷雾塔		备注
窑号	数量	型号	数量	
A、C、D 窑炉汇合 E、F、I 窑炉汇合	6 条	32P03	1 座	6 条窑，2 座喷雾塔集中排放
		40P01	1 座	
118M、J、K 汇合	3 条	32P01	1 座	3 条窑，3 座喷雾塔集中排放
		32P02	1 座	
		40P04	1 座	
2A、2B 窑炉、2C、2D 烧成汇合 2C、2D 干燥 118A、2E、2F 汇合	7 条	25P02	1 座	7 条窑，. 3 座喷雾塔集中排放
		40P02	1 座	
		40P03	1 座	

9.5.8　总体方案及图纸设计

在调研和实验的基础上，项目组进一步明确项目方案和研究目的，项目组成员及时沟通，召开多次项目研讨会，布置各项目组成员具体的任务。根据已经基本确定的方案内容进行理论计算，确保总体方案可行：将 7 条辊道窑和 3 座喷雾干燥塔分开治理，脱硫后统一进入清洗塔处理后，集中排放，工艺流程如下：

（1）窑炉烟气→引风机→布袋除尘器除尘（协同除重金属）→湿法脱硫塔→清洗塔（再次除碱颗粒）→达标排放

（2）热风炉脱硝→喷雾塔烟气→引风机→布袋除尘器除尘→湿法脱硫塔→集烟室→清洗塔（再次除碱颗粒）→达标排放

根据总体方案，确定总平面图，明确 4#、5#辊道窑布袋除尘器、脱硫塔、清洗塔、循环水处理、在线监控房、设备房、尿素溶解罐、尿素存储罐、计量分配系统等的摆放位置，以及 SNCR 脱硝喷枪选型，绘制总体工艺流程图、效果图、4#、5#布袋除尘器加工制作图、钢结构系统图、脱硫塔结构图、清洗塔结构图、水处理土建图、水处理工艺流程图、水处理自动加药图等。根据总图进行各专业系统的工作图设计，如图 9-55 所示。

图9-55　工作图设计

9.5.9　工业运行与后续检测

试点3#排放口烟气治理项目监测记录见表9-28。

表9-28　试点3#排放口烟气治理项目监测记录表　（mg/m^3）

监测时间	FQ-00208-3（塔）				FQ-00208-3（窑）			
	实测氧含量	颗粒物	SO_2	NO_x	实测氧含量	颗粒物	SO_2	NO_x
国标限值	—	30	50	180	—	30	50	180
2014. ×. ×	18.0	4.6	5.1	125	17.7	5.2	6.1	130
2014. ×. ×	17.9	5.4	6.5	117	18.5	5.6	7.1	115
2014. ×. ×	17.2	4.9	6.3	113	17.6	6.4	9.8	119
2014. ×. ×	17.1	4.2	8.9	124	17.4	6.8	9.5	122
2014. ×. ×	17.1	5.1	7.8	114	17.3	4.9	11.0	114
2014. ×. ×	17.0	3.6	11.2	145	17.4	4.9	7.7	124
2014. ×. ×	17.1	4.3	9.7	138	17.9	4.7	7.8	124
2014. ×. ×	17.2	4.6	10.6	121	17.8	4.8	8.5	121
2014. ×. ×	16.9	3.2	4.6	119	17.9	5.6	7.8	119

续表

监测时间	FQ-00208-3（塔）				FQ-00208-3（窑）			
	实测氧含量	颗粒物	SO_2	NO_x	实测氧含量	颗粒物	SO_2	NO_x
2014. ×. ×	16.8	4.1	6.8	129	17.8	6.0	7.9	120
2014. ×. ×	16.9	4.7	7.5	137	17.5	5.9	8.3	117
2014. ×. ×	17.0	5.0	12.3	128	17.8	5.8	9.2	128
2014. ×. ×	17.1	5.1	8.5	136	17.9	5.4	4.6	126
2014. ×. ×	17.0	4.0	8.7	119	18.0	5.7	4.7	119
2014. ×. ×	16.9	4.2	8.9	105	18.1	5.5	5.3	105
2014. ×. ×	16.8	4.3	9.5	123	17.7	6.3	7.5	123
2014. ×. ×	16.8	4.6	7.7	132	17.9	6.1	6.7	122
2014. ×. ×	16.9	4.1	8.2	125	18.1	6.7	8.4	125
2014. ×. ×	16.5	4.0	8.0	145	18.6	5.3	11.2	115
2014. ×. ×	16.8	3.4	7.6	117	18.5	5.3	9.6	117
2014. ×. ×	16.7	3.7	8.9	119	17.9	5.5	5.5	119
2014. ×. ×	16.9	4.3	9.0	116	18.1	5.6	5.7	116
2014. ×. ×	16.5	4.2	5.6	126	18.5	5.3	6.9	121
2014. ×. ×	16.2	3.7	6.3	124	18.7	5.4	7.8	124
2014. ×. ×	16.3	3.6	6.7	122	18.0	5.8	6.7	122
2014. ×. ×	16.7	3.5	6.8	121	18.1	5.9	6.8	121
2014. ×. ×	17.0	4.2	6.9	151	18.6	6.9	7.4	111
2014. ×. ×	17.1	4.3	8.1	111	18.9	8.9	10.2	111
2014. ×. ×	17.0	4.2	7.8	113	18.2	8.7	10.1	113
2014. ×. ×	16.9	4.1	7.6	115	18.1	3.5	8.9	115
2014. ×. ×	16.8	4.0	7.3	113	18.3	5.4	8.3	113
2014. ×. ×	16.9	3.9	8.0	112	18.4	6.2	6.4	112
2014. ×. ×	16.4	4.4	7.5	126	18.2	6.1	5.9	126
2014. ×. ×	16.7	5.0	6.9	124	18.3	6.3	5.9	124
2014. ×. ×	17.0	4.8	4.8	133	17.9	5.0	5.8	123
2014. ×. ×	17.1	4.6	5.2	121	17.9	3.5	6.3	121
2014. ×. ×	17.2	4.3	5.6	120	17.8	3.6	6.4	120
2014. ×. ×	16.8	4.9	6.4	125	18.1	3.2	7.1	125
2014. ×. ×	16.9	4.5	5.7	117	18.2	4.2	5.6	117
2014. ×. ×	16.5	3.6	5.2	116	18.5	4.5	5.7	116

9.5.10 试点项目研究过程中遇到的难题及解决方法

9.5.10.1 辊道窑高效布袋除尘技术难点及解决方法

1. 辊道窑高效布袋除尘技术难点

首先要全面分析辊道窑烟气特点：

（1）年初升温开窑后基本不停窑，连续运行时间长，约为330d/年，7920h/年，要求收尘设备运行稳定性高，否则影响窑内烧成气氛，进而影响产品质量。

（2）燃料选用两段式煤气发生炉自制的煤气，煤气经电捕轻油装置去除焦油，但捕捉效率不可能100%，辊道窑烟气或存在未完成处理的酚类、芳香烃和杂环化合物的混合物，要求收尘设备尽可能规避，否则容易造成糊袋。

（3）辊道窑烧成烟气有一定的温度，基本都抽到干燥窑进行余热利用，多条窑炉、干燥窑烟气汇总后温度波动大、湿度较大，温度过高考验滤袋的耐热性能，温度过低又易使滤袋结露，露点的计算与控制是难题。

（4）收尘设备滤料的选择是重中之重。

（5）受场地影响，加之管道系统较复杂，如何布置收尘设备有难度。

2. 辊道窑高效布袋除尘技术难点的解决方法

解决方法一：制造试验小布袋除尘器，选择不同滤料对比试验，确定最优滤料材质，将收集到的粉尘送权威部门监测成分

综合分析烟气成分和特点，选择多种可能的滤料，制订详细的试验方案，设置透明观察视窗，记录各种试验数据，对比分析后发现PTFE + PTFE覆膜滤料最为适合。表9-29～表9-31为各种滤袋现场试验数据。

表9-29　FMS耐高温针刺毡滤袋现场试验数据一览表

实验日期	风量（m^3/h）	含湿量（%）	含氧量（%）	粉尘浓度（mg/m^3）	SO_2（mg/m^3）	温度（℃）	采样位置
2014. ×. ×	5136	9.5	14.8	14	478	152	布袋除尘后
2014. ×. ×	5499	13.2	15.1	16	555	131	布袋除尘后
2014. ×. ×	5429	16.2	16.2	16	501	127	布袋除尘后
2014. ×. ×	5628	13	16.5	19	493	117	布袋除尘后
2014. ×. ×	5609	10	15.1	18	506	135	布袋除尘后
2014. ×. ×	5495	11	14.5	16	561	151	布袋除尘后
2014. ×. ×	5480	9	15.2	17	365	141	布袋除尘后
2014. ×. ×	5283	12.2	14.5	15	601	125	布袋除尘后
2014. ×. ×	5499	13.1	15.1	22	555	122	布袋除尘后
2014. ×. ×	5429	11.8	16.2	27	501	124	布袋除尘后
2014. ×. ×	5628	10.9	14.9	30	493	128	布袋除尘后
2014. ×. ×	5609	9.3	15.2	31	506	138	布袋除尘后
2014. ×. ×	5495	10.8	15.8	40	561	157	布袋除尘后
2014. ×. ×	5480	10	15.2	51	365	164	布袋除尘后
2014. ×. ×	5283	14.2	16.7	55	601	122	布袋除尘后

注：监测数据是按8.6%基准氧含量折算值。

表 9-30　PPS 滤袋现场试验数据一览表

实验日期	风量（m^3/h）	含湿量（%）	含氧量（%）	粉尘浓度（mg/m^3）	SO_2（mg/m^3）	温度（℃）	采样位置
2014. ×. ×	5422	10. 1	15	16	478	150	布袋除尘后
2014. ×. ×	5435	13	15. 1	15	555	127	布袋除尘后
2014. ×. ×	5429	15. 7	16. 5	18	501	127	布袋除尘后
2014. ×. ×	5628	13. 2	16. 1	24	493	116	布袋除尘后
2014. ×. ×	5609	11. 5	15	19	506	137	布袋除尘后
2014. ×. ×	5548	11. 8	15. 3	21	561	166	布袋除尘后
2014. ×. ×	5483	12. 2	15. 5	18	365	140	布袋除尘后
2014. ×. ×	5374	12	15	19	601	132	布袋除尘后
2014. ×. ×	5480	13	15. 2	22	555	127	布袋除尘后
2014. ×. ×	5283	12. 2	16. 3	26	501	127	布袋除尘后
2014. ×. ×	5625	11	15. 4	21	493	126	布袋除尘后
2014. ×. ×	5475	12	15	19	506	137	布袋除尘后
2014. ×. ×	5448	13	15. 2	25	561	157	布袋除尘后
2014. ×. ×	5548	12. 5	15. 7	21	365	167	布袋除尘后
2014. ×. ×	5483	14. 8	16. 1	27	601	116	布袋除尘后

注：监测数据是按 8. 6% 基准氧含量折算值。

表 9-31　PTFE + PTFE 覆膜滤袋现场试验数据一览表

实验日期	风量（m^3/h）	含湿量（%）	含氧量（%）	粉尘浓度（mg/m^3）	SO_2（mg/m^3）	温度（℃）	采样位置
2014. ×. ×	5420	10. 2	15	5	478	150	布袋除尘后
2014. ×. ×	5413	13. 2	15. 1	9	555	127	布袋除尘后
2014. ×. ×	5428	15. 5	16. 3	10	501	127	布袋除尘后
2014. ×. ×	5327	13	16. 4	8	493	116	布袋除尘后
2014. ×. ×	5621	11	14. 8	7	506	137	布袋除尘后
2014. ×. ×	5548	11	15. 3	9	561	166	布袋除尘后
2014. ×. ×	5483	12	15. 1	6	365	140	布袋除尘后
2014. ×. ×	5399	11. 8	14. 9	3	601	132	布袋除尘后
2014. ×. ×	5422	13	15. 5	8	555	127	布袋除尘后
2014. ×. ×	5485	12	16. 2	10	501	127	布袋除尘后
2014. ×. ×	5611	10. 5	15	7	493	126	布袋除尘后
2014. ×. ×	5475	10	15. 4	6	506	137	布袋除尘后
2014. ×. ×	5459	11	15. 5	8	561	157	布袋除尘后
2014. ×. ×	5462	10. 5	15. 3	6	365	167	布袋除尘后
2014. ×. ×	5552	15	16. 2	7	601	116	布袋除尘后

注：监测数据是按 8. 6% 基准氧含量折算值。

针对陶瓷辊道窑高温含湿含腐蚀的烟气特性，实验所选用的 FMS 耐高温针刺毡滤袋作为 1#实验样品。FMS 滤袋在运行初期，滤袋过滤性能良好，可达到预期的过滤效果，粉尘浓度均≤30 mg/m^3，低值时≤14 mg/m^3。但是从运行的第 9 天开始，出现了轻微糊袋现象，粉尘清灰效果下降，排放的粉尘浓度逐渐上升。实验除尘器运行半个月后，粉尘浓度开始超标，并且出现滤袋基布与滤层脱落现象，已经失去了基本的除尘效果。因此，实验结果显示 FMS 耐高温针刺毡滤袋不适合作为陶瓷辊道窑除尘滤料使用。

实验所选用的 PPS 滤袋作为 2#实验样品。PPS 滤袋的运行效果一直都比较良好，粉尘的剥离也比较正常，监测数据均≤30 mg/m^3，在排放标准范围内，但是监测数据中的氧含量均在 14% 以上。由于 PPS 滤袋的抗氧化性较差，要求 O_2 含量 < 14%（vol）、NO_x≤600mg/m^3。实验结束后，对 PPS 纤维进行化验，结果显示，PPS 纤维有部分纤维断裂的情况。因此，PPS 滤袋的使用寿命会大大缩短，不适合在氧含量高于 14% 的辊道窑上使用。

同时，实验所选用的 PTFE + PTFE 覆膜滤袋作为 3#实验样品。通过实验除尘器视窗观察，PTFE + PTFE 覆膜滤袋运行清灰过程中，粉尘剥离效果明显，没有粉尘板结的现象。而且监测数据显示，滤袋的过滤精度高，净化后的粉尘浓度在 3 ~ 10 mg/m^3 之间，并持续运行至实验结束。实验结束后，对 PTFE + PTFE 覆膜滤袋的性能进行检测，各项参数均在合理正常范围内。因此，通过实验过程以及实验结果的分析总结，从长远运行要求与经济性角度出发，选用 PTFE + PTFE 覆膜滤袋作为陶瓷辊道窑粉尘净化滤料更为科学。表 9-32 为常见滤料性能对比。

表 9-32　常见滤料性能对比

	PE	PP	DT	NO	PPS	P84	GL	PTFE
相对密度	1.38	0.9	1.28	1.38	1.34	1.41	2.54	2.3
极限氧指数	22	—	—	29 ~ 30	34	38	—	65
连续温度（℃）	130	90	125	200	190	240	260	260
最高温度（℃）	150	100	140	220	200	260	280	280
耐酸性	一般	优	良	中	优	好	好	优
耐碱性	有条件	优	中	中	优	中	中	优
抗氧化性	好	有条件	良	良	差	好	优	优
抗水性	有条件	优	良	中	优	中	优	优
抗磨损	中	中	中	优	良	好	差	优
抗折性	中	中	中	优	良	好	差	优

下面简单介绍 PTFE 纤维及滤料。

PTFE 俗称“塑料王”，是大分子线型结构，无支链，大分子两侧全部为非常稳定的 C—F 键，分子链难以遭到破坏，故具有极好的耐热性和耐腐蚀性，如图 9-56 所示。温度在 200℃ 可连续使用；耐酸碱范围 pH 值为 0 ~ 14，可抵抗强酸（包括王水）、强氧化剂、还原剂和各种有机溶剂的作用；抗氧化；完全不水

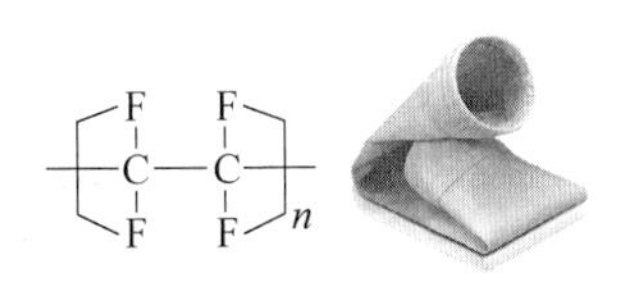

图 9-56　PTFE 纤维及滤料

解；极限氧指数（LOI）高达95%，不燃烧；具有高度的不黏性和极低的摩擦系数，表面极光滑，易清灰。

因此PTFE产品可在寿命期限内始终保持优秀的物理和化学性能，非常适用垃圾焚烧除尘系统等高温高湿、腐蚀性强的复杂工况，被广泛应用。同等工况条件下，PTFE滤料的使用寿命将比其他材质的滤料提高2~3倍甚至更多。

PTFE微孔薄膜使滤料实现了从“深层过滤”发展为“表面过滤”，提高过滤效率，严格控制排放，降低运行阻力，延长滤袋使用寿命，扩展应用领域。

在正常运行下，排放浓度小于$20mg/Nm^3$，甚至小于$10mg/Nm^3$。

由于PTFE微孔薄膜本身具有不粘尘、憎水性和化学性能稳定的特性，覆膜滤料具有极佳的清灰性能，防结露，结果使得过滤工作压降始终保持在很低水平，而处理气流量则始终保持在较高水平。即使遇到结露、糊袋，待自然风干后，继续使用，效果依然，也可用水清洗。与普通滤料相比较，在相同过滤风速下，其运行阻力可降低15%~25%，除尘器的运行能耗可降低15%~25%，滤袋上粉尘剥离率可提高25%以上，因而清灰能耗减少20%左右。表9-33为PTFE+PTFE覆膜滤料检测性能表。

表9-33　PTFE+PTFE覆膜滤料检测性能

特性	检测项目		单位	实测值	备注
形态特征	单位面积质量		g/m^2	769	—
	单位面积质量偏差		%	-1.9，+2.7	—
	厚度		mm	1.09	—
	厚度偏差		%	-2.0，+1.6	—
强力特性	断裂强度	经向	N/5×20cm	925	—
		纬向		766	—
	断裂伸长	经向	%	9.3	—
		纬向		12.8	—
透气性	透气度		$m^3/(m^2\cdot min)$	1.74	—
	透气度偏差		%	-6.4，+5.1	—
阻力特性	初始阻力		Pa	176.3	开始状态
	残余阻力		Pa	468.1	实验最终阶段
除尘特性	除尘效率		%	99.998	实验最终阶段
清尘特性	粉尘剥离率		%	64.6	实验最终阶段
	周期		—	30分41秒	第一个周期
	周期			15分21秒	最后一个周期

PTFE+PTFE覆膜滤料测试：

①开始状态：滤料1000Pa定压喷吹30次过程（图9-57）

滤料开始的阻力：176.3Pa；30个周期结束时的残余阻力：326.4Pa；第一个周期的时间：30分41秒；第30个周期的时间：27分4秒；30个周期的过滤效率：99.997%；30个

周期的粉尘剥离率：81.8%。

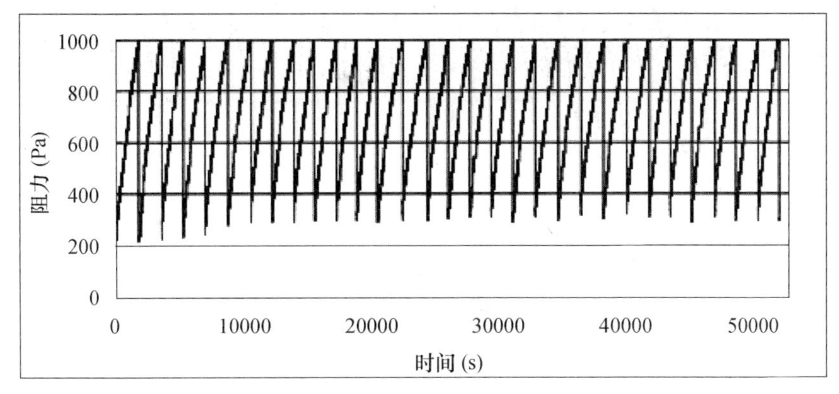

图 9-57　滤料 1000Pa 定压喷吹 30 次过程

② 5s 间隔喷吹 10000 次老化过程（图 9-58）

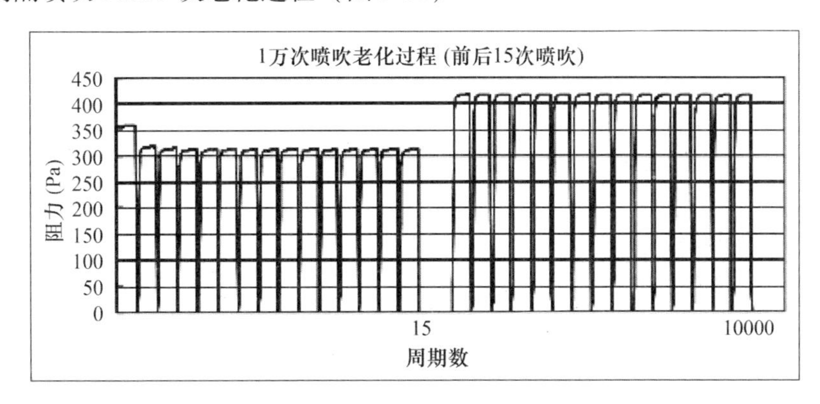

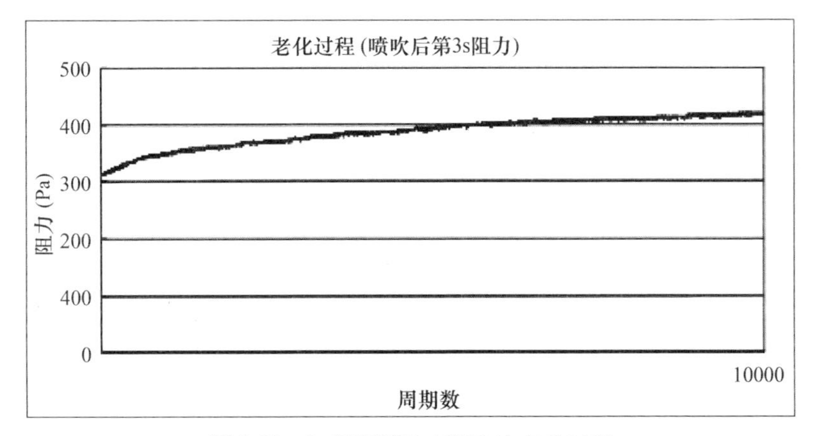

图 9-58　5s 间隔喷吹 10000 次老化过程

老化过程开始时的初始阻力：326.4Pa；老化过程结束时的残余阻力：417.2Pa。

③ 老化后 1000Pa 定压喷吹 30 次过程（图 9-59）

30 个周期开始的阻力：439.7Pa；30 个周期结束时的残余阻力：468.1Pa；第一个周期的时间：22 分 15 秒；第 30 个周期的时间：15 分 21 秒；30 个周期的过滤效率：99.998%；30 个周期的粉尘剥离率：64.6%。

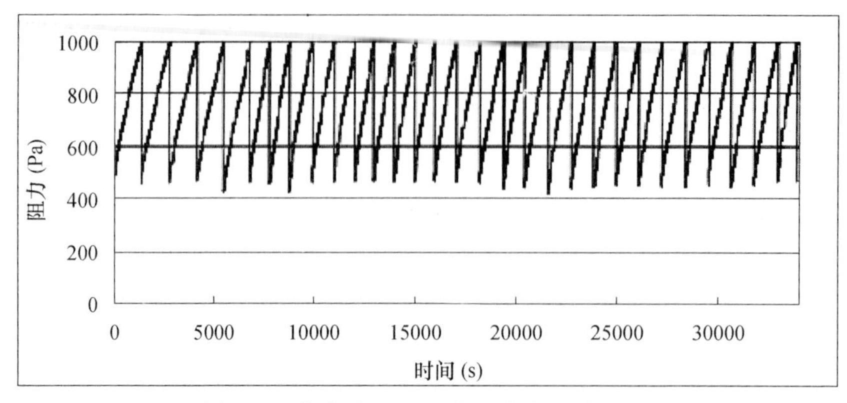

图 9-59　老化后 1000Pa 定压喷吹 30 次过程

将实验除尘器收集到的粉尘送权威部门检测，测试仪器：X 射线荧光光谱仪，室内温度：19℃，环境湿度：45%。结果见表 9-34。

表 9-34　实验除尘器收集到的粉尘成分分析结果　　（%）

	袋上表层掉落	袋上掉落	袋内掉落	袋上刮下（袋里层）
SO_3	57.4	58.01	55.04	67.10
CaO	25.14	25.09	32.71	18.80
MgO	7.41	6.85	7.88	6.02
F	5.42	4.32	0	3.5
SiO_2	1.25	1.86	1.21	1.30
ZnO	0.71	0.69	0.71	0.81
Na_2O	0.65	0.58	0.47	0.62
Al_2O_3	0.64	0.89	0.63	0.61
Fe_2O_3	0.44	0.72	0.52	0.21
K_2O	0.38	0.45	0.4	0.46
PbO	0.14	0.14	0.14	0.16
TiO_2	0.12	0	0	0.07
Cr_2O_3	0.09	0.12	0.08	0.04

检测说明：X 射线荧光光谱仪用于分析物质中所含有的元素种类及含量，能检测出 F（9）~U（92）之间的所有元素，而 H（1）~O（8）之间的元素无法检测出来。

从测试结果可以看出，四个粉尘样品中主要组成元素是 S、Ca、Mg、F 等（除 C、H、N、O 等元素以外），其中 S 含量最多。综合粉尘的物理特性及元素组分推测：粉尘的主要成分可能是 $CaSO_4$、$MgSO_4$、煤焦油以及一些陶瓷成分中的氧化物（注：这些硫酸盐主要是陶瓷原料 CaO、MgO 等与煤制气中产生的 SO_2 反应而成的，而煤焦油是在煤制气过程中产生的副产物，其成分十分复杂，主要是酚类、芳香烃和杂环化合物的混合物，呈黑色或褐色黏稠液体），这恰好与粉尘呈黑色黏稠状的特性相吻合。而其中的 F 元素可能也是随着煤制气携带过来的，可能有 HF 或 CaF_2 等成分。

重点说明：辊道窑烟气中铅、镉、镍及其化合物主要以固态形式存在，附着在颗粒物上，通过高效布袋除尘器去除颗粒物，可协同去除重金属粉尘。

解决方法二：布袋除尘器滤袋结露技术

所谓结露，通俗地讲，是指含湿空气在一定的气压和温度下，析出饱和水分的现象。析出水分的温度点称之为露点。饱和状态下气体压力越高，则露点越低。空气中湿含量越高，则露点温度越高。当空气中的湿含量一定，含湿空气温度低于该露点温度时，过饱和空气中就会析出水分，即产生结露现象；当空气温度高于该露点时则不会析出水分，也就不会产生结露现象。另外，烟气中如含有 SO_2 成分，则 SO_2 含量越多，烟气的露点越高。

布袋除尘器产生结露的主要原因：

（1）烟气中的含湿量过高。当处理的烟气中含湿量过高时，过饱和的水分析出，则产生结露现象。

（2）烟气温度过低。除尘器处理的烟气本身温度接近或低于露点温度时，也会产生结露。

（3）脉冲喷吹气体温度过低。除尘器在脉冲喷吹清灰过程中使用的是压缩空气，而压缩空气本身为相对湿度为100%的饱和空气。由于其气压大于大气压，换算至大气压下的露点较环境露点低，有脱离结露趋势。由于喷管内的压缩空气为饱和空气，故气体喷出后的温度下降会导致该区域水分析出并引起结露。此时的结露主要集中在被喷吹的滤袋表面，粘附在滤袋表面的粉尘因吸收结露析出的水分而产生粘结，进而堵塞除尘滤袋的气孔，导致除尘器不能正常工作。

（4）除尘器存在漏风现象。由于除尘器存在漏风现象，将外界大量的冷空气吸进除尘器内，使除尘器局部空气温度急剧下降，空气中的水分析出，从而产生结露现象。造成除尘器漏风的原因很多，有除尘器壳体在制作安装过程中存在漏焊现象造成漏风，有卸料器密封不严造成漏风，有非标管道在安装过程中存在漏焊现象造成漏风，有除尘器与非标管道法兰连接处密封不严造成漏风等。

（5）除尘器壳体没有隔热保温措施或效果不佳。除尘器的壳体一般采用钢板结构，而钢板的导热系数很大，当外界空气的温度与除尘器内部烟气温度形成较大温度差时，除尘器的壳体就会产生结露。除尘器的壳体如果不采取保温隔热措施，或虽然采取了保温隔热措施，但效果不佳时，除尘器的结露现象不可避免。

烟气露点温度的计算方法如下：

辊道窑烟气成分中，常含有 SO_2 等成分，在600～650℃的温度范围内，SO_2 容易转化成 SO_3。在气体温度降到露点以下时，对金属烟管与除尘设备产生腐蚀，高温烟气系统冷却降温时应尽量避免出现露点温度。当含有HCl、HF或者其他成分时，也应注意该问题。

含有水蒸气和 SO_3 气体的露点温度 t_p（℃）可计算如下：

$$t_p = 186 + 20\lg H_2O + 26\lg SO_3 \tag{9-13}$$

式中　H_2O——被冷却烟气中 H_2O 的含量（体积%）；

SO_3——被冷却烟气中 SO_3 的含量（体积%）。

在图9-60的列线图中，将 SO_3 浓度为1.1g/m^3 和 H_2O 浓度为5%的两点连直线，在温度标尺上得到在此条件下的露点为161℃。

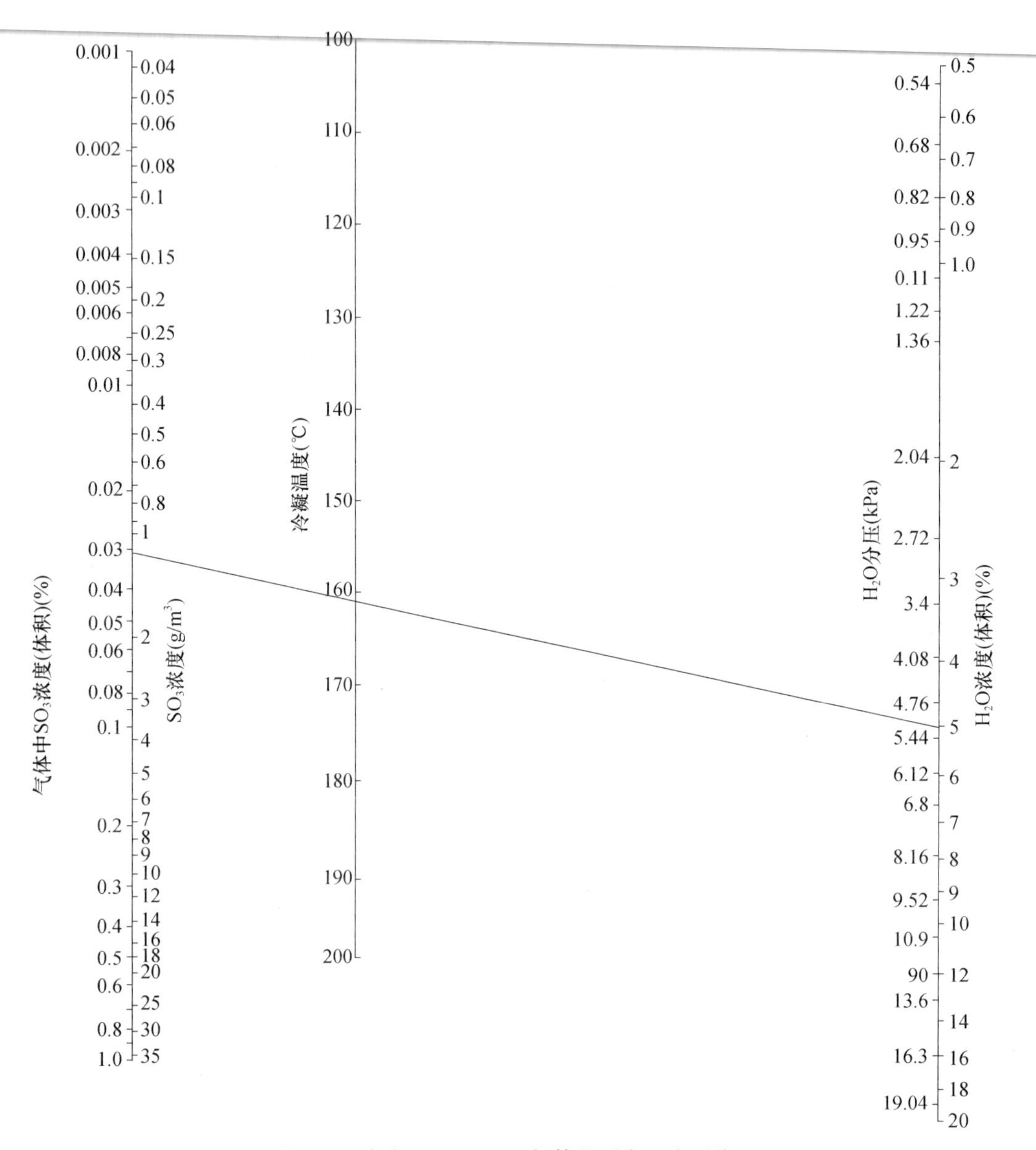

图 9-60　含有 H_2O 和 SO_3 气体的露点温度列线图

要防止除尘系统结露，就必须把烟气的温度控制在露点温度以上。烟气中含有酸性气体成分，这些酸性气体与烟气中的水蒸气结合形成酸蒸气，由于酸的露点温度较高，使得烟气的露点温度比单纯只含有水蒸气时的露点温度高许多。

另外，疏水性是面料或者滤料防止被水浸湿的能力，是除尘布袋评价的性能标志之一。当含尘气体中含有一定的水分时，除尘布袋的这项性能显得更加重要。当含尘气体含水分较大时，滤料的吸湿性会决定粉尘是否结块、使滤料堵塞，导致除尘器阻力上升。目前，已有非吸湿性滤料，相对于其他滤料，其更不怕结露、不怕水，性能良好，如 PTFE 滤料。

除尘布袋沾水等级如下：

1 级——受淋表面全部湿润；

2级——受淋表面一半湿润，这通常是指小块不连接的湿润面积的总和；

3级——受淋表面仅有不连接的小面积湿润；

4级——受淋表面没有湿润，但在表面沾有小水珠；

5级——受淋表面没有湿润，且表面也未沾有小水珠。

PTFE滤料的疏水性能等级为5级。对于PTFE滤料来讲，因具有更好的疏水性能，所以相对于其他滤料，其抗结露性能是目前市场上应用的滤料中最好的。同时PTFE滤料表面极其光滑性，在同样的除尘器烟气工况条件下，PTFE + PTFE覆膜滤料更容易清灰，抗结露性能更好，有效缓解糊袋现象。如果一旦发生结露、糊袋现象，也可水洗。通过使用正确的水洗方法，滤料使用效果影响不大，比其他滤料的效果要好。

布袋除尘器滤袋结露的解决方法可归结如下：

（1）做好设备的保温。通过对除尘器和除尘管道保温，控制除尘系统中每一段的温降，从而把除尘系统内的烟气温度控制在防止结露的最低温度以上。本项目为高温烟气的除尘系统，采取保温措施能够达到要求。

（2）稳定烟气温度在较小范围内。当处理的烟气温度偏高时，须立即采取降低操作温度、放冷风等降温措施；当烟气温度偏低时，须立即启动自动加热装置。使烟气温度能稳定在规定的范围内，确保除尘器正常稳定的运行，减少结露现象。

（3）减少除尘器的漏风现象。① 除尘器在制作安装过程中，要严格执行JC/T 532焊接标准进行焊接，杜绝除尘器少焊、漏焊现象。② 除尘器的卸料口应采用密封性能良好的锁风装置，目前主要以气动或电动的锁风阀为主。一台脉冲布袋除尘器的漏风率应控制在≤2%范围。

（4）减少脉冲喷吹气体与除尘器内部烟气的温差与去湿处理。当前国内压缩气体的常用供气路线主要是：压缩空气—储气罐—气源三联件—气包—电磁脉冲阀。这种供气方式具有投资少、设备简单的优点，但是当外界空气温度过低时，压缩气体处理不充分、易结露。本项目供气路线采用：压缩空气—储气罐—气源三联件—空气干燥机——空气加热器—气包（气包敷设保温材料）—电磁脉冲阀。这种供气方式去湿充分、彻底，脉冲喷吹气体与除尘器内部烟气的温差小，不易产生结露。

解决方法三：布袋除尘器布置

（1）架空在6m高通道上，向空中要空间。平台铺设水泥，留有一定角度自然排空可能有的积水问题。所有的支撑槽钢底刷防腐漆后倒置水泥，防止腐蚀后引发安全事故。

（2）进出风管加装非金属耐高温软连接，避免引风机震动等因素引发的共振。

（3）采用行喷式低压长袋脉冲喷吹结构，达到有效过滤面积，同时减少滤袋数量，节约占地面积。

（4）外立面进行工业设计，采用钻石立面外观，选用耐高温耐酸碱的户外硅硐结构胶，既满足保温，又简洁美观。

（5）采用PLC智能控制，设置多级预警。

（6）采用新型的笼骨头设计，分风均匀，提高有效过滤面积4.17%，提高过滤面积110.21m^2。

9.5.10.2　喷雾干燥塔热风炉脱硝技术的难点及解决方法

1. 喷雾干燥塔热风炉脱硝技术的难点

本项目为蒙娜丽莎集团股份有限公司3#排放口试点改造，涉及三座喷雾干燥塔，为节约投资成本，选择三塔合一的SNCR脱硝方案，面临以下难题：① 车间内场地有限；② 脱硝还原剂的选择与改性；③ 微量脱硝还原剂的输送、准确计量、科学分配；④ 喷枪的选型、安装位置与检修；⑤ 智能联控系统的开发与研究。

氨水或尿素溶液的脱硝反应机理是通过雾化喷射系统直接喷入分解炉合适温度区域（850～1050℃），雾化后的氨与NO_x（NO、NO_2等混合物）进行选择性非催化还原反应，将NO_x转化成无污染的N_2。当反应区温度过低时，反应效率会降低；当反应区温度过高时，氨会直接被氧化成N_2和NO。喷氨后炉内发生的化学反应有：

$$4NO + 4NH_3 + O_2 \longrightarrow 4N_2 + 6H_2O \tag{9-14}$$

$$6NO + 4NH_3 \longrightarrow 5N_2 + 6H_2O \tag{9-15}$$

$$6NO_2 + 8NH_3 \longrightarrow 7N_2 + 12H_2O \tag{9-16}$$

$$2NO_2 + 4NH_3 + O_2 \longrightarrow 3N_2 + 6H_2O \tag{9-17}$$

在反应区域维持合适的温度范围（850～1050℃）；在反应区域有足够的停留时间（至少0.5s，900℃）。

根据本项目喷雾干燥塔热风炉的氮氧化物的浓度进行实测采样分析，数据见表9-35和表9-36。

表9-35　喷雾干燥塔烟气各项参数监测数据一览表

采样位置		烟气流量（m^3/h）	烟气温度（℃）	烟气湿度（%）	含氧量（%）	氮氧化物浓度（mg/m^3）
40P02 喷雾干燥塔	除尘后	138150	61	15.2	17.8	765
60P01 喷雾干燥塔	脱硫前	43983	80	16.1	17.2	728
40P03 喷雾干燥塔	脱硫后	55621	62	15.1	18.6	685

注：采样单位为中国科学院佛山分析测试中心（以干基氧含量8.6%折算）。

表9-36　热风炉氮氧化物及炉内温度监测数据一览表

采样位置	炉内温度（℃）	氮氧化物浓度（mg/m^3）
40P02 热风炉	967～1101	765
60P01 热风炉	932～1082	728
40P03 热风炉	953～1010	685

注：采样单位为中国科学院佛山分析测试中心（以干基氧含量8.6%折算）。

由以上采样数据可分析，喷雾干燥塔热风炉的氮氧化物均超过650 mg/m^3以上，必须要进行脱硝处理后才能排放。同时热风炉内也具备了氨水/尿素溶液的喷入点的“温度窗口”，SNCR反应过程的最佳温度范围（850～1050℃）。

根据机理分析本项目现有的简易脱硝设备不难发现，基本的脱硝原理一致，可以达到一定的脱硝效果，效率在40%～60%左右，而且还却存在较多的问题。

（1）溶药设备简易（包括1个溶药罐、1台水泵、末端3套水煤浆喷枪），溶药罐体积较小，溶药次数频繁，并且溶药设备位于喷雾干燥塔的平台上，药剂搬运麻烦，劳动强度高。

（2）采用水煤浆喷枪，不能变量喷射，存在药剂浪费和氨逃逸高的现象。

（3）尿素的溶解没有合理科学的配制方法，只是简单的人工加尿素加水进行溶解，所以配制出来的溶液浓度不详。

（4）尿素溶液的输送系统采用的是普通离心泵输送至喷枪末端，距离较远的喷枪难以保证还原剂的输送压力，并且管道中间没有计量分配装置，尿素喷入炉内的量无法实现计量控制；同时输送管道无过滤装置，溶药过程中所带入的细小颗粒容易堵塞喷枪。

（5）所有的脱硝设备均为人工操作，人为因素对脱硝效果的影响尤为突出，需要值班人员定时查看监控数据进行溶药、喷射量的调节，难以达到智能联控的效果。

（6）本项目原有脱硝系统的脱硝效果数据仅根据3#总排口的CEMS在线监测数据进行判断，然而3#总排放口的烟气是喷雾干燥塔与辊道窑烟气混合后的气体，根本无法准确判断。

2. 喷雾干燥塔热风炉脱硝技术难点的解决方法

解决方法一：新型SNCR脱硝设备的技术升级

针对陶瓷行业喷雾干燥塔现有简易脱硝设备或根本没有配套脱硝设备的现状，华清环保一直致力于新型SNCR脱硝设备的技术研发。

（1）优化脱硝设备结构。本项目因场地所限，华清环保在脱硝装备的结构上做了技术调整。由原来的平面布局方式，技改为垂直式一体化布置方式，将尿素溶液罐、存储罐、控制系统布置在业主指定的车间区域，计量分配系统就近设置在喷雾干燥塔平台上。

（2）一体式溶药装置，降低劳动强度。溶解罐材质为304不锈钢，容器为平底的立式容器。设有电磁翻板液位计、高低液位报警系统。溶解罐的有效容积按7m^3设计，尺寸为$\phi 2.5m \times 1.5m$，一次溶药可以满足2～3d脱硝还原剂使用量。溶解罐设置有搅拌器，无需人员手动操作，也保证尿素颗粒快速充分溶解，搅拌器材料采用304不锈钢或碳钢衬胶材质。尿素的溶解过程是吸热反应，在尿素溶液配制过程中需配置功率强大的热源，因此配备了40℃的温水作为溶药工艺水以防尿素溶解后的再结晶。同时，袋装尿素的运输全由厂区叉车运输到指定地点即可，无需人力搬运，并且溶药罐上方设有电动葫芦，所有加药操作均由电动机执行。

（3）输送系统、计量模块、喷射系统的技术升级，如图9-61所示。采用2台100m高扬程SUS 304多级离心泵（一用一备）作为动力系统，完全可以克服远程供液压损，并且多级泵前均设有$\phi 0.3m \times 0.5m$过滤装置，防止还原剂中夹带的细小颗粒堵塞末端的喷枪。输送管道设有工艺水清洗系统和保温系统，定期清洗尿素还原剂的输送管道。动力输送中端设置计量模块，实时对脱硝还原剂喷射量进行气量、还原剂量调节（流量：0～0.9L/min，温度约50℃）。

采用全进口喷枪，喷淋量与雾化效果达到最佳，如图9-62和图9-63所示。雾化空气系统的设计也通过一系列的阀门分别接至每根喷枪，调试阶段将阀门调节至适当位置后不变，保证每支喷枪的雾化空气。

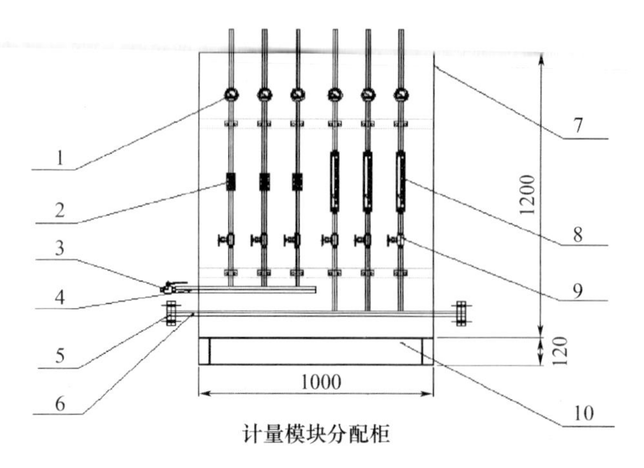

1—压力表; 2—调节阀; 3—球阀; 4—主气管; 5—管堵;
6—主气管; 7—计量柜; 8—流量计; 9—针形阀; 10—基座

图 9-61　计量模块立面

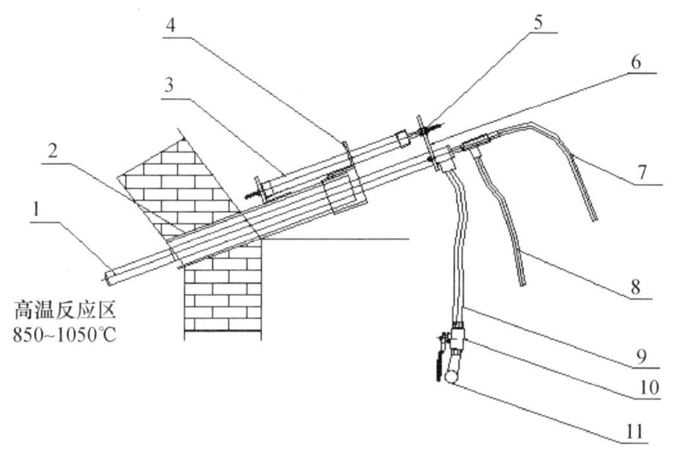

序号	名称
11	保护气输送管DN25×7850
10	DN15铜球阀
9	保护气接管ϕ18×1800
8	还原剂接管ϕ15×1800
7	压缩空气接管ϕ15×1800
6	喷枪与气缸紧固件70×50
5	螺栓、螺母M8
4	气缸固定架 (5#角钢焊接)
3	活动气缸ϕ30×300
2	喷枪放置孔DN40
1	进口喷枪

图 9-62　智能伸缩喷枪

图 9-63　进口喷枪雾化效果

雾化粒度：通过调节液气比可调节最大粒径分布和速度，雾化粒度分布最大在50～300μm之间，分布要有粗有细。在不出现很多大颗粒的情况下，平均雾化粒度为100～150μm，且粒径范围尽可能大，且最好为中间粒径粗，四周粒径细；雾化角度60°；当喷射器不使用时，可实现自动控制将其从热风炉中抽出，而且在需要使用时也可以自动控制插入其中。

解决方法二：尿素还原剂的科学配制

（1）尿素还原剂配料前准备工作

① 确认有足够的袋装尿素；

② 确认脱硝热水源的总阀门已开，有热水供给配料；

③ 溶解罐的管路各阀门正常，管道无泄漏；

④ 溶解罐上各仪表（液位计、温度计）均正常显示；

⑤ 电动葫芦总闸开启，电动葫芦电机带电；

⑥ 溶解罐搅拌器电机有足够的润滑油，搅拌电机带电；

⑦ 明确配制溶液的浓度，本项目为30%。

（2）尿素还原剂的配制

① 开启尿素溶解罐热水管路阀门进行注水，尿素溶解罐液位达到0.9m时关闭热水来水阀门（加热水约4415kg）；

② 启动搅拌器（转速60r/min）；

③ 启动电动葫芦，人工拆袋向尿素溶解罐中加尿素38袋（50kg/袋，加尿素约1900kg）；

④ 尿素溶解罐内溶液搅拌约半小时，检查罐内尿素颗粒完全溶解，停止搅拌器（此时罐内液位高度约1.2m）；

⑤ 开启尿素溶解罐底部排空阀，将尿素溶液排入尿素储罐中。

常压下尿素溶液密度见表9-37。

表9-37　常压下尿素溶液密度　（g/cm^3）

温度（℃）	尿素浓度（%）（质量）									
	0	10	20	30	40	50	60	70	80	85
-10				1.0940						
-5			1.0600	1.0920						
0	0.9998	1.0320	1.0589	1.0897	1.1220					
5	1.0000	1.0300	1.0570	1.0875	1.1190					
10	0.9996	1.0290	1.0556	1.0855	1.1150					
15	0.9990	1.0270	1.0535	1.0830	1.1120					
20	0.9956	1.0255	1.0520	1.0810	1.1085	1.1397				
25	0.9970	1.0230	1.0500	1.0780	1.1060	1.1370				
30	0.9956	1.0215	1.0481	1.0755	1.1035	1.1337				
35	0.9940	1.0190	1.0460	1.0740	1.1015	1.1305	1.1575			

续表

温度（℃）	尿素浓度（%）（质量）									
	0	10	20	30	40	50	60	70	80	85
40	0.9922	1.0173	1.0437	1.0720	1.0985	1.1281	1.1550			
45	0.9900	1.0140	1.0410	1.0687	1.0960	1.1245	1.1530			
50	0.9880	1.0127	1.0390	1.0670	1.0940	1.1222	1.1500			
55	0.9860	1.0100	1.0360	1.0635	1.0900	1.1190	1.1475			
60	0.9832	1.0078	1.0340	1.0616	1.0875	1.1162	1.1445	1.1745		
65	0.9800	1.0050	1.0310	1.0580	1.0850	1.1125	1.1425	1.1710		
70	0.9777	1.0030	1.0287	1.0557	1.0820	1.1103	1.1385	1.1683		
75	0.9740	1.0000	1.0250	1.0525	1.0820	1.1070	1.1356	1.1650		
80	0.9718	0.9980	1.0231	1.0498	1.0770	1.1044	1.1330	1.1621	1.1915	

解决方法三：新型 SNCR 脱硝“智能联控”技术研发

本项目原有的简易脱硝设备没有智控系统，也不具备升级改造的条件。因此在新型 SNCR 脱硝系统的研发过程中，针对智能联控方面做了深入的研究开发。设置脱硝警界数据，物料衡算方面做了软件计算系统，智能控制程度高，降低运行成本，整套脱硝装备可实现智能联控。如图 9-64 所示。

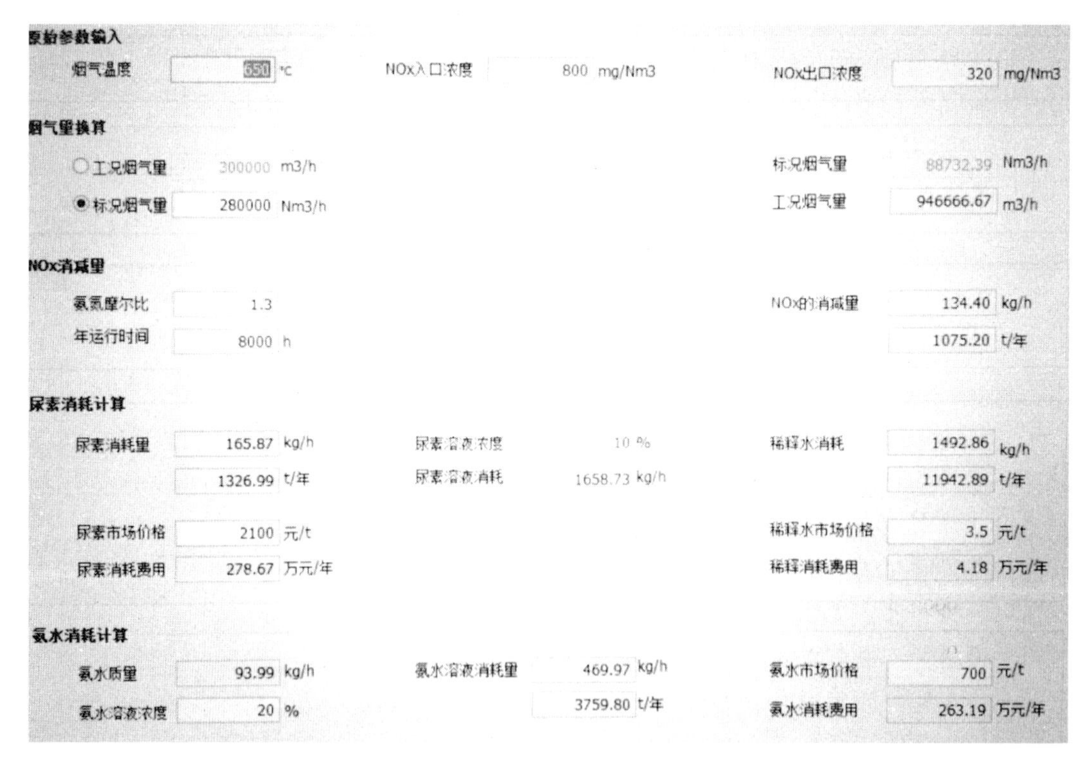

图 9-64 “智能联控”系统

"智能联控"系统运行原理包括：

（1）硬件的提升。溶药与储液罐均增设有智能高低液位计，负责执行高低水位预警，提前进行溶药安排；水泵设置智能变频开启，避免直接启动与关闭对电机的影响，同时可实现管道流量、流速的初步控制；每套喷雾干燥塔独立的计量分配模块，实现了更为精准的还原剂喷射量的控制，降低能耗与运行成本；喷枪实现智能伸缩；3 套喷雾干燥塔脱硝系统独立脱硝，集中监测，不需要每套喷雾干燥塔都安装 CEMS 在线监控系统，降低投资成本。

（2）软件的研发。为了实现 SNCR 脱硝的智能联控，华清环保自主研发了物料衡算软件和智能联控系统。通过 CEMS 在线监控系统实时监测 NO_x 的浓度后，第一时间采集信号至脱硝智能联控系统。此时，系统内的物料衡算软件接收到反馈的 NO_x 的浓度后，通过复杂的程序计算，给予多级离心泵开启频率信号，动力输送系统开启根据所给的指令进行运转；同时也对计量模块进行流量的调节，从而实现末端喷枪还原剂喷射量的调节。本智能联控系统只需要在控制柜触摸屏上设置所需要的脱硝效果值即可，所有的操作均由系统控制执行。当 CEMS 在线监测系统采集的数据大于设定警界值时，系统自动开启执行程序，直至脱硝效果值低于设定值时停止。脱硝警界值由业主方自行控制，既能达标排放，又能控制成本。

9.5.10.3　喷雾干燥塔高效布袋除尘技术难点及解决方法

1. 喷雾干燥塔高效布袋除尘技术难点

首先要全面分析喷雾干燥塔烟气及处理系统的特点：

（1）政府环保部门明确要求不能有旁通，大部分旋风除尘设备已拆除，烟气中粉尘浓度高，温度高，大颗粒物较多，对收尘设备的质量要求高，漏风率要十分低。

（2）喷雾干燥塔运行开停塔、洗塔频率高，烟气中含硫较高、湿度较大，对滤袋、笼骨、箱体、管道腐蚀性强，滤料及材质选择十分重要。

（3）喷雾干燥塔开塔烟气温度高，如果不能有效控制进入除尘器内烟气的温度，频繁的过高温烟气变化将影响布袋除尘器使用寿命。

（4）喷雾干燥塔烟气具有湿度大、颗粒物高的特点，如果不能有效均匀分布处理喷雾干燥塔烟气，将影响布袋除尘器使用效率。

（5）布袋除尘器笼骨头形式选择，将影响布袋除尘器使用效率。

（6）布袋除尘器滤袋耐腐蚀、耐高含湿率、耐高温性能要求。

① 烟气中 SO_2 对布袋腐蚀严重。喷雾干燥塔烟气中含有 SO_2，对布袋的耐酸性有要求。特别是旁通和旋风除尘器拆除后，喷雾干燥塔开塔时，烟气中 SO_2 瞬间含量更高，对布袋的耐腐蚀性要求更高。

② 烟气中的含湿率过高。喷雾干燥塔正常运行时，其烟气含湿率相比辊道窑烟气含湿率大。特别是喷雾干燥塔停塔洗塔时，必须开启喷雾干燥塔抽风机，将余热烟气和水汽抽走，确保洗塔工作的正常进行。抽走的烟气夹带大量的水蒸气，这部分烟气进入布袋除尘器，与布袋接触并使其湿润。

③ 高温烟气对布袋的影响。喷雾干燥塔正常运行时，其烟气温度在100℃左右。频繁的停塔转产、布袋经常被湿润被烘干，以及开塔时的瞬间高温，对布袋的耐高温性能有要求。

2. 喷雾干燥塔高效布袋除尘技术难点的解决方法

（1）更换材质，防止管道设备腐蚀，系统漏风严重。

原喷雾干燥塔烟气处理系统设有旁通和旋风除尘器，旁通和旋风除尘器在喷雾干燥塔停塔转产、洗塔和开塔时，能有效减缓烟气高含湿量、高腐蚀性和高温对设备的腐蚀，故多采用碳钢材质制作。现政府环保部门明确要求喷雾干燥塔收尘系统不能有旁通，且在大部分旋风除尘设备已拆除的情况下，对新的收尘设备质量要求高、耐腐蚀性强。

本项目将喷雾干燥塔所有烟气管道和布袋除尘器材质更换为不锈钢材质。

（2）加装冷风阀，防止高温影响。

喷雾干燥塔运行时，会频繁停塔转产。停塔和开塔烟气温度的波动，会对整个系统造成一定影响。通过安装冷风阀和烟气温度智能控制系统以保护除尘器的正常运行。

（3）加装导风装置。

原喷雾塔除尘器没有设置合理导风装置，导致分风不均匀，部分布袋摆动加剧，影响使用寿命。本项目在布袋除尘器内安装一套均匀分风挡板装置，使分风均匀，延长滤袋寿命。

（4）采用新型笼骨头设计。

喷雾干燥塔布袋除尘器笼骨采用实心文丘里设计，笼骨头长约12cm，本项目改为带孔文丘里笼骨头，如图9-65所示。这样既减缓高压反喷吹气对笼骨头的影响，又能提高布袋的有效过滤面积，改造利用效果见表9-38。

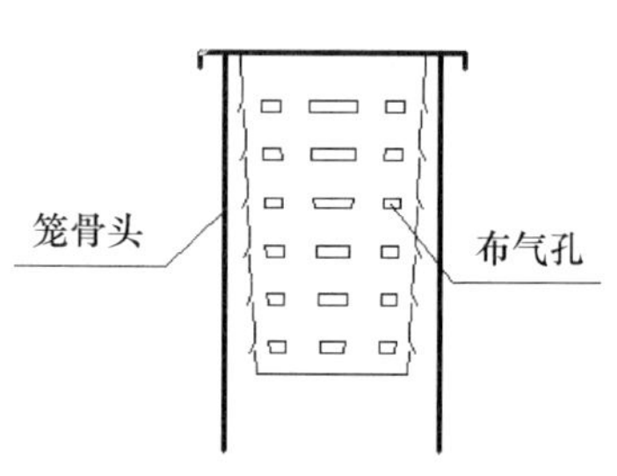

图9-65 新型笼骨头结构

表9-38 3m布袋改造利用效果

项目	实际长度（m）	笼骨头长度（m）	有效长度（m）	利用率（%）
改造前	3	0.12	2.88	96
改造后	3	0.12	3	100

9.5.10.4 清洗塔循环水处理技术难点和解决方法

1. 清洗塔循环水处理技术难点

由于受厂区现场条件、陶瓷行业烟气成分的特殊性等因素的限制，加上国内没有同类型有说服力的案例可以借鉴，本项目清洗塔循环水处理以下几个问题需克服的：

（1）本项目为改造工程，厂区内没有足够的空间摆布清洗塔循环水处理系统，而且厂方指定的循环水处理区域旁边是砂仓，部分区域为原重油存储区，若采用推倒重建方法，工程难度高且造价高昂，采用常规的处理工艺不可行。清洗塔循环水处理设施区域如图9-66所示。

（2）建陶生产采用的釉料含有铅、镍、铜、钴、钒、铬、锰、铁等金属，在烧制过程中，有部分金属挥发进入烟气，在清洗塔喷淋除尘、脱硫过程中迁移到水体中，导致二次污染。

（3）在脱硫塔喷淋的过程中，会有少量液滴随烟气逃逸到脱硫塔外，如果没有后序的处理设施，脱硫液蒸发形成的碱颗粒会导致颗粒物超标（图9-67），因此，清洗塔空塔流速、喷头布置及喷淋量的设计尤为关键。

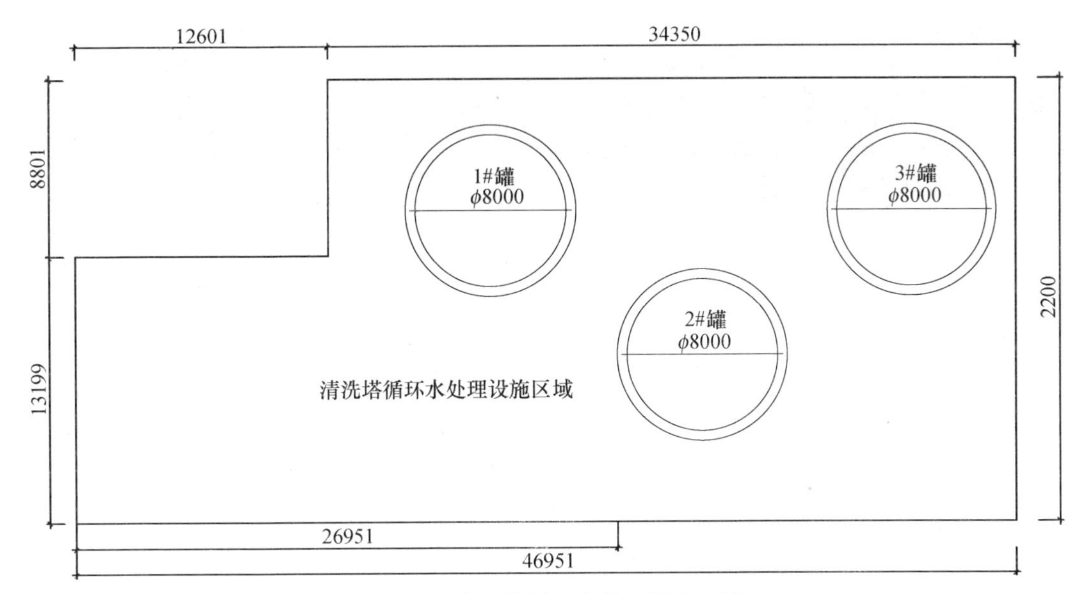

图9-66　清洗塔循环水处理设施区域

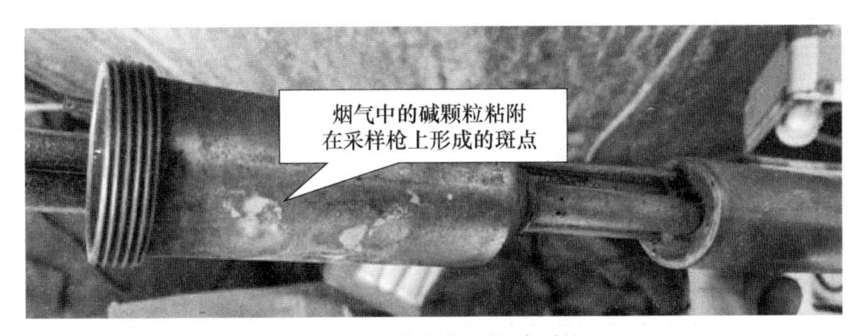

图9-67　脱硫塔后的碱颗粒

（4）为节约运行成本，厂方不设专人看管清洗塔循环水处理系统，对循环水系统设计的科学性、自控程度、设备运行稳定性等方面要求极高。

2. 清洗塔循环水处理技术难点的解决方法

针对各问题或难点，经过反复的比较、分析确定了整体方案以及在运行过程中的整改、提升措施，采取以下的解决方法：

（1）充分利用已有设施，通过对原有3个重油罐内壁彻底清洗后再做玻璃钢内防腐，把原重油罐改造成清洗塔循环水处理系统的1#、2#、3#沉淀罐；考虑到清洗塔循环水量大、沉淀罐截面积小，若改造成竖流式沉淀罐，3个罐同时进水，表面负荷 $q'=1.3m^3/(m^2\cdot h)$，对脱硫水水质来说偏大，沉淀效果不够理想。开创性地把3个沉淀罐通过程序控制每个沉淀罐按顺序进水、静置、出水，每个沉淀罐进满水后水流完全静止沉淀，沉淀时间2h以上，并在沉淀罐不同的高度设4个排水口，从上往下逐个排上清液，达到减少对沉淀罐底污泥扰动的目的，沉淀罐出水SS＜30mg/L。满足喷淋水质要求。清洗塔循环水处理平面布置效果如图9-68所示，沉淀罐出水管道设计如图9-69所示，各沉淀罐工作程序说明见表9-39。

图 9-68　清洗塔循环水处理平面布置效果图

图 9-69　沉淀罐出水管道设计

表 9-39　各沉淀罐工作程序说明表

项目		1#沉淀罐	2#沉淀罐	3#沉淀罐
程序 1	0 ~ 2. 2h	进水	排水，从上至下逐个开启电动阀	静置
程序 2	2. 2 ~ 4. 4h	静置	进水	排水，从上至下逐个开启电动阀
程序 3	4. 4 ~ 6. 6h	排水，从上至下逐个开启电动阀	静置	进水

（2）选择适当的重金属捕集剂，能与水体中的重金属离子进行化学反应，生成化学性质稳定的不溶物。该重金属捕集剂需具备以下特点：

① 具有强大的螯合力，在广泛的温度和 pH 值范围有效地与溶解性重金属离子发生化学反应生成不溶物，尤其是铅、铜、汞、镉等金属离子；

② 生成的沉淀物具有良好的温度、酸碱稳定性，重金属很难重新释放到环境中去，是环境友好的重金属捕捉剂；

③ 具有良好的存储稳定性和操作安全性，不属于危险物品，无不良气味，不分解出有毒物质；

④ 清洗塔循环水处理系统运行一段时间后，取水样小试检测处理前后重金属浓度确定重金属捕集剂的加药量。

（3）华清环保根据多年除尘脱硫塔对颗粒物、二氧化硫的去除效果，确定烟气在清洗塔空塔流速、喷淋液与烟气的液气比，保证清洗塔颗粒物及二氧化硫排放浓度在标准值以内。

（4）本项目通过 PLC 模块、电动阀、电磁流量计、液位开关、pH 值在线控制仪的结合及参数的优化，达到清洗塔不间断喷淋的目的，同时具备水泵低水位保护，反应池自动控制 pH 值，3 个沉淀罐进水、出水、静置状态自动切换，沉淀罐排水时多个排水阀门的切换等功能。

为了减轻加药劳动强度，开发了自动加药设施，如图9-70所示，主要由加药平台、干料储料斗、螺杆输送机或皮带输送机、溶药搅拌桶、溶药桶进水电磁阀、溶药桶电动出浆阀、溶药桶液位控制器、PLC模块、加药泵等组成，通过调整程序参数，可满足长时间、持续向清洗塔循环水处理系统添加多种固定浓度的药剂的要求，实现长时间无人自动加药、精准加药的目的，既保证处理效果又最大限度地减少工人劳动强度，如图9-71所示。

图9-70 石灰储料斗—皮带输送机—溶药桶

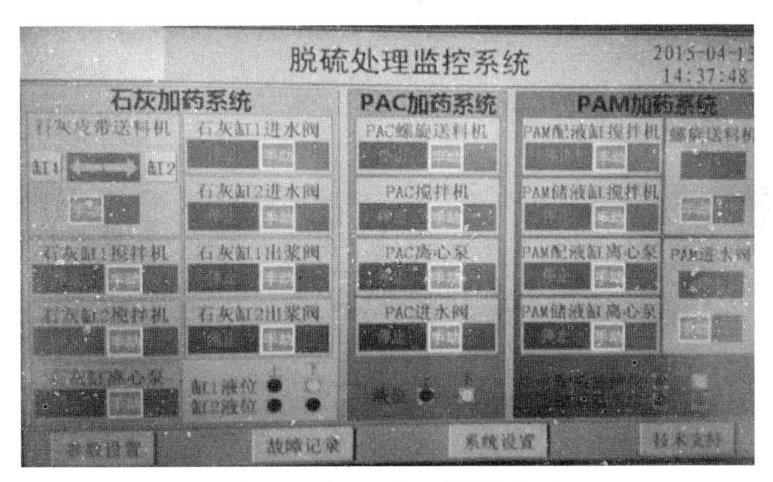

图9-71 自动加药系统操作界面

9.5.11 项目的创新点

1. 试验、开发了适用于建筑陶瓷烟气治理一站式净化技术与装备，试运行超过一年，能稳定达到国标要求的9项污染因子排放限值。

2. 试验、开发了国内首家适用于辊道窑烟气特点的新型高效布袋除尘器，选择符合工况的滤料。设计开发了新型的笼骨制作工艺，采用模块化加工工艺，多级预警的控制系统，干净整洁的外观设计。

3. 试验、开发了适用于喷雾干燥塔烟气特点的新型高效布袋除尘器（无旁通，不受开停塔、洗塔影响），选择最适合的滤料，设计开发了新型的笼骨制作工艺。

4. 试验、开发了选择性非催化还原技术（SNCR）在喷雾干燥塔热风炉上的装备与应用，将广泛应用于火电厂、水泥分解炉的SNCR技术通过技术优化、升级、改进应用到陶瓷喷雾干燥塔热风炉（选择合适温度窗口），选用氨水或尿素作为还原剂，实现陶瓷脱硝技术应用的突破。

5. 自主开发SNCR脱硝物料衡算软件，达到SNCR脱硝的“智能联控”。将末端CEMS监测数据导入物料衡算软件，设定开停警界数据，实现还原剂的精准控制和计量，满足脱硝要求，并降低还原剂消耗量，适时控制运行成本。

6. 试验、开发了应用于湿法脱硫改进技术，循环喷淋系统实现不停塔的在线检修，选用新型的喷嘴防堵塞。

7. 自主研发了脱硫循环水处理及清洗塔水处理技术，大大降低因湿法脱硫后二次碱颗粒污染而导致颗粒物超标的概率，减少补充新鲜水，降低运行成本，保证全天候稳定达标。

8. 开发了远程在线监控系统的数据传输与智能控制技术，并多点治理数据集中监控。

9. 开发了“轮流进水完全静止式沉淀池”作为清洗塔喷淋水沉淀池。

10. 开发了一套适合于脱硫废水处理的“自动加药系统”，只需一次把物料加入加料斗，可实现长时间自动加药、精准加药，有效降低工人劳动强度，减少企业人力成本。

9.5.12 国内外同类研究及技术对比

本项目所涉及的建筑陶瓷烟气治理一站式净化技术与装备在国内陶瓷行业为首次应用，根据多年服务陶瓷行业的经验及市场调研信息反馈，国内外陶瓷行业没有类似的成套控制与治理技术与装备，要么只有除尘，要么只有脱硫，要么只有简易脱硝。因此，本项目在国内外陶瓷行业均属于领先水平。

国内陶瓷行业普遍没有对辊道窑的重金属做相应的处理，喷雾干燥塔配置原始简易的布袋除尘器，但因为有旁通，加之喷雾干燥塔频繁开停与洗塔，导致瞬间颗粒物、二氧化硫严重超标。小部分企业配套了简易的脱硝装备，普遍使用的是水煤浆喷枪，不能调节流量，只能固定喷射，严重浪费还原剂，过量的氨水或尿素，导致设备腐蚀严重，氨逃逸严重，对产品质量特别是断裂模数影响较大。绝大部分的企业采用湿法脱硫，普遍存在脱硫效率低下，药剂使用量大，严重堵塞与结垢。

国外陶瓷行业排放标准相较我国标准（表9-40），需控制的污染因子相对较少，协同治理的空间不大，因而不需要配套与本项目类似的成套技术与装备。华清环保高效布袋除尘器性能特点见表9-41，新型陶瓷SNCR脱硝与简易SNCR脱硝对比见表9-42。

表9-40　国内外窑炉废气污染物排放浓度限值对比　　（mg/m^3）

污染物＼国家/地区	中国	中国台湾	韩国	意大利	德国	日本
粉尘	30	100（1） 50（2）	50	5	40	100
二氧化硫	100	286	715	500	500	各地区总量控制
氮氧化物	300	308	411	200	500	821
烟气黑度（林格曼黑度，级）	1	—	—	—	—	—

续表

污染物 \ 国家/地区	中国	中国台湾	韩国	意大利	德国	日本
铅及其化合物	0.1	—	—	0.5	0.5	—
镉及其化合物	0.1	—	—	—	—	—
镍及其化合物	0.2	—	—	—	—	—
氟化物	3.0	10	4.5	5	5	—
氯化物（以HCl计）	25	130	—	—	—	—
折算基准含氧量	8.6%（3）	18%	16%	无	17%	18%

注：1. 既存企业；2. 新建企业；3. 相当于过氧系数1.7。

表9-41　高效布袋除尘器性能特点

序号	项目	现有布袋除尘器	高效布袋除尘器系统
1	适应工况	适应恶劣工况能力差，需设旁通，是颗粒物超标的重要原因之一	能适应各种工况，无需旁通，可控制、可预警
2	除尘效果	≥50mg/m^3	≤30mg/m^3
3	达标情况	不稳定	稳定
4	使用寿命	0.5～1年	4年
5	维修周期	上箱体1～2年必须大修	6年以上无需维修
6	控制系统	不智能	完全智能控制
7	糊袋处理	废弃	自然风干，继续使用
8	运行阻力	高	同比下降15%～25%
9	运行能耗	高	同比下降15%～25%
10	清灰能耗	高	同比下降20%
11	压缩空气	3～5kg	2～2.5kg
12	灰斗振灰	需人工敲打	加装软接，自动清灰
13	滤袋特征	不能同时耐温耐湿耐氧化耐酸碱	可同时满足，且不粘尘，憎水性、化学性能稳定
14	系统漏风	高	低

表9-42　新型陶瓷SNCR脱硝与简易SNCR脱硝对比

序号	项目	本项目SNCR脱硝	简易SNCR
1	脱硝效率	≥60%	40%～50%
2	使用还原剂	30%尿素	氨水
3	自动化程度	完全智能	无
4	使用喷枪	国际品牌	水煤浆喷枪
5	还原剂喷射控制	导入物料衡算软件，能精准控制射量	只能通过手动调节喷枪数量，固定喷射

续表

序号	项目	本项目 SNCR 脱硝	简易 SNCR
6	运行稳定性	高	低
7	氨逃逸	≤6ppm	10～37ppm
8	运行费用	低	高
9	投资强度	稍高	较低
10	对产品质量影响	无	过量后有影响

9.5.13 结论

一直以来，建筑陶瓷工业烟气排放口多而散，无组织排放现象较严重，治理难度较大。国内的建筑陶瓷行业整体环保治理水平落后、地域差异较大、运行成本高、治理效果差、自动化程度偏低，研发建筑陶瓷烟气治理一站式净化技术与装备恰逢其时。

新《环保法》的颁布实施，让社会大众对环境需求更为迫切，陶瓷行业环保治理将更为严峻。华清环保在蒙娜丽莎集团3#排放口试点项目中运用了自主研发的“建筑陶瓷烟气治理一站式净化技术与装备”，已试运行一年有余，经企业定时自检、华清多次检测、南海区环保监测站验收监测、中国广州分析测试中心监测，颗粒物、二氧化硫、氮氧化物、重金属等9项污染因子均能持续稳定达标。该系统实现了自动化控制和运行，具有操作便捷、人员少、劳动强度低、运行成本低等众多优势，有效解决了建筑陶瓷行业烟气中9项污染因子同时治理达标的难题。辊道窑高效布袋除尘技术、新型陶瓷 SNCR 脱硝技术、湿法脱硫循环水处理技术、清洗塔循环水处理技术等自主研发集成关键技术首次在建筑陶瓷行业应用，填补了国内建筑陶瓷烟气治理一站式净化技术与装备的技术空白，在国内处于领先水平。更为重要的是，建筑陶瓷烟气治理一站式净化技术与装备，能串联陶瓷企业现有环保设施，不重复投资，并且具有可复制可创新的特性，能因地制宜，一站式净化，无需再增加深化治理装备，能较好地适应当前建筑陶瓷行业的环保治理现状，具有较好的市场推广价值。

建筑陶瓷烟气治理一站式净化技术与装备仍然是行业内需要继续深入研究的课题，涉及废水废气治理方面的众多技术，随着更多的环保骨干企业的介入研究，终将形成百花齐放的技术格局。

9.6 广东萨米特陶瓷有限公司案例

9.6.1 公司环保现状

为贯彻落实《肇庆市建筑陶瓷企业环境保护管理规范》（肇环字〔2014〕13 号）的政府要求，广东萨米特陶瓷有限公司（以下简称“萨米特”）按照环境保护规范的八条要求同时进行了全面升级改造，其中包括12 条窑炉先进生产线和14 座喷雾塔。陶瓷原料制备使用的喷雾塔设备利用化工生产常用的喷雾干燥原理进行浆料烘干。在烘干的传热过程中喷雾塔排出了大量的烟气（主要为 SO_2、粉尘及水蒸气），根据有关部门检测数据，烟气中 SO_2 及粉尘超过国家规定排放标准。

萨米特 12 条窑炉先进生产线中烧成窑生产陶瓷制品时产生大量的高温烟气，烧成窑排放的烟气部分或全部抽到干燥窑用于干燥，达到了节能的目的，干燥窑及烧成窑最后出来的烟气含有 SO_2、粉尘及水蒸气，根据有关部门的检测数据，烟气中 SO_2、NO_x 及粉尘超过地方规定排放标准。

工人若长期在此环境中工作，将会导致呼吸困难，进而出现咳嗽等职业病。而如果将烟气直接排放又会严重影响附近村庄居民的正常生活和工作，同时又影响景观。

为了达到环保局对烟气治理和排放的相关要求，佛山市合璟节能环保科技股份有限公司综合萨米特生产状况及现场环境，结合多年从事陶瓷方面的节能减排、清洁生产、污染治理方面的经验，设计了治理方案以达到节能减排、烟气治理的目的。

9.6.2　环保治理指导思想

9.6.2.1　设计规范

根据国家及地方法律法规、相关的设计规范及标准，编制本设计方案。

《中华人民共和国环境保护法》(2014 年最新修订)

《中华人民共和国大气污染防治法》

《建设项目环境保护设计规定》(2001)

《建筑结构荷载规范》(GB 50009—2012)

《混凝土结构设计规范》(GB 50010—2010)

《建筑地基　基础设计规范》(GB 50007—2011)

《低压配电装置及线路设计规范》(GB 50054—2011)

《化工建设概算定额（上、下)》

《工业锅炉及炉窑湿法烟气脱硫工程技术规范》(HJ 462—2009)

《陶瓷工业污染物排放标准》(GB 25464—2010) 及修改单

《建设项目竣工环境保护验收管理办法》，国家环境保护总局令第 13 号 (2001 年)

《固定源废气监测技术规范》(HJ/T 397—2007)

《火电烟气脱硫工程技术规范　石灰石/石灰-石膏法》(HJ/T 179—2005)

有关该项目的环评及相应环保审批资料——广东萨米特陶瓷有限公司喷雾塔烟尘排放总量控制指标为≤28t/a。窑炉总量控制指标为 SO_2≤64.5t/a，氮氧化物≤406.4t/a，粉尘≤154.8t/a。

9.6.2.2　设计指导原则

(1) 综合考虑现场布置情况，在满足烟气达标排放的前提下，利用有限空间，以最优化的工艺实现最大的环境效益和经济效益。

(2) 方案所选择工艺成熟可靠、运行稳定，并有实际应用的业绩。

(3) 方案所选择的工艺满足现场条件，设备平面布置简洁，紧凑，占地少，并方便生产操作和维修。

(4) 工程的工艺条件不能对现有喷雾塔、窑炉的燃烧工况产生影响。

(5) 提供完整的设备平面布置图、工艺流程图，并用文字详细说明工艺流程等。

(6) 除尘效果应达到排放标准和总量控制指标的要求。

(7) 严格控制烟气带水，不能因烟气带水导致烟道腐蚀、引风机叶轮粘灰、风机振动。

（8）脱硝效果应达到标准和总量控制指标的要求。

（9）脱硫系统吸收液循环利用。

（10）脱硫除尘效果应达到排放标准和总量控制指标的要求。

9.6.3 喷雾塔的烟气处理

所有喷雾塔的除尘工艺设计包括从喷雾塔到烟囱的所有管道，该方案设计对象为喷雾塔等主要生产设备情况，见表9-43。

表9-43 喷雾塔等主要设备情况

序号	地点	设备编号	设备型号	燃料种类	备注
1	二厂	1#塔	6000型	水煤浆	需治理
2		2#塔	6000型	水煤浆	需治理
3		3#塔	6000型	水煤浆	需治理
4		4#塔	7000型	水煤浆	需治理
5		5#塔	7000型	水煤浆	需治理
6		6#塔	5000型	水煤浆	需治理
7		7#塔	5000型	水煤浆	需治理
8	三厂	1#塔	6000型	水煤浆	需治理
9		2#塔	6000型	水煤浆	需治理
10		3#塔	6000型	水煤浆	需治理
11		4#塔	6000型	水煤浆	需治理
12		5#塔	4000型	水煤浆	需治理
13		6#塔	5000型	水煤浆	需治理
14		7#塔	5000型	水煤浆	需治理

注：水煤浆由含硫量为0.48%的煤粉制备。

9.6.3.1 设计参数

根据广东萨米特陶瓷有限公司提出的具体要求，该公司为萨米特陶瓷有限公司二分厂的3座6000型喷雾塔、2座7000型喷雾塔、2座5000型喷雾塔，三分厂4座6000型喷雾塔、1座4000型喷雾塔、2座5000型喷雾塔共14支喷雾塔进行烟气治理设计，分别配套相应的布袋除尘器，经过各塔单独配套的布袋除尘器及脱硫塔处理达标后通过相应的2个排放烟囱排放。（其中二厂1#~7#喷雾塔单独使用一个1#排气筒；三厂1#~7#喷雾塔共用一个2#排气筒）

根据厂方的环评报告及相关数据，并结合公司多年从事工业尾气处理的工程经验，确定本项目中喷雾塔的烟气排放参数，并以此为标准进行方案设计。具体参数见表9-44。

表9-44　原始参数表

项目	工况烟气量（m^3/h）	设计烟气量（m^3/h）	粉尘原始浓度（mg/Nm^3）	温度（℃）	燃料
二分厂1#喷雾塔（6000型）	50156	65000	3500	110	水煤浆
二分厂2#喷雾塔（6000型）	50156	65000	3500	110	水煤浆
二分厂3#喷雾塔（6000型）	50156	65000	3500	110	水煤浆
二分厂4#喷雾塔（7000型）	58000	70000	3500	110	水煤浆
二分厂5#喷雾塔（7000型）	58000	70000	3500	110	水煤浆
二分厂6#喷雾塔（5000型）	41800	60000	3500	110	水煤浆
二分厂7#喷雾塔（5000型）	41800	60000	3500	110	水煤浆
三分厂1#喷雾塔（6000型）	50156	65000	3500	110	水煤浆
三分厂2#喷雾塔（6000型）	50156	65000	3500	110	水煤浆
三分厂3#喷雾塔（6000型）	50156	65000	3500	110	水煤浆
三分厂4#喷雾塔（6000型）	50156	65000	3500	110	水煤浆
三分厂5#喷雾塔（4000型）	33440	55000	3500	110	水煤浆
三分厂6#喷雾塔（5000型）	41800	60000	3500	110	水煤浆
三分厂7#喷雾塔（5000型）	41800	60000	3500	110	水煤浆

注：相关参数来源以该厂及同类企业监测数据为依据。

9.6.3.2　治理目标

（1）喷雾塔执行《陶瓷工业污染物排放标准》（GB 25464—2010）新建企业排放标准限值，见表9-45。

表9-45　《陶瓷工业污染物排放标准》烟气污染物排放指标　（mg/Nm^3）

类别 / 污染物	喷雾塔		辊道窑	
	水煤浆	油、气	水煤浆	油、气
二氧化硫	50	50	50	50
颗粒物	30	30	30	30
氮氧化物（以 NO_2 计）	180	180	180	180
林格曼黑度	1级			

（2）除尘效率应大于99%并满足总量控制指标。

（3）结合上述目标及厂家相关要求，确定该方案执行严于国家的污染物排放标准，见表9-46、表9-47。

表9-46　执行烟气污染物排放标准

项目	烟（粉）尘
	喷雾塔
初始浓度（mg/Nm^3）	3500
排放浓度（mg/Nm^3）	20
去除率（%）	>90

表 9-47 喷雾塔烟气排放口粉尘污染物排放浓度

排放口	污染源	混合排放口排放浓度
		烟（粉）尘（mg/Nm^3）
1#	二厂 1#～7#喷雾塔	20
2#	三厂 1#～7#喷雾塔	20

（4）总量控制指标可达性

目前该企业的喷雾塔总量控制指标为粉尘≤28t/a。根据表 9-48 数据可知，该企业烟气在经处理达到表 9-46、表 9-47 治理目标时，可满足总量控制要求。生产时间根据环评报告书中确定的 7200h/a 计算。

表 9-48 烟（粉）尘排放量

项目	烟（粉）尘喷雾塔
烟气量（标况）（Nm^3/h）	475955
排放浓度（mg/Nm^3）	20
实测浓度（mg/m^3）	7.56
排放速率（kg/h）	3.60
排放量（t/a）	25.92
总量控制指标（t/a）	28

注：标况烟气量＝工况烟气量÷（273＋工况温度）×273，工况温度取 110℃；
排放速率＝标况烟气量×实测浓度；
实测浓度＝折算浓度（即排放浓度）×1.7÷烟气过量空气系数，喷雾塔过量空气系数取 4.5。

9.6.3.3 除尘工艺、设备的选择、除尘机理及处理工艺

在本工程中，最重要的是喷雾塔除尘工艺的选择。

（1）除尘工艺比较

烟气除尘工艺很多，按除尘设备的类型不同，可分为喷淋塔、重力除尘器、旋风除尘器、静电除尘器及布袋除尘器等。见表 9-49。

表 9-49 几种主要除尘工艺的分析比较

序号	除尘设备	除尘原理	技术特点	经济特性	副产品	优缺点
1	喷淋塔	通过喷淋液喷到塔内与烟气当中的烟尘结合、凝结，达到除尘的作用	设备结构简单，施工、维护方便	设备造价低廉，但占地面积较大	泥饼	需要配套水处理设施，运行费用较高
2	重力除尘器	粉尘在受到重力作用时自然沉降到集灰斗当中	设备结构简单，施工、维护方便	设备造价低廉，但占地面积较大	干式粉尘	效率低下，只适用于初级除尘

续表

序号	除尘设备	除尘原理	技术特点	经济特性	副产品	优缺点
3	旋风除尘器	含尘气体进入除尘器内高速旋转，使得当中的粉尘在离心力作用下与器壁接触后沿器壁进入到集灰装置当中	设备结构简单，施工、维护方便	设备造价低廉，占地面积小	干式粉尘	对较粗的粉尘有较好的除尘效率，但对细小粉尘除尘效率低下，只适用于初级除尘
4	静电除尘器	利用静电力（库仑力）把粉尘从气体当中分离出来	设备制作要求较高，操作要求高。能通过控制系统来针对烟气变化来调整其处理效果	设备造价高昂，占地面积较大，但运行费用相对其他高效除尘器较低	干式粉尘	除尘效率很高，阻力很低
5	布袋除尘器	利用纤维性滤袋过滤粉尘	设备制作要求较高	设备造价相对高效除尘器较低，运行费用不高，占地面积较小	干式粉尘	除尘效率很高，但阻力相对静电除尘器大

从9-49比较表可以看出，以上几种除尘器中，静电除尘器及布袋除尘器的除尘效率是最高的，结合本项目的相关除尘效率及场地等要求后，只有布袋除尘器适用于喷雾塔的烟气除尘使用。

（2）喷雾塔布袋除尘工艺流程图

喷雾塔布袋除尘工艺流程如图9-72所示。

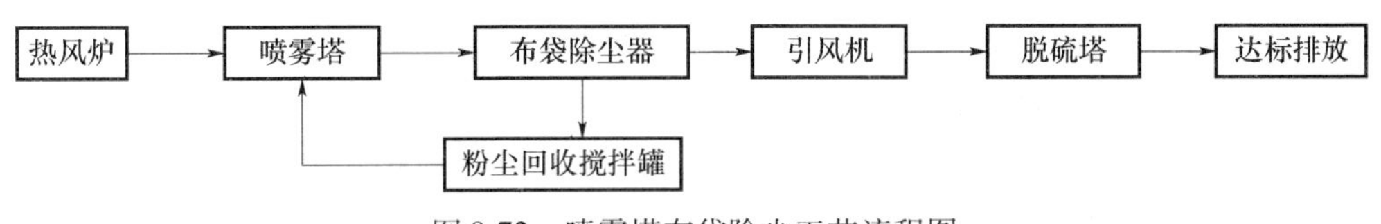

图9-72　喷雾塔布袋除尘工艺流程图

（3）除尘设备

① 除尘——脉冲行喷吹除尘器。脉冲行喷吹除尘器的气体净化方式为外滤式。除尘器由上箱体、中箱体、灰斗、滤袋组件、喷吹装置、卸灰阀、脉冲阀及检测、控制系统等组成。滤袋通过袋笼固定在花孔板上。每排滤袋上部都装有一根喷射管，喷射管上有小喷孔，并与每条除尘滤袋中心相对应。喷射管前装有与空气压缩机相连的电磁脉冲阀，电磁脉冲阀与气缸相连接。控制器定期发出短程的脉冲信号，通过控制阀有序地控制各脉冲阀开启。

工作时，含尘废气由进风口经中箱体下部进入各单元灰斗，大颗粒粉尘由于惯性碰撞、自然沉降等作用直接落入灰斗，其余粉尘随气流进入中箱体过滤区，粉尘积附在滤袋外表面，过滤后的洁净气体透过滤袋经上箱体、排风管排出，从而达到除尘的目的。

② 清灰——清灰控制装置。随着过滤工况的进行，滤袋外表面所积附的粉尘不断增加，

从而导致除尘器本身的阻力也逐渐升高，滤袋表面积附的粉尘达到一定量时，清灰控制装置发出清灰信号，通过控制阀有序地控制各脉冲阀开启。当脉冲阀开启时，与脉冲阀相连的喷射管与气缸相通，高压空气从喷射孔中以极高的速度喷出。高压气流进入滤袋内，使滤袋剧烈膨胀，引起冲击振动。同时在瞬间内，产生由内向外的逆向气流，将粘在滤袋外表面及吸入滤袋内部的粉尘吹扫下来。吹扫下来的粉尘落入集灰斗内，最后经卸料器排出。各排滤袋依次轮流清灰，待一周期后，又重新开始轮流。

（4）喷雾塔除尘设备的技术特点

所选用的布袋除尘器均是模块式除尘器，即除尘器各零部件均在机加工车间加工制造完成后，作为零件送到现场拼接安装。这种模块式除尘器各种零件均在车间内制造，可以更有效地控制加工制造精度，使得除尘器的整体精度更高，如各压缩空气喷吹孔与布袋的中心孔更能对齐，杜绝了原来可能会发生的喷吹到布袋侧面，从而吹破、损害布袋的情况出现，使得除尘器的整体可使用寿命更长，以及提高了清灰效果，从而令阻力进一步降低，达到节能的目的。其外形如图 9-73 所示。

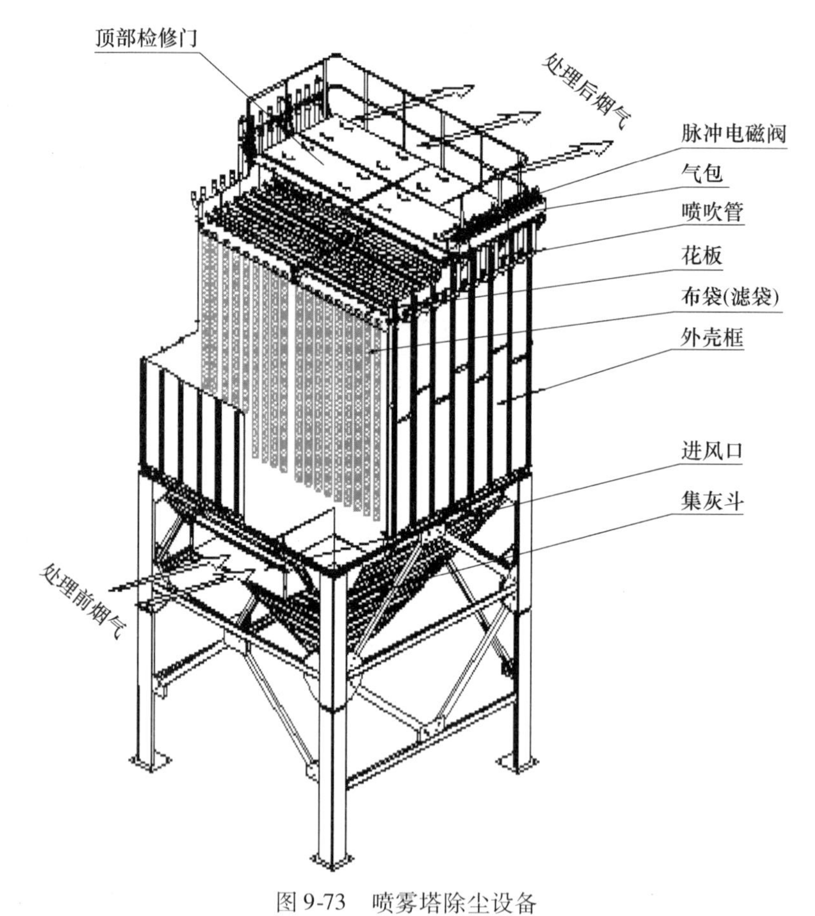

图 9-73　喷雾塔除尘设备

技术特点：

① 滤料作了技术改进，令透气量更高，阻力小，更加节能；

② 防腐材料更新换代，避免了长时间使用后会产生的离壳现象，提高了使用寿命；

③ 除尘器的进烟方式经过重新设计，烟气经进风锥管，由除尘器底部的灰斗处进入。

排除了以前烟气从除尘器中间通入时，可能会产生含尘烟气直接冲刷磨损布袋的情况，从而使得除尘器滤袋的可用寿命进一步延长；

④ 除尘器的喷吹清灰电磁阀，由以前的直角式电磁阀改用性能更优良的淹没式脉冲电磁阀，虽然淹没阀相比直角式成本更高，但淹没阀的瞬间通气量更大（可使得清灰更干净，间隔时间更长），阻力小，提高了负荷带动量，扩大了气源压力的使用范围，可以适应气源压力较低的场合使用（最低可到 3.5kg/cm^2 的压缩空气压力）；

⑤ 除尘器本体壳体采用一次成型的瓦楞式钢板制造，其强度比旧式的平板式设计更好；

⑥ 除尘器的控制系统经过优化后，不再采用机械式的控制原件进行控制，改为采用 PLC 的控制方式，同时配套一个触摸控制屏，实时显示各种设备的工作状态及工作参数。

（5）设备参数

广东萨米特陶瓷有限公司总共有 14 座喷雾塔，其中二分厂 3 座 6000 型喷雾塔、2 座 7000 型喷雾塔、2 座 5000 型喷雾塔，三分厂 4 座 6000 型喷雾塔、1 座 4000 型喷雾塔、2 座 5000 型喷雾塔共 14 座喷雾塔进行了烟气治理设计，分别配套了相应的布袋除尘器，经过各塔单独配套的布袋除尘器及脱硫塔处理达标后通过相应的 2 个排放烟囱排放（其中二厂 1# ~ 7#喷雾塔单独使用一个 1#排气筒；三厂 1# ~ 7#喷雾塔共用一个 2#排气筒）。

设备参数见表 9-50。

表 9-50　设备参数

佛山市某公司		设计参数表		
用户	广东萨米特陶瓷有限公司	编制日期		
地点	广东省高要市禄步镇白土一、二村	编制	审核	审批
使用场合	陶瓷喷雾塔烟气除尘治理			

序号	内容	单位	数值	备注
一	二厂 1# ~ 3#喷雾塔除尘器参数			
1	除尘器型号	28 仓		
2	过滤面积	m^2	1550	
3	滤袋 ϕ130mm × 2500mm	条	1484	
4	主体	吨		
5	脉冲阀 DC24 DN40	个	110	
6	脉冲控制仪	个	6	
二	二厂 4# ~ 5#喷雾塔除尘器参数			
1	除尘器型号	28 仓		
2	过滤面积	m^2	1550	
3	滤袋 ϕ130mm × 2500mm	条	1484	

续表

序号	内容	单位（型号）	数值	备注
二	二厂4#～5#喷雾塔除尘器参数			
4	主体	吨		
5	脉冲阀 DC24 DN40	个	110	
6	脉冲控制仪	个	6	
三	二厂6#～7#喷雾塔除尘器参数			
1	除尘器型号	28仓		
2	过滤面积	m^2	1550	
3	滤袋 ϕ130mm×2500mm	条	1484	
4	主体	吨		
5	脉冲阀 DC24 DN40	个	110	
6	脉冲控制仪	个	6	
四	三厂1#喷雾塔除尘器参数			
1	除尘器型号	HJYD-22型除尘器		
2	过滤面积	m^2	1575	
3	滤袋 ϕ130mm×3500mm	条	1100	
4	主体	吨		
5	脉冲阀 DC24 DN40	个	110	
6	脉冲控制仪	个	6	
五	三厂2#～4#、6#～7#喷雾塔除尘器参数			
1	除尘器型号	28仓		
2	过滤面积	m^2	1550	
3	滤袋 ϕ130mm×2500mm	条	1484	
4	主体	吨		
5	脉冲阀 DC24 DN40	个	110	
6	脉冲控制仪	个	6	
六	三厂5#喷雾塔除尘器参数			
1	除尘器型号	24仓		
2	过滤面积	m^2	1300	
3	滤袋 ϕ130mm×2500mm	条	1272	
4	主体	吨		
5	脉冲阀 DC24 DN40	个	80	
6	脉冲控制仪	个	4	

（6）经济评价（表9-51）

表9-51　喷雾塔除尘系统运行成本核算

佛山市合璟节能环保科技有限公司		运行消耗数据表		
用户	广东萨米特陶瓷有限公司	编制日期		
地点	广东省高要市禄步镇白土一、二村	编制	审核	审批
使用场合	陶瓷喷雾塔烟气除尘治理			

序号	内容	要求	单位	数值	备注
一	1#喷雾塔除尘器参数				
1	压缩空气用量	4～6kg，除水除油	m^3/h	100	
2	化浆用工艺水	工艺水	kg/h	500	
3	控制系统用电	380V 50Hz	kWh	0.5	
4	化浆用电	380V 50Hz	kWh	5.5	
二	2#喷雾塔除尘器参数				
1	压缩空气用量	4～6kg，除水除油	m^3/h	60	
2	化浆用工艺水	工艺水	kg/h	500	
3	控制系统用电	380V 50Hz	kWh	0.5	
4	化浆用电	380V 50Hz	kWh	5.5	
三	3#喷雾塔除尘器参数				
1	压缩空气用量	4～6kg，除水除油	m^3/h	80	
2	化浆用工艺水	工艺水	kg/h	500	
3	控制系统用电	380V 50Hz	kWh	0.5	
4	化浆用电	380V 50Hz	kWh	5.5	
四	4#喷雾塔除尘器参数				
1	压缩空气用量	4～6kg，除水除油	m^3/h	60	
2	化浆用工艺水	工艺水	kg/h	500	
3	控制系统用电	380V 50Hz	kWh	0.5	
4	化浆用电	380V 50Hz	kWh	5.5	
五	5#喷雾塔除尘器参数				
1	压缩空气用量	4～6kg，除水除油	m^3/h	80	
2	化浆用工艺水	工艺水	kg/h	500	
3	控制系统用电	380V 50Hz	kWh	0.5	
4	化浆用电	380V 50Hz	kWh	5.5	

续表

序号	内容	要求	单位	数值	备注
六	6#喷雾塔除尘器参数				
1	压缩空气用量	4～6kg，除水除油	m^3/h	80	
2	化浆用工艺水	工艺水	kg/h	500	
3	控制系统用电	380V 50Hz	kWh	0.5	
4	化浆用电	380V 50Hz	kWh	5.5	
七	7#喷雾塔除尘器参数				
1	压缩空气用量	4～6kg，除水除油	m^3/h	70	
2	化浆用工艺水	工艺水	kg/h	500	
3	控制系统用电	380V 50Hz	kWh	0.5	
4	化浆用电	380V 50Hz	kWh	5.5	
八	8#喷雾塔除尘器参数				
1	压缩空气用量	4～6kg，除水除油	m^3/h	70	
2	化浆用工艺水	工艺水	kg/h	500	
3	控制系统用电	380V 50Hz	kWh	0.5	
4	化浆用电	380V 50Hz	kWh	5.5	
九	9#喷雾塔除尘器参数				
1	压缩空气用量	4～6kg，除水除油	m^3/h	80	
2	化浆用工艺水	工艺水	kg/h	500	
3	控制系统用电	380V 50Hz	kWh	0.5	
4	化浆用电	380V 50Hz	kWh	5.5	
十	10#喷雾塔除尘器参数				
1	压缩空气用量	4～6kg，除水除油	m^3/h	100	
2	化浆用工艺水	工艺水	kg/h	500	
3	控制系统用电	380V 50Hz	kWh	0.5	
4	化浆用电	380V 50Hz	kWh	5.5	
十一	总运行消耗				
1	电	380V 50Hz	kWh	60	
2	水	工艺水	kg/h	5000	
3	压缩空气	4～6kg，除水除油	m^3/h	780	

续表

序号	内容	要求	单位	数值	备注
十二	运行成本				
1	电	0.8元/kWh×24h	元/天	1152	
2	水	0.003元/kg×24h	元/天	360	
3	压缩空气	0.003元/m^3×24h	元/天	56.16	
	合计每天运行成本			1568.16	

（7）排放口规范化建设

① 在线监测口的设置要求：

A. 应优先选择在垂直管段和烟道负压区域；

B. 测定位置应避开烟气弯头和断面急剧变化的部位。对于颗粒物CEMS，应设置在距弯头、阀门、变径管下游不小于4倍烟道直径，以及距上述部件上游方向不小于2倍烟道直径处；对于气态污染物CEMS，应设置在距弯头、阀门、变径管下游方向不小于2倍烟道直径，以及距上述部件上游方向不小于0.5倍烟道直径处；对矩形烟道，其当量直径$D=2AB/(A+B)$，其中A、B为边长。当安装位置不能满足上述要求时，应尽可能选择在气流稳定的断面，但安装位置前直管段的长度必须大于安装位置后直管段的长度。

在烟气CEMS监测断面下游应预留参比方法采样孔，采样孔数目及采样平台等按《固定污染源排气中颗粒物测定与气态污染物采样方法》（GB/T 16157）要求确定，以供参比方法测试使用。在互不影响测量的前提下，应尽可能靠近。

为了便于颗粒物和流速参比方法的校验和对比监测，烟气CEMS不宜安装在烟道内烟气流速小于5m/s的位置。

② 常规监测口设置要求：

A. 采样位置应避开对测试人员操作有危险的场所；

B. 采样位置应优先选择在垂直管段，应避开烟道弯头和断面急剧变化的部位。采样位置应设置在距弯头、阀门、变径管下游方向不小于6倍直径，以及距上述部件上游方向不小于3倍烟道直径处。对矩形烟道，其当量直径$D=2AB/(A+B)$，其中A、B为边长。采样断面的气流速度最好在5m/s以上；

C. 测试现场空间位置有限，很难满足上述要求时，可选择比较适宜的管段采样，但采样断面与弯头等的距离至少是烟道直径的1.5倍，并应适当增加测点的数量和采样频次；

D. 对于气态污染物，由于混合比较均匀，其采样位置可不受上述规定限制，但应避开涡流区。如果同时测定排气流量，采样位置仍按B选取。

③ 采样口开孔大小要求：

A. 在选定的测定位置上开设采样孔，采样孔的内径应不小于80mm，采样孔管长应不大于50mm。不使用时应用盖板、堵管或管帽封闭，当采样孔仅用于采集气态污染物时，其内径应不小于40mm；

B. 对正压下输送高温或有毒气体的烟道，应采用带有闸板阀的密封采样孔；

C. 对圆形烟道，采样孔应设在包括各测点在内的互相垂直的直径线上，对矩形或方形烟道，采样孔应设在包括各测点在内的延长线上。

④ 监测口设置具体要求：

按照上述要求，根据实际情况，本方案中监测口设置具体如下：

A. 治理前的监测口

在各喷雾塔排烟管和除尘器水平管道 7m 处设置日常监测口，管道的直径是 2000mm，长度不小于 15m，满足不小于 4 倍当量直径的要求。

B. 治理后的监测口

在各喷雾塔排烟管直段处设置监测口，监测口大小为 80mm×200mm，设置日常监测口，并在此处设置在线监测口。

⑤ 监测平台设置具体要求：

根据《固定源废气监测技术规范》和《固定污染源烟气排放连续监测技术规范（试行）》中的规定，采样平台应有足够的工作面积使工作人员安全、方便地操作。面积应不小于 $1.5m^2$，并设有 1.1m 高的护栏和不低于 10cm 的脚部挡板，采样平台的承重应不小于 $200kg/m^2$，采样孔距平台面约为 1.2～1.3m。同时应设置有通往平台的 Z 字梯或旋梯。

⑥ 排放口高度要求：

喷雾塔烟囱排放高度均超过 25m，符合环保审批要求。根据《广东省污染源排污口规范化设置导则》，在废气排放口设置相应的排污口图形及标志牌。

9.6.4 窑炉烟气治理设计

根据广东萨米特陶瓷有限公司提出的具体要求，把两间厂 11 条窑炉烟气送到窑炉脱硫塔处理达标后通过 3 个排放烟囱排放。（其中二厂 1#～7#共 7 条窑配、2 座脱硫塔，两个排放口，分别称为 1#排放口、2#排放口。三厂 8#～12#共 5 条窑配、1 座脱硫塔，一个排放口，称为 3#排放口）。根据厂方的环评报告及相关数据，并结合公司多年从事工业尾气处理的工程经验，确定本项目中窑炉及锅炉的烟气排放参数，并以此为标准进行方案设计。

表 9-52 为该企业所用辊道窑生产设备情况表。烟气污染物排放指标见表 9-45。原始参数见表 9-53。

表 9-52 辊道窑主要设备情况

序号	地点	设备编号	设备型号	燃料种类	备注
1	二厂	1 窑	QY233	煤气	需治理
2		2 窑	QY233	煤气	需治理
3		3 窑	QY233	煤气	需治理
4		4 窑	QY233	煤气	需治理
5		5 窑	QY233	煤气	需治理
6		6 窑	QY233	煤气	需治理
7		7 窑	QY233	煤气	需治理
8	三厂	8 窑	QY233	煤气	需治理
9		9 窑	QY233	煤气	需治理
10		10 窑	QY233	煤气	需治理
11		11 窑	QY233	煤气	需治理
12		12 窑	QY233	煤气	需治理

注：煤气由含硫量为 0.25% 的原煤制备产生。

表9-53　原始参数

项目	工况烟气量（m^3/h）	设计烟气量（m^3/h）	粉尘原始浓度（mg/Nm^3）	SO_2 原始浓度（mg/Nm^3）	NO_x 原始浓度（mg/Nm^3）	温度（℃）	燃料
1～12窑	740040	800000	50	600	260	150	煤气

注：相关参数来源于该厂及同类企业监测数据，方案设计时二氧化硫原始浓度以其燃烧水煤浆、煤气（即二氧化硫原始浓度最大）时为依据。

9.6.4.1　治理目标

（1）喷雾塔、辊道窑执行《陶瓷工业污染物排放标准》（GB 25464—2010）新建企业排放标准限值。

（2）脱硫效率应大于80%并满足总量控制指标。

（3）结合上述目标及厂家相关要求，确定本方案执行严于国家的污染物排放标准，见表9-54、表9-55。

表9-54　执行烟气污染物排放标准

项目	烟（粉）尘	二氧化硫	氮氧化物
	辊道窑	辊道窑	辊道窑
初始浓度（mg/Nm^3）	50	600	260
排放浓度（mg/Nm^3）	20	40	170
去除率（%）	>60	>80	>50

表9-55　烟气排放口污染物排放浓度

排放口	污染源	混合排放口排放浓度		
		烟（粉）尘（mg/Nm^3）	二氧化硫（mg/Nm^3）	氮氧化物（mg/Nm^3）
1#	1窑、2窑、3窑、4窑、5窑、6窑、7窑	20	40	138
2#	1窑、2窑、3窑、4窑、5窑、6窑、7窑	20	40	138
3#	8窑、9窑、10窑、11窑、12窑	20	40	138

（4）总量控制指标可达性

目前该企业总量控制指标为 $SO_2 \leqslant 64.5t/a$，氮氧化物≤406.4t/a，粉尘≤154.8t/a。根据表9-56数据可知该企业烟气在经处理达到表9-54、表9-55治理目标时，可满足总量控制要求。生产时间根据环评报告书中确定的7200h/a计算。

表9-56　SO_2 和氮氧化物排放量

项目	粉尘	二氧化硫	氮氧化物
	辊道窑	辊道窑	辊道窑
烟气量（标况）（Nm^3/h）	477614	477614	477614
排放浓度（mg/Nm^3）	30	40	289
实测浓度（mg/m^3）	12.75	17	110.5
排放速率（kg/h）	6.09	8.12	52.78
排放量（t/a）	43.8	58.46	380.0
总量控制指标（t/a）	154.8	64.5	406.4

注：标况烟气量＝工况烟气量÷（273＋工况温度）×273；排放速率＝标况烟气量×实测浓度；实测浓度＝折算浓度（即排放浓度）×1.7÷烟气过量空气系数，辊道窑过量空气系数取4。满足总量控制指标一定要使用含硫率0.48%的水煤浆和含硫率0.25%的水煤气。工况温度辊道窑取150℃。

9.6.4.2　脱硫治理设计

1. 脱硫工艺、设备的选择、脱硫机理及处理工艺

在本工程中，最重要的是脱硫除尘工艺的选择，只对脱硫工艺进行详细比较。

（1）脱硫工艺方法的比较

烟气脱硫工艺很多，按用水量可分为湿法、干法、半干法；按脱硫剂的不同，又可分为石灰/石灰石-石膏法、钠法、双碱法等。

湿法脱硫是基于溶液中的碱性物质与溶解于水的气态二氧化硫（SO_2）即亚硫酸（H_2SO_3）进行中和反应，达到去除 SO_2 的目的，由于液相反应强度大大高于气相和固相，因而湿法脱硫比干法、半干法脱硫效率高，应用也最为广泛，湿法脱硫装置占全世界装置总量的85%以上。

几种主要脱硫工艺的分析比较见表9-57。

表9-57　几种主要脱硫工艺的分析比较

序号	脱硫方式	分类	脱硫原理	技术特点	经济特性	副产品	优缺点
1	石灰/石膏法	湿法	石灰加水搅拌熟化的浆液向烟气中喷雾，吸收 SO_2	应用最为广泛，脱硫效率高（>95%），CaO活性比 $CaCO_3$ 强得多，液相传质阻力小，气液传质速率高，反应速度快，液气比较小	资源易得，价格低廉，运行费用低，占地面积小，技术成熟，运行稳定	副产品为石膏，可有效利用，作水泥原料或建筑材料	解决结垢堵塞的方法很多，采取空气氧化，加入亚硫酸钙晶体或添加剂等各种有效方法
2	石灰石/石膏法	湿法	石灰石破碎成粉状加水搅拌熟化的浆液向烟气中喷雾，吸收 SO_2	应用广泛，脱硫效率高（80%～95%），技术成熟，运行稳定，适宜于200MW以上脱硫装置	资源易得，价廉，但需破碎，工艺系统复杂，占地面积大，液气比较大	副产品为石膏，可有效利用，作水泥原料或建筑材料	解决结垢堵塞的方法很多，采取空气氧化，加入亚硫酸钙晶体或添加剂等各种有效方法
3	钙/镁双碱法	湿法	以石灰粉（氧化钙）为脱硫剂，以氧化镁为添加剂，反应产生的硫酸镁可以与氢氧化钙发生复分解反应，使氢氧化镁得以再生	脱硫效率高(80%～95%)，有效消除结垢、堵塞。钙硫比、液气比减少，氧化镁可循环利用，降低运行成本，技术成熟，运行稳定	氯化钙价格低廉，氧化镁用量少，又可循环利用，运行费用低	石膏	集钙法和镁法两种脱硫技术优势于一体
4	钠/钙双碱法	湿法	用NaOH或 Na_2CO_3 溶液吸收 SO_2，用 $Ca(OH)_2$/$CaCO_3$ 再生	脱硫效率高（80%～95%），不易结垢，不易堵塞，技术成熟，运行稳定	采用钠碱再生工艺，降低了脱硫剂费用	副产品为亚硫酸盐，亦可氧化为石膏利用	集钙法和钠法两种脱硫技术优势于一体

续表

序号	脱硫方式	分类	脱硫原理	技术特点	经济特性	副产品	优缺点
5	循环流化床	干法	向流化床锅炉内同时投入燃煤与石灰石，在燃烧的同时脱硫	脱硫效率随燃烧温度而变化（最佳温度约850℃），由于燃烧温度较低，NO_x 排放量可减少	炉内增装石灰石投入系统，要高脱硫率，需大量石灰石，价格低，但破碎粒度要求严格	产物是亚硫酸钙、煤灰与未反应的石灰石混合物，利用价值低	锅炉连续运行时间短，炉体易漏风、漏渣，产生灰渣多，易结块，引风机要求较高，控制系统易出故障等
6	喷雾干燥法	半干法	生石灰与水进行熟化反应后的熟石灰泥浆与水一起向烟气中喷雾	脱硫效率不太高，需要泥浆喷雾技术	单位硫的去除成本较高	亚硫酸钙的利用几乎没有业绩	应用业绩少
7	炉内喷钙增湿活化		在炉内喷钙的同时，在后段向烟气中喷水	需喷射石灰石和喷水的装置，根据原有装置的情况需改造锅炉，脱硫效率一般	石灰石在炉内烧制时吸热，使锅炉效率及石灰石有效利用率降低，石灰石需磨成粉	由于产物是亚硫酸钙、煤灰与未反应石灰石的混合物，利用价值低	应用业绩少

以上比较可以看出，湿法脱硫技术是目前世界上技术最为成熟的脱硫工艺，它所具有的脱硫效率高，吸收剂价廉易得，副产品便于利用，运行稳定，投资和运行费用低等特点，使它成为被广泛应用的主导脱硫工艺。

脱硫工艺的选择应根据喷雾塔大小、窑炉大小、燃料种类及其含硫量、脱硫效率、脱硫工艺的成熟可靠程度、脱硫剂的供应条件（本地资源优势）、脱硫副产物的处理、投资运行成本等综合技术经济比较后确定。

（2）湿式钠/钙双碱法脱硫工艺

该工艺的主要优势是：

① 我国有大量石灰石资源，原料价廉易得，运行费用低；

② 用 NaOH 脱硫，循环水基本上是 NaOH 的水溶液，循环过程中对水泵、管道、设备均无腐蚀，并可减少堵塞现象，便于设备运行与保养；

③ 吸收剂的再生和脱硫渣的沉淀发生在吸收塔外，减少了塔内结垢的可能性，因此可以用高效的板式塔或填料塔代替目前广泛使用的喷淋塔，从而减小了吸收塔的尺寸及操作液气比，降低脱硫成本；

④ 脱硫率高，一般在90%以上；

⑤ 湿式双碱法脱硫技术成熟，应用广泛。

该工艺的缺点是 Na_2SO_3 氧化副反应产物 Na_2SO_4 较难再生，需不断向系统补充 NaOH 而增加碱的消耗量。

综上所述，脱硫工艺采用双碱法是可行的，其脱硫效率高，适应范围广，技术成熟稳定，运行简便可靠，适用于各种喷雾塔或者窑炉的烟气脱硫。本方案推荐采用双碱法脱硫工艺。

（3）钠/钙双碱法工艺流程图（图9-74）

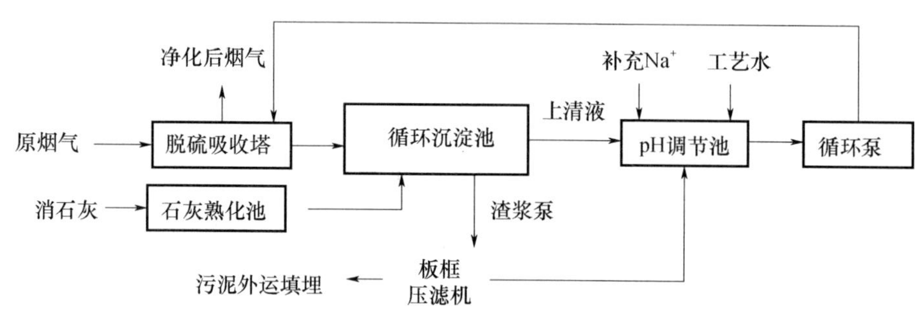

图9-74 钠钙双碱法工艺流程图

（4）双碱法［$NaOH/Ca(OH)_2$］脱硫机理

双碱法先用碱金属盐类的水溶液吸收SO_2，然后在另一石灰反应器中用熟石灰将吸收SO_2后的溶液再生，再生后的吸收液再循环使用，最终产物以亚硫酸钙和石膏形式析出。

① 吸收反应

在脱硫塔内吸收SO_2：

用Na_2CO_3吸收 $$Na_2CO_3 + SO_2 = Na_2SO_3 + CO_2 \tag{9-18}$$

用Na_2SO_3吸收 $$Na_2SO_3 + SO_2 + H_2O = 2NaHSO_3 \tag{9-19}$$

用NaOH吸收 $$2NaOH + SO_2 = Na_2SO_3 \tag{9-20}$$

以上三式视吸收液酸碱度不同而异，碱性较高时（$pH>9$）时以式（9-20）为主要反应；碱性稍为降低时以式（9-18）为主要反应；碱性到中性甚至酸性时（$5<pH<9$）按式（9-19）反应。

该过程中由于使用钠碱作为吸收液，因此吸收系统中不会发生沉淀物，此过程的主要副反应为氧化反应，生成Na_2SO_4：

$$2Na_2SO_3 + O_2 = 2Na_2SO_4 \tag{9-21}$$

② 再生反应

将吸收了SO_2的吸收液送至石灰反应器，用石灰料浆对吸收液进行再生和固体副产品的析出，以钠盐作为脱硫剂，用消石灰对吸收剂进行再生，则在反应器中会进行下面的反应。

用消石灰再生：

$$Ca(OH)_2 + Na_2SO_3 + \frac{1}{2}H_2O = 2NaOH + CaSO_3 \cdot \frac{1}{2}H_2O \downarrow \tag{9-22}$$

$$Ca(OH)_2 + 2NaHSO_3 = Na_2SO_3 + CaSO_3 \cdot \frac{1}{2}H_2O \downarrow + \frac{1}{2}H_2O \tag{9-23}$$

再生的NaOH和Na_2SO_3等脱硫剂可以循环使用。所得半水亚硫酸钙经氧化，可制得石膏（$CaSO_4 \cdot 2H_2O$）。

③ 氧化反应

$$2CaSO_3 \cdot \frac{1}{2}H_2O + O_2 + 3H_2O = 2CaSO_4 \cdot 2H_2O \tag{9-24}$$

（5）脱硫设备的分析与选择

旋转脱硫除尘消烟系统由“旋转脱硫除尘塔及消烟塔”两大部分组成。窑炉烟气由风管系统先送到旋转脱硫塔（两级塔体）进行处理后，再进入消烟塔内进行除尘脱水消烟处理。

旋转脱硫除尘塔工作原理：旋转脱硫除尘器主体是圆柱体桶状物，桶身内壁是由玻璃钢板铺贴的螺旋形的沟槽。从窑炉来的烟气先进入第一级旋转脱硫除尘塔体，其由入气口沿玻璃钢板铺贴的螺旋形的沟槽，进入后在塔内的螺旋形沟槽内急速旋转，同时脱硫剂经雾化喷头喷到螺旋的槽内，和烟气混合后，经旋转床高速旋转，在离心力的作用下，液体被高度雾化并经冲击、鼓泡和充分洗涤，然后烟气经旋转烟道排出，再进入第二级旋转脱硫除尘器主体作同样的处理。经过二级的脱硫除尘处理后，烟气当中的大量硫化物及部分粉尘被脱硫水所吸收及吸附。脱硫水吸收污染物后，通过塔底的排水装置，排入到相应的污水处理池当中处理。

消烟塔：经脱硫除尘的烟气由塔体底部的进气口送入本塔，主要去除烟气中的尘粒和前面处理余下的少部分 SO_2 等物质，消烟塔采用的水是经过砂过滤器过滤后的清水进行喷淋，过滤器采用比自来水更加精细的过滤方法过滤水的颗粒物。目的是采用干净清水处理烟气，烟气中尘粒被水吸附后入原水箱，原水箱中的水不断经过砂过滤器过滤后进行喷淋使用，当原水箱水温超过设定温度后，原水箱的水就打入环保池，新的低温水经过砂滤罐补充到原水箱。砂过滤器过滤下来的污泥排到沉淀池进行处理利用。

在上述的工艺过程，同步进行“双碱法”的脱硫反应：通过循环水中 $Ca(OH)_2$ 等碱性物质的作用，烟尘中的 SO_2（二氧化硫）形成 Na_2SO_3（亚硫酸钠），随渣水排出。经灰水槽流入水池作沉淀处理后，适量补给脱硫剂（石灰水及碱），使 pH 值保持在 9～10 以上，再泵回脱硫器作循环使用。其脱硫反应简式如下：

$$2NaOH + SO_2 \longrightarrow Na_2SO_3 + H_2O \tag{9-25}$$

$$Ca(OH)_2 + Na_2SO_3 \longrightarrow 2NaOH\ (\text{循环回用}) + CaSO_3 \downarrow \tag{9-26}$$

在保证充足的循环水量和脱硫剂投放量（保持循环水 pH 值 10）的条件下，通过物理和化学的综合功效，烟气脱硫除尘效率可达到 90%。从而确保排放烟气的粉尘浓度、二氧化硫浓度、烟色度全面满足环保排放要求。

治理设备如图 9-75 所示。

2. 工艺流程

（1）窑炉烟气治理工艺流程简介（图 9-76）

脱硫吸收塔系统包括脱硫吸收塔（内含布风装置、喷淋布水装置、脱水装置），公用系统包括循环水系统、污泥系统等。

各窑炉含二氧化硫的烟气经新设置的 250kW 大型引风机送入吸收塔，冲击塔底水封液面，产生浪花泡沫，有利于烟气的洗涤净化，经初级净化的烟气通过布风板后均上升，与从塔内上部喷淋布水装置大面积喷淋出来的碱性吸收液混合接触，由于布风装置的合理设计，烟气在塔内均匀上升与塔顶下来的逆喷碱性吸收液、对冲吸收液激烈搅动，获得最佳的脱硫效果，单位体积的吸收液表面积增加，吸收液与烟气中的二氧化硫充分混合，达到最理想的接触面积与方式，吸收溶解及反应充分。经吸收塔处理后烟气集中进入各自的排放烟囱达标排放。

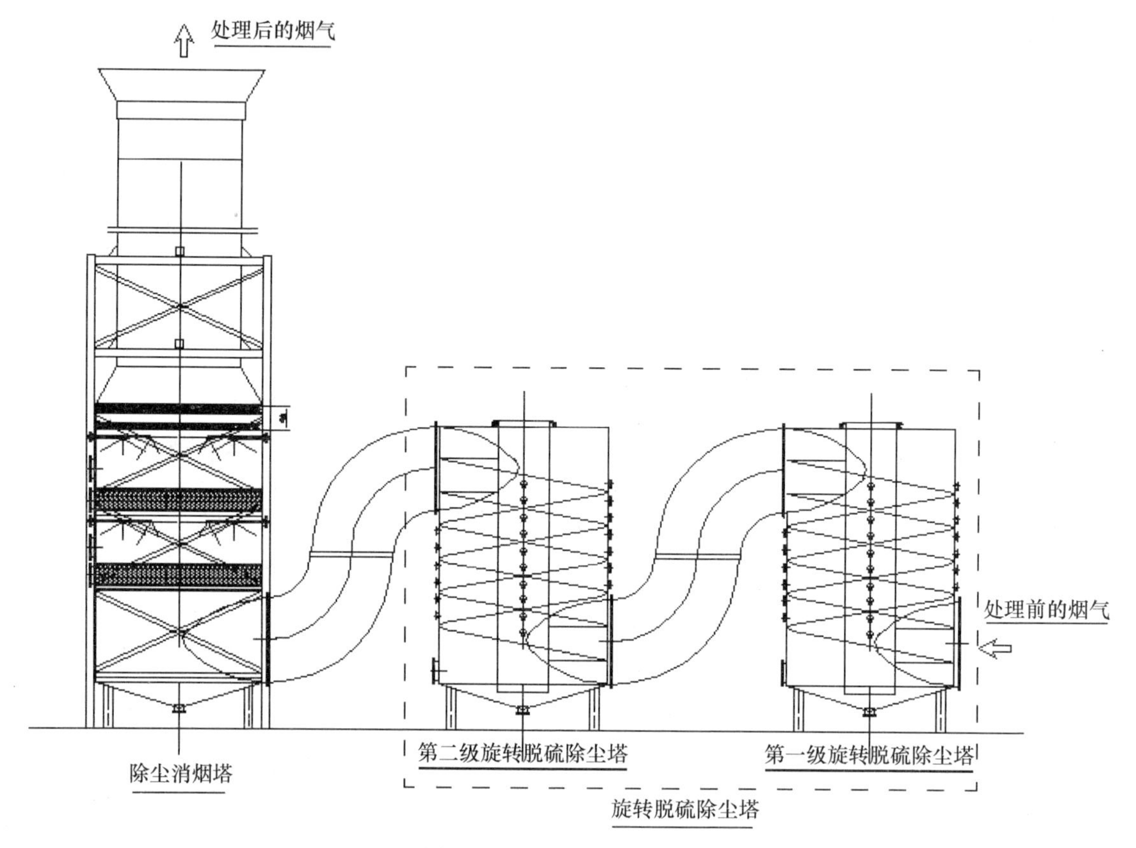

图 9-75　改造前主要设备图

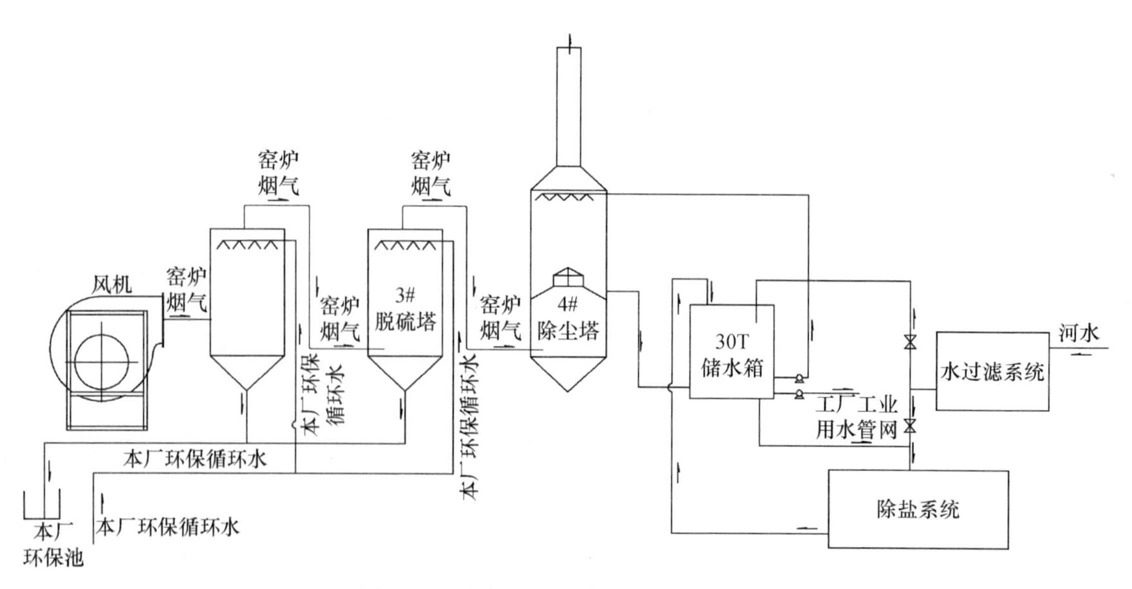

图 9-76　改造后窑炉脱硫塔主要设备图

脱硫液经吸收塔底部水封口排出塔外，由排水渠溢流入吸收再生系统，脱硫产物及灰浆由沉淀池沉淀处理，沉淀后的渣浆由压滤机压成干泥饼外运填埋。

沉淀后的上清液溢流入清水池即（pH值调节池），脱硫吸收剂熟化后直接加入沉淀池进入清水池，加烧碱调节合适的pH值，经泵抽入吸收塔喷淋装置净化烟气用。

热烟气穿过吸收塔，将部分水分蒸发并带走，水的补充可通过工艺水箱等补充，以保持系统水量平衡。

（2）脱硫副产物的处理

脱硫副产物为石膏，其主要成分是二水硫酸钙晶体（$CaSO_4 \cdot 2H_2O$），其物理和化学性质和天然石膏具有共同规律。作为一种工业副产物，脱硫石膏具有再生石膏的特点，在很多方面与天然石膏不同，在使用前需进行必要的处理。

目前，按脱硫副产物石膏的处置方式划分，有填埋和回收利用两种方法。我国具有丰富的天然石膏资源，脱硫石膏一般情况下质量不如天然石膏，要回收脱硫石膏资源，还需较大投资，且市场销路也有问题。

本项目从投资费用、回收场地的限制及脱硫渣成分不纯等方面综合考虑，暂按填埋法处理。脱硫渣浆的主要成分是亚硫酸钙和硫酸钙，处于较稳定状态，不会造成二次污染。

本工程产生的污泥，根据需要我们将脱硫渣压滤成饼后汽车外运填埋。

3. 循环水系统

（1）循环水量

本工程采用湿法脱硫工艺，脱硫液循环使用，辊道窑循环供水量为$1600m^3/h$。实际运行时，循环水量根据烟气特性可适当调整（图9-77）。

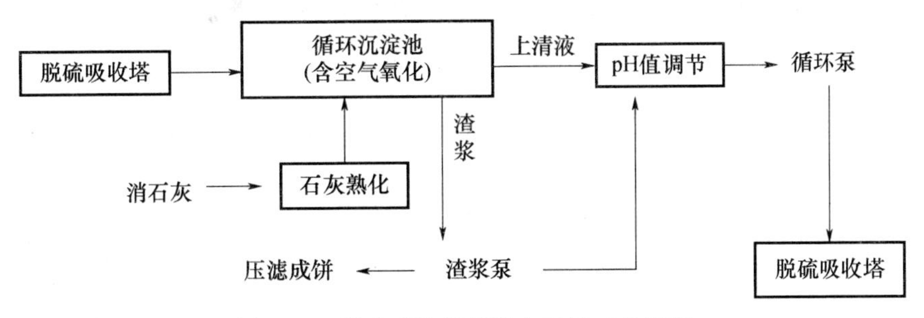

图9-77 脱硫系统循环供水系统工艺流程

（2）循环水池、沉淀池

在湿法脱硫工艺中的渣浆主要是脱硫渣，循环水系统中的固液分离可采用循环沉淀池结构。空气氧化、沉淀、清液合建在一个池子的不同部位完成，它由曝气区、导流区、沉淀区、清液区几部分组成。

脱硫污水由导流槽溢流入沉淀区，在水深1.5m以下处设空气氧化，亚硫酸钙氧化成硫酸钙后易于沉淀，沉淀后的渣浆由渣浆泵加压输往高位渣浆沉淀池。经加入PAM、PAC沉淀后的上清液溢流入清液池，调节合适的pH值，由循环泵加压输往脱硫塔喷淋。沉淀浓缩后的泥浆用泥浆泵输送至污泥压滤系统。

循环沉淀池采用长方形高位，池结构为钢混结构+耐酸瓷板，过水面防腐处理。

（3）污泥处理系统

沉淀池下部的污泥经污泥泵抽至厢式压滤机进行压滤，该压滤机具有自动压紧，自动保压，自动拉板和卸料装置，同时还具有压缩空气吹扫滤饼的功能。压滤后的污泥直接可用车拉至填埋场填埋。该种压滤机滤渣固含率高，可达 80%，且操作简单方便。

（4）pH 值调节池

沉淀池沉淀处理后的上清液溢流入清液池（pH 值调节），调节合适的 pH 值供脱硫塔喷淋净化烟气用。

泵的选择原则：

① 泵设计为连续运行的离心泵，地坑泵用就地浮球阀控制；

② 泵为自注型的并按电动机满电压启动扭矩选择；

③ 所有的泵均采用机械密封，耐腐蚀；

④ 所有接触泵送流体的部件和辅件将由专门为介质条件和性质设计的材料制造，并且能耐磨损和腐蚀。

4. 设备参数（表 9-58）

广东萨米特陶瓷有限公司 2 间厂共有 12 条窑炉烟气送到窑炉脱硫塔处理达标后通过 3 个排放烟囱排放。（其中二厂 1#～7#共 7 条窑配 2 座脱硫塔，两个排放口，分别称为 1#排放口、2#排放口。三厂 8#～12#共 5 条窑配 1 座脱硫塔，一个排放口，称为 3#排放口）

表 9-58　设备参数

		设计参数表		
用户	广东萨米特陶瓷有限公司	编制日期		
地点	广东萨米特陶瓷有限公司	编制	审核	审批
使用场合	陶瓷辊道窑烟气脱硫治理			

序号	内容	单位	数值	备注
一	1#窑炉脱硫塔参数			
1	脱硫塔规格	m		
2	工况烟气流量（处理烟气流量）	mg/m^3	370020	
3	脱硫系统入口 SO_2 浓度	mg/Nm^3	500	
4	烟气温度	℃	150	
5	系统总脱硫效率	%	>80	
6	脱硫系统出口 SO_2 浓度	mg/Nm^3	40	
7	液气比	L/m^3	2～2.5	
8	Ca/S 比（Mg/S 比）	mol/mol	1.1	
9	主风管直径	m	2	

续表

序号	内容	单位	数值	备注
二	2#窑炉脱硫塔参数			
1	脱硫塔规格	m		
2	工况烟气流量（处理烟气流量）	mg/m^3	370020	
3	脱硫系统入口 SO_2 浓度	mg/Nm^3	500	
4	烟气温度	℃	150	
5	系统总脱硫效率	%	>80	
6	脱硫系统出口 SO_2 浓度	mg/Nm^3	40	
7	液气比	L/m^3	2~2.5	
8	Ca/S 比（Mg/S 比）	mol/mol	1.1	
9	主风管直径	m	2	
三	3#窑炉脱硫塔参数			
1	脱硫塔规格	m		
2	工况烟气流量（处理烟气流量）	mg/m^3	370020	
3	脱硫系统入口 SO_2 浓度	mg/Nm^3	500	
4	烟气温度	℃	150	
5	系统总脱硫效率	%	>80	
6	脱硫系统出口 SO_2 浓度	mg/Nm^3	40	
7	液气比	L/m^3	2~2.5	
8	Ca/S 比（Mg/S 比）	mol/mol	1.1	
9	主风管直径	m	2	

5. 设备清单（表9-59）

表9-59 主要设备清单

序号	名称	规格	材质	单位	数量	备注
一	旋转脱硫除尘消烟系统	XMZSJ-21 型		套	2	
1	一级旋转脱硫除尘塔体	ϕ4000×7300	缠绕玻璃钢	支	1	单套系统所配套
2	二级旋转脱硫除尘塔体	ϕ4000×7300	缠绕玻璃钢	支	1	单套系统所配套
3	消烟塔	ϕ4000×25000	缠绕玻璃钢	支	1	单套系统所配套
4	脱硫喷头	DN15	不锈钢	个	56	单套系统所配套
二	风机	Y4-73-18D-200kW	钢制	台	2	厂家自购
三	风机电控	含 200kW 变频器		套	2	厂家自购
四	脱硫水泵	IS125/100-250-30kW	不锈钢	台	4	厂家自购
五	水泵电控	星三角启动		套	2	厂家自购

6. 经济评价（表9-60）

表9-60 主要技术经济指标

脱硫系统编号	设计最大处理能力（m^3/h）	新增脱硫系统的运行成本								
		名称	循环水用量（t/h）	设备功率（kWh）	电费（元/h）	脱硫剂用量（kg/h）	脱硫剂费用（元/h）	脱硫水循环水量（t/h）	脱硫水循环处理费用（元/h）	小计（元/h）
1#	380000	XMZSJ-21型旋转脱硫除尘消烟系统	无	230	161	140	98	200	100	359
2#	380000	XMZSJ-21型旋转脱硫除尘消烟系统	无	230	161	140	98	200	100	359
3#	380000	XMZSJ-21型旋转脱硫除尘消烟系统	无	230	161	140	98	200	100	359
合计										1077

注：1. 电费按0.7元/kWh，脱硫剂按500元/t计算。
　　2. 脱硫水循环处理费用按0.5元/t估算。

7. 排放口规范化建设

具体要求同9.6.3.2（7）。

8. 设备运行操作及维护管理

（1）一般规定

① 脱硫装置运行单位应设立环境保护管理机构，配备足够的操作、维护、检修人员及脱硫装置检测仪器，制定脱硫装置运行及维护的规章制度；

② 岗位员工应熟悉脱硫工艺和设施的运行及维护要求，具有熟练的操作技能，遵守劳动纪律，执行操作规程，通过培训考核上岗；

③ 岗位员工应填写运行记录，做好脱硫剂的领用与验收、脱硫渣的清运工作，严格执行巡回检查制度和交接班制度；

④ 应制定脱硫剂的采购计划，制定脱硫装置中、大检修计划和应急预案。

（2）运行

① 脱硫装置投运前，应全面检查运行条件，符合要求后才能按开车程序依次启动脱硫装置各系统；

② 脱硫装置投运后，应尽快切换到自动控制状态：喷雾塔/炉窑工况变化时，应通过调节保证正常运行和达标排放；

③ 脱硫塔入口烟气温度应低于设计温度；

④ 运行过程中应认真观察各运行参数变化情况，重点保证循环液pH值和烟气系统的阻力在指标范围内运行；

⑤ 脱硫剂与脱硫渣的库存量应定期检查，及时补加脱硫剂，清运脱硫渣，确保物料进出平衡；

⑥ 定期进行仪器、仪表的校验。对重要控制指标如脱硫液的 pH 值、浓度、相对密度、脱硫剂成分等应每天进行手工检测分析并与仪表显示值进行比对；

⑦ 当环境温度低于冰点温度时，系统停机时要做好保温防冻工作；

⑧ 浆液输送管道停用时，应及时排空并清洗；

⑨ 系统停车时间较长时，应采取有效措施避免脱硫剂的板结与失效，清空脱硫剂贮仓/贮罐内的物料。

（3）维护保养

① 脱硫装置的维护保养应纳入全厂的维护保养计划中，并制定脱硫装置详细的维护保养规程；

② 运行管理人员和维护人员应熟悉维护保养规定；

③ 维修人员应根据维护保养规程定期检查、更换或维修必要的部件，做好维护保养记录；

④ 维护保养包括正常运行时的检查、管路和设备清扫、疏通堵塞、定期加注或更换润滑油（脂）、小修、中修和大修；

⑤ 设备检修时应做好安全防范，切断设备电源，在检修门、电控柜处挂“警示牌”。人员需进入脱硫塔及箱罐内时，应执行 HG 23012 的要求。

9.6.4.3　脱硝治理设计

1. 脱硝机理、技术及设备的选择

（1）NO_x 在陶瓷窑炉中生成的机理

燃烧矿物燃料如煤、原油、天然气等，生成的氮氧化物污染有三种：即热力型 NO_x，快速型 NO_x 和燃料型 NO_x。

① 热力型 NO_x

关于热力型 NO_x 的生成机理是高温下空气中的 N_2 氧化形成 NO；其生成速度与燃烧温度有很大关系，当燃烧温度低于1400℃时热力型 NO_x 生成速度较慢，当温度高于1400℃时反应明显加快，根据阿累尼乌斯定律，反应速度按指数规律增加。这说明，在实际炉内温度分别不均匀的情况下，局部高温的地方会生成很多的 NO_x；并会对整个炉内的 NO_x 生成量起决定性影响。热力型 NO_x 的生成量则与空气过剩系数有很大关系，氧浓度增加，NO_x 生成量也增加。当出现15%的过量空气时，NO_x 生成量达到最大：当过量空气超过15%时，由于 NO_x 被稀释，燃烧温度下降，反而会导致 NO_x 生成减少。热力型 NO_x 的生成还与烟气在高温区的停留时间有关，停留时间越长，NO_x 越多。这是因为窑炉燃烧温度下，NO_x 的生成反应还未达到平衡，因而 NO_x 的生成量将随烟气在高温区停留时间的增长而增加。至今认为研究得比较充分的是 Zeldovick 等人的生成理论，其主要反应如下：

$$N_2 + O_2 = 2NO \quad (9\text{-}27)$$

$$2NO + O_2 = 2NO_2 \quad (9\text{-}28)$$

② 快速型 NO_x

快速型 NO_x 是1971年 Fenimore 根据碳氢燃料预混火焰的轴向 NO_x 分布实验结果提出的，是燃料在燃烧过程中碳氢化合物分解的中间产物 N_2 反应生成的氮氧化合物，其生成速度极快，主要在火焰面上形成，且生成量较小，一般在5%以下。

在温度低于2000K（1727℃）时，NO_x 生成主要通过 CH-N_2 反应；在不含氮的碳氢燃料低温燃烧时，需重点考虑快速型 NO_x 的生成。

③ 燃料型 NO_x

燃料型 NO_x 是由化合在燃料中的杂环氮化物热分解，并与氧化合而生成的 NO_x，其生成量与燃料中氮的含量有很大关系，当燃烧中氮的含量超过 0.1% 时，结合在燃料中的氮转化为 NO_x 的量占主要地位，如煤的含氮量一般为 0.5% ~2.5%；燃料型 NO_x 的形成可占生成总量的60%以上，燃料氮转化为 NO_x 的量主要取决于空气过剩系数，空气过剩系数降低，NO_x 的生成量也降低。这是因为在缺氧状态下，燃料中挥发出来的氮与碳、氢竞争不足的氧，由于氮缺乏竞争能力，从而减少了 NO_x 的形成。

（2）治理技术对比分析

SNCR 技术是利用在炉膛 800 ~1250℃ 这一狭窄的温度范围内、无催化剂作用下，NH_3 或尿素等氨基还原剂可选择性地还原烟气中的 NO_x，并且基本上不与烟气中的 O_2 作用，在 800 ~1250℃ 范围内，尿素还原 NO_x 的主要反应为：

$$2NO + CO(NH_2)_2 + \frac{1}{2}O_2 \longrightarrow 2N_2 + CO_2 + 2H_2O \tag{9-29}$$

与 SCR 技术相比，SNCR 技术没有 SCR 技术所用的脱硝催化剂昂贵，其技术优势就在于投资与运行成本少，SO_2/SO_3 转化率小。SNCR 的缺点是脱硝效率相对较低，通常大型锅炉的 SNCR 脱硝技术的脱硝效率在 40% 以下。不同还原剂有不同的反应温度范围，此温度范围称为温度窗。当反应温度过高时，由于氨的分解会使 NO_x 还原率降低，另一方面，反应温度过低时，氨的逃逸增加，也会使 NO_x 还原率降低。SNCR 工艺技术的关键就在于，还原剂喷入系统必须尽可能地将还原剂喷入到炉内最有效温度窗区域内，即尽可能地保证所喷入的还原剂在合适的温度下与烟气进行良好的混合，这样一方面可以提高还原剂利用率，另一方面可以控制获得较小的氨逃逸。

几种主要脱硝工艺的分析比较见表 9-61。

表 9-61　几种主要脱硝工艺的分析比较

	适用性及特点	优点与不足	脱硝率	投资	运行费用
SCR	适合排气量大，连续排放源	二次污染小，净化效率高，技术成熟；设备投资高，关键技术难度较大，要求烟气温度高，不能脱硫，烟气易结露腐蚀后续设备和管道	脱硝 80% ~90%	高	高
SNCR	适合排气量大，连续排放源	不用催化剂，设备和运行费用少；NH_3 用量大，二次污染，难以保证反应温度和停留时间，要求烟气温度高，不能脱硫，烟气易结露、腐蚀后续设备和管道	脱硝 30% ~60%	低	中
LoTOx	处理烟气量中等的情况可取	臭氧氧化脱硝技术是美国的一项专利技术、脱硝工况稳，效率高，易控制。适宜在相对低温条件下进行化学反应，但臭氧发生器价格昂贵	脱硝 80% ~95%	高	高

（3）技术的选择

由该企业的 NO_x 浓度超出国家《陶瓷工业污染物排放标准》相关规定的要求。因此必

须对烟气进行脱除 NO_x 处理，在对比几种 NO_x 技术后，我司确认采取改性 SNCR 技术，即改性选择性非催化还原技术。

本公司的改性 SNCR 系统采用改性药剂作为还原剂。与其同类技术工艺相比，具有如下特点：

① 使用改性药剂作为还原剂，无毒、无害；

② 不需要储存、处理带压和危险的无水氨或氨水相应的安全设备；

③ 使用液态而不是气态反应剂，可以更有效地控制反应剂喷射模式和反应剂分布，保证与烟气良好的混合，以更低的 NH_3 逃逸使药剂得到更充分的利用；

④ 还原反应剂渗透能力强，液滴尺寸合理，分布均匀，与烟气中的 NO_x 混合良好；

⑤ 我们对每一工程的改性药剂喷射系统进行专门量身定做，有枪式喷射器、带伸缩的枪式喷射器以及多喷嘴枪式喷射器，在短的改性药剂喷枪不能覆盖的区域，多喷嘴枪式喷射器能保证所喷射的改性药剂溶液良好的覆盖。

⑥ 改性 SNCR 系统与 SNCR 系统设备投资对比表（表 9-62）；

表 9-62　改性 SNCR 系统与 SNCR 系统设备投资对比表

项目	处理效率	运行成本	药剂	对生产质量的影响	投资成本	脱硫的兼容性	设备升级后的兼容性	升级费用	氨逃逸
改性 SNCR 系统	70% ~ 80%	低	自主研发	无	低	升级后可以	可以	低	很少
SNCR 系统	50% ~ 60%	高	尿素	轻微	高	不可以	不可以	不可以	一般

⑦ 改性 SNCR 系统与 SNCR 系统运行成本对比表（表 9-63）。

表 9-63　改性 SNCR 系统与 SNCR 系统运行成本对比表

项目	药剂浓度	需消耗的燃料成本（元/kgNO_x）	药剂成本（元/kgNO_x）	总成本（元/kgNO_x）
改性 SNCR 系统	10% ~50%	0.26	1.61	1.87
SNCR 系统	10%	0.72	1.61	2.33

（4）主要设备简介

改性 SNCR 系统将细小的改性药剂溶液雾滴喷入炉膛中并使其均匀分布。改性 SNCR 系统是一个炉内的燃烧后脱硝反应，改性药剂溶液雾滴在炉膛内相应温度窗口区域的精细分布程度是该系统性能的重要影响因素。该系统储存适合浓度的改性药剂溶液并将它循环输送到炉侧，然后利用该企业提供的压缩空气将改性药剂溶液进一步稀释到预设的浓度，并通过计量模块精确计量脱硝反应所需的改性药剂溶液，然后输送到喷枪。喷枪利用机械雾化和携带风将所需的改性药剂溶液喷入炉膛中。在系统优化和调试期间，每支枪的雾化性能和流速等还要根据炉内的实际运行负荷和 NO_x 浓度进行进一步的调整以更好地满足系统要求。

2. 治理工艺流程

（1）治理工艺流程图（图 9-78）

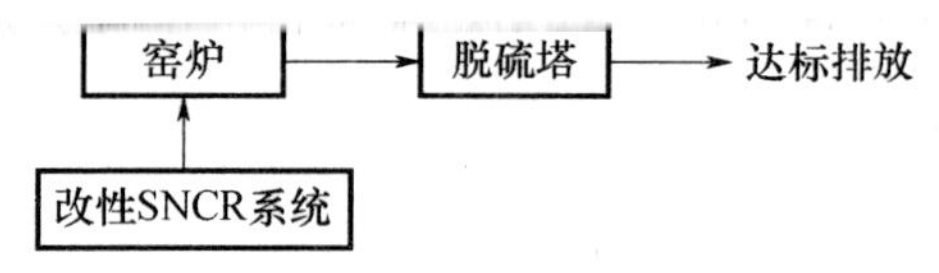

图 9-78　窑炉烟气脱硝治理工艺流程图

（2）治理工艺流程介绍

烟气脱硝治理装置由药剂储存箱、药剂输送调节系统、药剂反馈传感器组件、触摸式控制屏、自动调节式药剂喷枪组件等组成。

脱硝装置安装在污染源设备附近，与污染源设备控制系统相连接，当污染源设备开启时脱硝装置将与污染源设备燃料枪同时开启，然后脱硝装置的自动调节式药剂喷枪自动开启伸入到设定的喷射区域内，药剂输送调节系统与药剂反馈传感器按设定的相关参数向炉内的特定部位以精确的比例喷入药剂。药剂主要由改性药剂组成，其喷到炉内后在高温下迅速分解为 NH_3 和 CO，接着与烟气当中的 NH_3 反应把 NO_x（氮氧化物）还原为 N_2（氮气）、H_2O（水）和少量 CO_2，使到烟气当中的 NO_x（氮氧化物）迅速下降。经此处理后的烟气再进入到下一个烟气处理流程。

经过对污染物的生成条件及生产条件深入了解后，确认在污染源处有非常适合使用改性 SNCR 的区域，按相关的设计要求对生产设备进行技术改造后，在污染源处加装本系统。可保证在不影响生产质量及相关工况的情况下迅速地去除污染物。

3. 设备参数（表 9-64）

表 9-64　设备参数

		设计参数表		
用户	广东萨米特陶瓷有限公司	编制日期		
地点	广东省肇庆高要市禄步镇白土一、二村	编制	审核	审批
使用场合	窑炉烟气脱硝环保治理			

序号	内容	单位	数值	备注
1	（1）系统参数			
2	系统入口烟气量	Nm^3/h		
3	系统出口烟气量	m^3/h		
4	系统入口烟气温度	℃	1050	
5	系统出口烟气温度	℃	700	
6	（2）脱硝装置参数			
7	脱硝装置型号		HJ-XXX-1	
8	入口烟气量	Nm^3/h		
9	处理区域温度	℃	850～1100	
10	入口 NHX 浓度	mg/Nm^3		
11	出口 NHX 浓度	mg/Nm^3		
12	装机功率	kW	11	实用约 6kW

4. 经济评价（表9-65）

表 9-65　主要技术经济指标

项目	烟气量（Nm^3/h）	处理前 NO_x 浓度（mg/Nm^3）	处理后 NO_x 浓度（mg/Nm^3）	处理效率（%）	NO_x 的去除量（kg/h）	药剂浓度（%）	药剂成本（元/h）	药剂成本（元/kg NO_x）	燃料成本（元/h）	燃料成本（元/kg NO_x）	成本合计（元/kg NO_x）	成本合计（元/h）
1～4窑	70000	289	138	52%	10.57	20	17.02	1.61	2.75	0.26	1.87	19.8
5～12窑	64000	289	138	52%	9.67	20	15.6	1.61	2.51	0.26	1.87	18.1

5. 设备运行操作及维护管理

具体内容同9.6.4.2中8。

9.7　陶瓷行业烟气脱硝工程应用

陶瓷行业产生的气体污染物氮氧化物（NO_x），来源于原料车间的喷雾干燥塔废气和烧成车间的辊道窑废气。这些氮氧化物的产生，主要源于燃料在热风炉中或辊道窑中高温燃烧时，氮气和氧气在高温下反应生成了 NO_x。由暨南大学与广州绿华环保科技有限公司联合开发的高效选择性还原（HSR，High Selective Reduction）脱硝方法，采用HSR复合脱硝剂，在750～1200℃范围内，对高温烟气中的氮氧化物进行还原脱除，使烟气中的氮氧化物被还原为氮气。其反应原理如下：

$$NO + NO_2 + \{HSR\} \longrightarrow N_2 + M \tag{9-30}$$

式中　{HSR}——复合脱硝剂；

M——上述氧化还原反应过程中形成的其他气态反应产物，如 H_2O（g）和 CO_2 等无毒无害物质。

针对热风炉烟气和辊道窑烟气脱硝，HSR脱硝工艺技术流程分别如图9-79和图9-80所示。

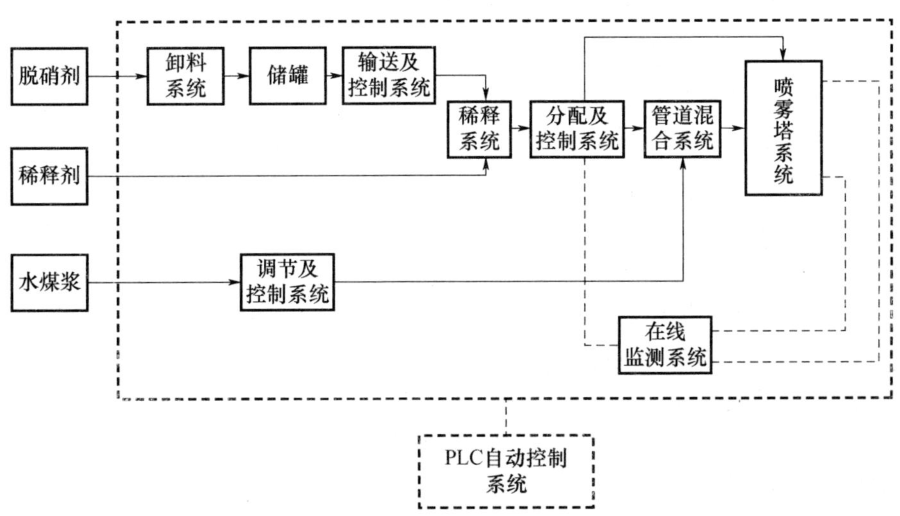

图9-79　陶瓷行业喷雾塔废气HSR脱硝工艺流程示意图

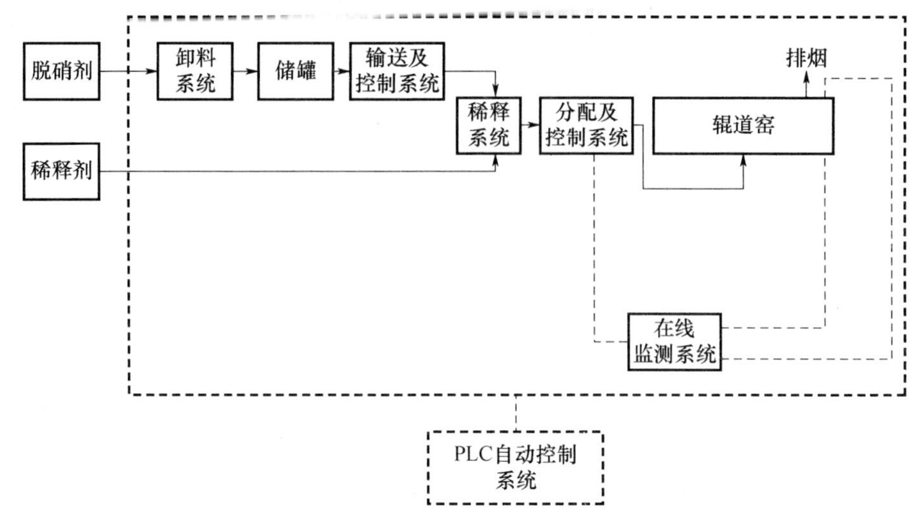

图 9-80　陶瓷行业辊道窑废气 HSR 脱硝工艺流程示意图

暨南大学与广州绿华环保科技有限公司联合开发的 HSR 烟气脱硝方法，最早于 2014 年 6 月在珠海白兔陶瓷有限公司辊道窑烟气脱硝中应用成功，开创了我国陶瓷行业辊道窑烟气脱硝先河，之后又在佛山宏源陶瓷和佛山华纳陶瓷等国内几十家陶瓷企业推广应用。另外，该技术在 2015 年 5 月应用于佛山西城玻璃制品有限公司的玻璃熔窑烟气脱硝，这标志着 HSR 脱硝技术在我国第一条玻璃熔窑烟气脱硝中获得成功。2016 年广州绿华环保科技有限公司所承担建设的烟气脱硝工程项目，分别获得了陶瓷行业和玻璃行业的广东省环境保护优秀示范工程，相应地，HSR 系列脱硝剂环保材料也获得了 2016 年广东省高新技术产品殊荣。

到目前为止，HSR 烟气脱硝技术已经在佛山、江门、肇庆、临沂、淄博、菏泽、博兴、安阳、济源、新乡、南阳、唐山，以及江西、浙江和福建等省市的陶瓷、玻璃、锅炉、耐火材料、水泥和焦化等行业的工业窑炉和工业锅炉烟气脱硝中推广应用。

9.8　蜂窝陶瓷隧道窑烟气净化处理技术与装置应用

目前，传统的蜂窝陶瓷制备工艺主要有热压铸工艺、造孔剂工艺、有机泡沫浸渍工艺、溶胶凝胶工艺、挤出成型工艺等，它们有一个共同的缺点：材料成型前需配入大量的有害有机溶剂（如石蜡、桐油等）以增加坯体的成型性能，这些有机溶剂在烧制前需进行长时间的 100 ~ 1000℃左右的“排蜡”或“脱脂”处理，其排放出的烟气由于含有大量的有害有机成分，在排空前需经过高温焚烧炉焚烧处理才能除去。这些工艺既浪费大量的生产时间，又消耗大量的燃料。因此，开发一种高效环保型多孔陶瓷制造工艺势在必行，而且意义深远。

广州红日燃具有限公司在现有的红外陶瓷燃烧板制造技术的基础上，通过对原料配方、生产工艺及各工艺参数的优化及完善，提出开发一种高效率、高品质、低污染、低能耗、低成本的红外陶瓷燃烧板绿色制造技术，从根本上防止有害废气的排放，减少“排蜡”（去除有机溶剂）过程中的大量能耗问题，比传统工艺节能 15% ~30%，最终实现高性能红外陶瓷燃烧板的绿色生产。该技术彻底解决了传统生产工艺中需添加石蜡、桐油等有害添加剂，烧成过程中需要进行烟气焚烧处理等工艺难题，相比传统工艺可以节能 15% ~30% 以上。

尽管采用新工艺取代传统的热压铸成型工艺，生产中无需采用石蜡作为成型载体，但对于陶瓷燃烧板来说在制造过程中还需要加入一定量的成型助剂，这些高分子材料需要在烧成过程中排放时处理不慎会产生大量有害气体，为了实现工业烟气有害成分近零排放的清洁生产，需要在现有生产设备的基础上进行技术升级和改造，经过前期探索，已经初步掌握了废气无害化处理的关键技术，具有非常重要的社会经济效益和研究意义。下面将介绍该烟气净化处理技术和应用效果。

9.8.1　蜂窝陶瓷隧道窑烟气净化处理技术

目前，陶瓷行业的烟气污染处理装置大部分是单一针对性的，例如，适合于脱硫、脱硝的技术装置，适合于除尘的技术装置等，也有将以上的单一装置进行简单的组合后加以应用。但对于蜂窝陶瓷隧道窑的烟气处理，这些举措往往达不到良好的处理效果，而且烟气管道容易堵塞造成窑内压力气氛发生变化影响烧成质量，堵塞严重时需要停窑处理，影响了连续式窑炉的正常运行。为了解决该技术问题，红日公司开发了一种蜂窝陶瓷隧道窑烟气净化系统，其具有针对性和可调节性，且功能性强，可将烟气进行分类处理，经过该装置处理的废气可达到排放标准。蜂窝陶瓷隧道窑烟气多级分类处理系统装置原理示意图如图9-81所示。

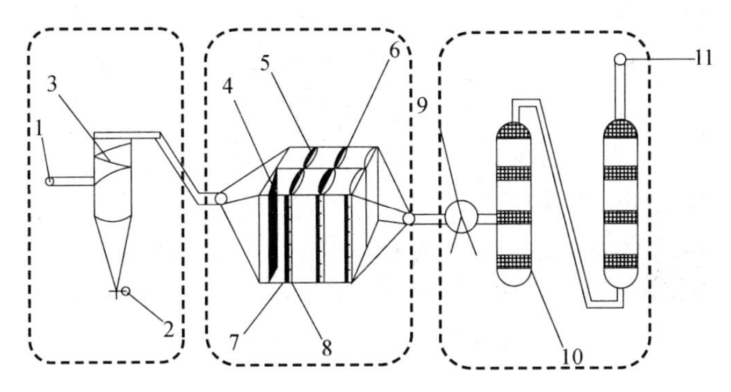

图9-81　蜂窝陶瓷隧道窑烟气多级分类处理系统装置原理示意图

1—烟气管道；2—阀门；3—旋式烟气通道；4—阻隔板；5—顶门；6—试剂喷头；7—丝网；8—无纺布袋；9—风机；10—鲍尔环；11—烟囱

蜂窝陶瓷隧道窑烟气多级分类处理系统装置，包括以管道依次连接的旋风式净化器、箱式净化器、风机和吸附装置，旋风式净化器设有烟气进气口，吸附装置设有烟囱。

旋风式净化器为立式罐体，罐体的下部为圆锥体，横截面为圆形。旋风式净化器的进烟口与圆形器壁相切，使得高速烟气在内部形成高速旋转状态，以便于将烟气中的大一点的粉尘颗粒和重一点的油渍按照分离原理初步分离，下部圆锥体上开有出口，装有阀门，便于排放收集物。

箱式净化器从进气口到出气口之间设有第一、第二、第三分隔层分隔，每个分隔层内有纱网和无纺布袋。在纱网和无纺布袋上方设有试剂喷头，并设有可随时打开的铰接顶盖。在进口处设有组隔板插入槽口，以使纱网和无纺布袋可随时更换，便于对烟气中的一些细小的粉尘颗粒和油渍进行分离。喷头喷射的处理剂有益于净化烟气中的一些有机成分。箱式净化器的灵活性、便利性和可调节性强。

吸附装置包括两个吸附塔，第一吸附塔的进风口在吸附塔侧面中间位置，出风口在吸附塔顶部；第二吸附塔的进风口在吸附塔底部，烟囱在吸附塔顶部。每个吸附塔用纱网隔成三节，在每节纱网上放置30cm的鲍尔环，在每个吸附塔的顶部安置试剂喷头，可以更加有效地吸附N、S等氧化物和细微颗粒的杂质。

该装置采取多级分类处理的设计，可以有效过滤烟气中的粉尘和有害废物，尤其适合于蜂窝陶瓷隧道窑烟气处理，是具有针对性、可调节性和功能性强的烟气处理装置，和一般的烟气净化处理装置相比，具有综合处理能力强，脱硫、脱硝和处理颗粒物效果好的特点，能够将含有有机成分高的废气有效净化，达到标准排放的目的，并且不影响正常的生产过程。

9.8.2 应用效果

蜂窝陶瓷隧道窑烟气多级分类处理系统装置实物图如图9-82所示。

图9-82 蜂窝陶瓷隧道窑烟气多级分类处理系统装置实物图

经广州安纳检测技术有限公司检测，结果见表9-66。

表9-66 检测结果

编号	含氧量(%)	烟气流量(Nm^3/h)	烟尘			氮氧化物			二氧化硫		
			实测浓度(mg/m^3)	折算浓度(mg/m^3)	排放速率(kg/h)	实测浓度(mg/m^3)	折算浓度(mg/m^3)	排放速率(kg/h)	实测浓度(mg/m^3)	折算浓度(mg/m^3)	排放速率(kg/h)
1	18.2	3751	6.6	7.1	0.025	35	38	0.131	<1	<1	1.88×10^{-3}
2	18.2	3966	9.8	10.5	0.039	33	35	0.131	<1	<1	1.98×10^{-3}
3	18.3	3695	11.1	12.3	0.041	36	40	0.133	<1	<1	1.85×10^{-3}
平均浓度	18.2	3804	9.2	10	0.035	35	38	0.132	<1	<1	1.90×10^{-3}
排放限值			—	30	—	—	180	—	—	50	—

注：排放标准执行《陶瓷工业污染物排放标准》（GB25464—2010）表5新建企业大气污染物排放浓度限值，2014年第83号公告修改单。

参考文献

[1] 徐建国，郑君仪，等．建陶企业清洁生产中粉尘的控制［J］．佛山陶瓷，2010，(12)：10-14.

[2] 史琳琳．抑制陶瓷窑炉烟囱废气中有害成分 NO_x 的多功能涂层材料的研究［D］．广州：华南理工大学，2004.

[3] 方海鑫．高温陶瓷窑炉内 NO_x 的生成机理的基础研究［D］．广州：华南理工大学，2005.

[4] 佛山赛因迪环保科技有限公司．喷雾塔及窑炉烟囱除尘脱硫工程技术方案．

[5] 方海鑫，曾令可，等．Fluent 软件的应用及其污染物生成模型分析［J］．工业炉，2004，26（3）：31-34.

[6] 江苏科行环保科技有限公司．陶瓷行业烟气多种污染物协同控制技术与装备研制工作总结报告［R］．2015. 11.

[7] 黄浪欢，曾令可，等．陶瓷窑炉 NO_x 的污染与防治［J］．中国陶瓷，2000，36（6）：23-25.

[8] 黄浪欢，曾令可，等．TiO_2 光催化脱除 NO_x 的研究进展［J］．环境污染治理技术与设备，2001，2（4）：60-64.

[9] 曾令可，张海文，王慧，等．陶瓷窑炉的污染与微波辅助燃烧技术及设备［J］．佛山陶瓷，2002，(9)：1-4.

[10] 李明玉．工业窑炉废气氮氧化物处理技术及其应用［N］．创新陶业，2014. 11.

[11] 曾令可，张海文，王慧，等．陶瓷窑炉的污染与新型燃烧技术及设备的发展［J］．工业炉，2002，24（2）：14-18.

[12] 齐人斌．论陶瓷烟气脱硫治理的未来发展方向——“清洁生产 + 烟气治理”’新模式［N］．陶瓷资讯，2015. 12.

[13] 曾令可，方海鑫，王慧．高温陶瓷窑炉内 NO_x 的生成机理及综合治理的浅谈［R］．中国硅酸盐学会陶瓷分会 2002 年会暨《中国陶瓷工业发展思路暨对策》学术研讨会，广西北流．

[14] 方海鑫，曾令可，王慧，等．高温陶瓷窑炉内影响 NO_x 生成若干因素分析［J］．工业炉，2003，25（2）：51-54.

[15] 方海鑫，曾令可，王慧，等．陶瓷烧成中 NO_x 的排放及降低 NO_x 的方法［J］．中国陶瓷，2003，39（4）：40-42.

[16] 方海鑫，曾令可，王慧，等．燃烧技术对降低陶瓷窑炉中 NO_x 生成的影响［C］．中国工程热物理学会燃烧学学术论文集，2003，310-317.

[17] 方海鑫，曾令可，王慧，等．燃烧技术对高温陶瓷窑炉热工性能的影响及降低 NO_x 排放作用分析［J］．稀有金属材料与工程，2003，32（增刊）：20-25.

[18] 方海鑫，曾令可，王慧，等．减少陶瓷窑炉烟气中有害废气的方法［J］．工业加热，2004，33（3）：1-5.

[19] 方海鑫，曾令可，刘平安，等．陶瓷烧成中 NO_x 生成的实测分析［J］．佛山陶瓷，2004（增刊），63-66.

[20] 刘平安，王慧，程小苏，等．陶瓷烧成中 NO_x 生成及控制对策［J］．环境污染治理技术与设备，2005，6（8）：23-25.

[21] 刘平安，曾令可，程小苏，等．陶瓷烧成中气氛及温度对 NO_x 生产的影响［J］．环境污染与防治，2006（6）：408-410.

[22] 邓伟强，曾令可，方海鑫，等．陶瓷窑炉内 NO_x 生产的三维数值模拟［J］．环境科学学报，2006，26（10）：1677-1682.

[23] 段碧林，曾令可，李秀艳，等．多孔莫来石纤维陶瓷负载 $La_{1-x}Sr_xCoO_3$（$x=0.2\sim0.8$）的 NO + CO 催化研究［J］．无机材料学报．2007，22（3）．

[24] 邓伟强，曾令可，刘艳春，等．稀释剂对氮氧化物生成的影响［J］．硅酸盐通报，2007，26（1）：138-142.

[25] 曾令可，邓伟强，方海鑫，等．NO_x 在陶瓷窑炉内生成的数值模拟［J］．华南理工大学学报，2007，35（2）：102-106.

[26] 曾令可，邓伟强，刘艳春，等．富氧燃烧技术在陶瓷窑炉中的应用分析［J］．陶瓷学报，2007，28（2）：95-100.

[27] 刘涛，曾令可，等．烟气脱硫脱硝一体化技术的研究现状［J］．工业炉，2007，29（4）：12-15.

[28] 曾令可，李萍，程小苏，等．窑炉烟气中二氧化硫的回收工艺探讨［J］．中国陶瓷，2009，16（2）：1-3.

[29] 曾令可，牛艳鸽，刘涛，等．湿法烟气脱硫除尘一体化技术［J］．中国陶瓷，2009，12（1）：39-40.

[30] 李萍，曾令可，王慧，等．氮氧化物排放控制技术分类［J］．中国陶瓷工业，2015，22（2）：25-33.

[31] 李萍，曾令可，王慧，等．陶瓷窑炉氮氧化物排放控制技术可行性探讨［J］．中国陶瓷工业，2015，22（1）：25-33.

[32] 曾令可．窑炉节能环保的关键因素及废气物污染的解决方案［C］．“全国窑炉（陶瓷砖）能耗调查及节能减排汇编白皮书”论文集，124-125.

[33] 刘艳春，郭亚琴，曾令可，等．微波加热技术在催化 NO_x 脱除中的应用［J］．工业催化，2014，22（8）：576-580.

[34] 吴忠标，刘越，谭天恩．双碱法烟气脱硫工艺的研究［J］．环境科学学报，2001，29（5）：534-537.

[35] Srivastava R K，Jozewiez W，Singer C. SO_2 serubbing technologies：A review［J］．Environ Prog，2001，20（4）：219-228.

[36] 卢芬，刘书敏，郑原超．钠-钙双碱法烟气脱硫工艺［J］．广东化工，2010，37（3）：159-160.

[37] 王圣，巴尔莎，俞华．我国火电烟气脱硫存在的问题及对策建议［J］．中国环保产

业，2010，（3）：12-15.
[38] 梁磊，马洪玉，丁华，等．石灰-石膏法烟气脱硫系统塔内浆液 pH 值及密度测量改进［J］．中国电力，2012，45（9）：80-84.
[39] 佛山市合璟节能环保科技股份有限公司．窑炉烟气治理设计方案．
[40] 佛山市合璟节能环保科技股份有限公司．窑炉烟气脱硝治理设计方案．
[41] 佛山华清智业环保科技有限公司．建筑陶瓷烟气一站式净化技术与装备研制工作总结报告．2016.6.